机电传动系统与控制

主　编　倪　敬
副主编　许　明　孟爱华
　　　　季国顺　王万强

ZHEJIANG UNIVERSITY PRESS
浙江大学出版社

图书在版编目(CIP)数据

机电传动系统与控制 / 倪敬主编. —杭州：浙江大
学出版社，2015.9
　　ISBN 978-7-308-15122-1

　　Ⅰ. ①机… Ⅱ. ①倪… Ⅲ. ①电力传动控制设备—教
材— Ⅳ. ①TM921.5

中国版本图书馆 CIP 数据核字 (2015) 第 213277 号

内容简介

　　本书依据理论知识点树形图，对机电传动控制技术所涉及的系统运动学方程及稳定运行条件、直流电动机与交流电动机工作特性、控制电动机工作特性、典型断续控制电气元件工作特性、典型断续控制电路设计技术和可编程逻辑控制技术进行详细的阐述。本书还在具体机电传动控制系统设计实现方面，结合教师科研实际，给出了设计规范与实例。

　　本书本着"工程图纸进课堂和工程实践进课堂"的理念，着眼于基础，从工程应用和教学相促进角度，对机电传动控制技术进行系统的、深入浅出的论述。其可作为机械工程类本科生、研究生机电控制课程的参考书，也可作为机电专业技术人员和管理人员专业培训的参考书。

机电传动系统与控制

主　编　倪　敬

责任编辑　王元新
责任校对　徐　霞
封面设计　刘依群
出版发行　浙江大学出版社
　　　　　（杭州市天目山路 148 号　邮政编码 310007）
　　　　　（网址：http://www.zjupress.com）
排　　版　杭州林智广告有限公司
印　　刷　杭州杭新印务有限公司
开　　本　787mm×1092mm　1/16
印　　张　13
字　　数　325 千
版 印 次　2015 年 9 月第 1 版　2015 年 9 月第 1 次印刷
书　　号　ISBN 978-7-308-15122-1
定　　价　35.00 元

前　　言

　　机电传动控制技术已成为开发各种数控机床、精密机械以及国防尖端产品不可或缺的重要手段，得到了工业界和技术界的格外重视。但由于其所具有的一些特点，对这种技术的了解、掌握和运用，无论是理论还是实践，都有很多问题需要探讨、总结与提高，使其更好地推动机电传动控制技术的发展和相关人才的培养。

　　《机电传动系统与控制》由杭州电子科技大学机械工程学院机械电子工程研究所倪敬担任主编，许明、孟爱华、季国顺、王万强担任副主编。根据机电传动控制技术的发展，结合本校教学团队教师科研推广应用积累的经验，在浙江省课堂教学模式改革项目（编号：KG2013127）的资助下，形成了这一本教材。本教材侧重从工程实际应用角度来讲解理论知识，从教师教学安排和学生自学的角度来安排课程内容，在课程地位与内容协调性方面，介绍了机电传动控制课程在机械类大学生课程中的地位和作用，给出了课程串起所有知识点内容的树形图；在机电传动系统稳定运行理论方面，阐述了系统运动学方程以及相关物理量的等效折算原理，给出了机电传动系统稳定运行的充要条件和充分条件；在直流电动机和交流电动机工作特性方面，详细阐述了直流电动机和三相交流异步电动机的结构组成、工作原理、特性方程及推导、起动特性、调速特性和制动特性；在控制电动机方面，详细阐述了交流伺服电动机、步进电动机和伺服舵机的结构组成、工作原理和典型应用；在机电传动系统断续控制方面，详细阐述了断路器与熔断器、按钮开关与指示灯、继电器与接触器、接近开关和位移传感器等电气元器件工作原理及应用，给出了典型的断续控制电路和相应的识图规范；在机电传动系统可编程逻辑控制方面，详细阐述了可编程控制器的结构组成、工作原理、指令系统和典型应用编程；在机电传动控制系统设计方面，阐述了系统整体设计和具体设计规范，给出了典型系统设计实例。

本教材由倪敬执笔第 1 章和第 8 章,许明执笔第 4 章和第 5 章,孟爱华执笔第 3 章和第 7 章,季国顺执笔第 2 章和第 6 章,王万强执笔附录部分,全书由倪敬策划与统稿。由于作者水平、时间和条件的限制,书中难免有疏漏或者错误之处,敬请读者批评指正。

感谢杭州电子科技大学机械工程学院机械电子工程研究所所有同仁对本书的大力支持。

作 者
2015 年 7 月

目　　录

第1章 绪 论

1.1 本课程的地位和任务

1.1.1 本课程的地位

"机电传动系统与控制"课程是高等学校机械设计制造及其自动化本科专业中培养学生机电一体化能力和创新能力的一门主干技术基础课,是学习专业课程和从事机电产品设计的必备基础。该课程在大学培养体系中的位置如图1.1所示。

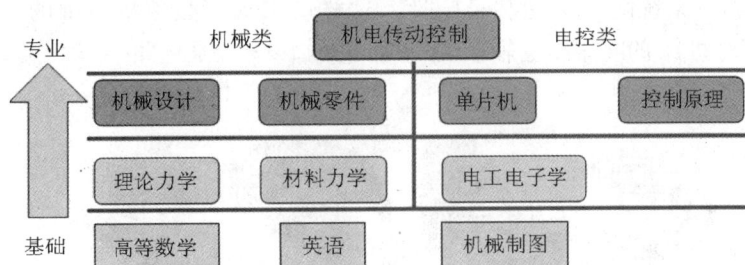

图 1.1　课程在大学培养体系中的位置

1.1.2 本课程的任务

根据机械制造及其自动化专业的国际认证标准,本课程的任务是培养学生:

（1）具有运用机械工程基础知识和机械设计制造及其自动化专业基础知识解决问题的能力,了解机电一体化领域前沿技术及发展趋势。

（2）掌握机电系统设计的基础知识,初步具备一般机电系统方案设计和分析的能力。

（3）了解机电传动系统与控制的基本原理和方法,学会用各种电动机、电器、电子元器件、检测元件及电子计算机按一定规律组成控制系统,以对生产机械进行动力传动及控制。

（4）培养学生运用标准、规范、手册、图册及网络信息等技术资料的能力。

（5）掌握基本实验技能,培养学生制定实验方案,进行实验、分析和解释数据的能力。

（6）培养学生的团队合作能力以及语言表达能力。

（7）培养学生的自学能力。

1.2 机电传动与控制技术涉及范畴

机电传动及其控制系统总是随着社会生产力的发展而发展的。虽然对机电传动系统的要求不同,其控制系统也不同,但归纳起来,通常涉及五大要素与功能,即机械传动装置(结构功能)、执行装置(驱动和能量转换功能)、供能装置(动力源)、传感器与检测装置(检测功能)、信息处理与控制装置(控制功能)。

1.2.1 机械传动装置(结构功能)

机械传动装置是由若干个运动机械零件组成的,能够传递运动并完成某些有效工作的装置,又叫传动机构或者传动链。该装置一般由输入部分、转换部分、传动部分、输出部分及安装固定部分等组成,通常用于传动的机械零件等。

如何选择、分析和设计机械传动装置,在"机械原理"和"机械设计"两门课程中有详细论述。为了实现机电传动控制系统整体最佳的目标,从系统动力学方面来考虑,传动链越短越好,因为各传动副中存在的"间隙非线性"会影响系统动态性能和稳定性。另外,传动件本身的转动惯量也会影响系统响应速度和稳定性。这样就出现了数控机床中的"轴对轴传动",即电动机直接传动机床的主轴,主轴就是电动机的转子,也叫"电主轴"传动。如图1.2所示。

齿轮传动　齿轮齿条传动　链传动　涡轮涡杆传动
带传动　凸轮传动　曲柄传动　导轨传动
电主轴传动

图1.2　各类机械传动机构

1.2.2 执行装置(驱动和能量转换功能)

执行装置包括以电、气压和液压等作为动力源的各种元器件及装置。例如,以电作为动力源的直流电动机、直流伺服电动机、三相交流异步电动机、变频三相交流电动机、三相交流永磁伺服电动机、步进电动机、比例电磁铁、电动调节阀及电磁泵等;以气压作为动力源的气动马达和气缸;以油压作为动力源的液压马达和液压缸等。

选择、分析和设计执行装置时,要考虑执行装置与机械传动装置之间的协调与匹配问题。如根据应用普遍性和通用性,可优先考虑交流电动机和直流电动机;在需要低速、大推力或大扭矩的场合下,可优先考虑选用液压缸或液压马达;在医疗卫生和食品行业,可优先考虑气动马达和气缸。如图 1.3 所示。

图 1.3　各类执行装置

1.2.3　供能装置(动力源)

供能装置是指为执行器运动产生匹配动力源的装置。如驱动各式电动机的各式电源、驱动液压系统的液压源和驱动气压系统的气压源。

选择、分析和设计供能装置时,要考虑执行装置与供能装置之间的协调与匹配。如驱动电动机常用的电源包括直流调速器、变频器、交流伺服驱动器及步进电动机驱动器等;液压源通常称为液压站,气压源通常称为空压站。如图 1.4 所示。

图 1.4　各类供能装置

1.2.4　传感器与检测装置(检测功能)

传感器是从被测对象中提取信息的器件,用于检测机电控制系统工作时所要监视和控制的物理量、化学量和生物量。大多数传感器是将被测的非电量转换为电信号,用于显示和构成闭环控制系统。

选用传感器,要考虑传感器与其他要素之间的协调与匹配。如需要极限位置保护的场合,可考虑机械式或者电磁式极限开关和接近开关等;需要反馈诸如环境压力、称重、温度和机构位置等连续物理量,可以考虑压力传感器、称重传感器、温度传感器、光电旋转编码器、磁致伸缩位移传感器、激光位移传感器和视觉检测系统等。如图1.5所示。

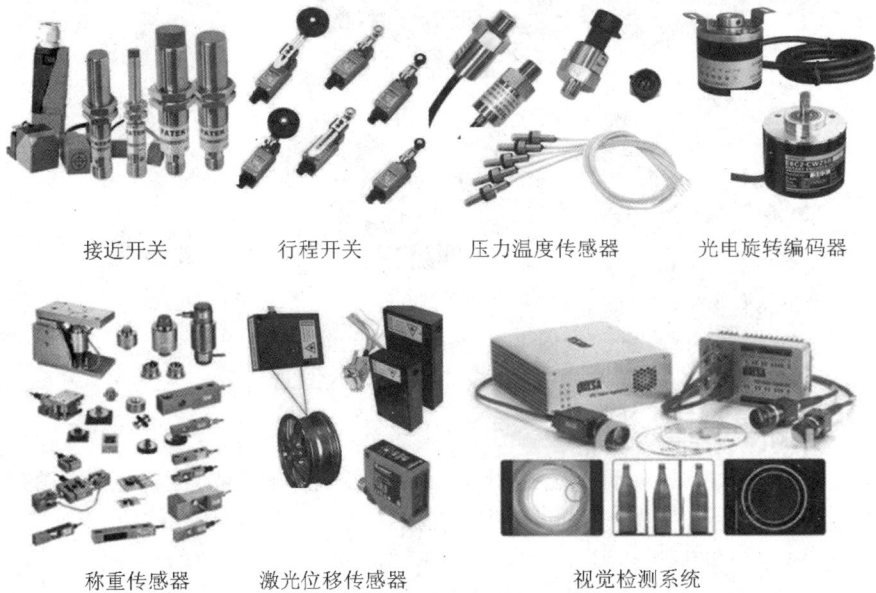

接近开关　　　行程开关　　　压力温度传感器　　　光电旋转编码器

称重传感器　　激光位移传感器　　　视觉检测系统

图1.5　各种用途的传感器

1.2.5　信息处理与控制装置(控制功能)

信息处理与控制装置是机电传动控制系统的核心,以控制装置(继电器、可编程控制器、微处理器、单片机和计算机等)为控制硬件平台,以控制理论、控制算法和控制程序为控制软件平台,通过硬件和软件的协调与匹配,使整体处于最优工况,实现相应的机电传动与控制功能。

选用、分析和设计控制软硬件时,要考虑与其他要素之间的协调与匹配。如断续控制系统,可考虑继电器—接触器控制系统;开关量数字逻辑控制系统,可考虑中低端可编程控制器(PLC)和51单片机控制器;高频响高精度伺服驱动控制系统,可考虑高端可编程控制器、ARM7、DSP等高等微处理器。如图1.6所示。

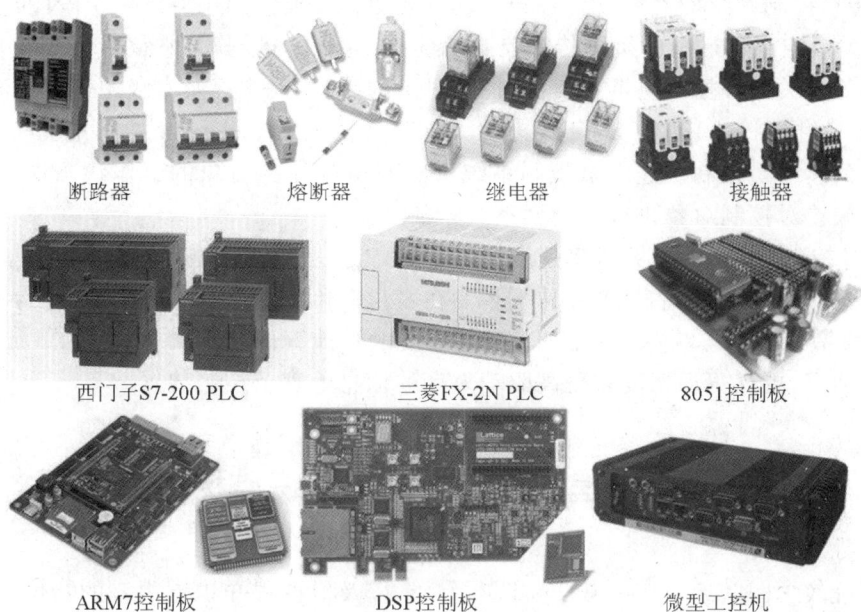

图 1.6　各种信息处理与控制装置

1.3　机电传动与控制技术发展概况

1.3.1　机电传动技术的发展

单就机电传动而言,它的发展大体上经历了成组拖动、单电动机拖动和多电动机拖动三个阶段。

(1) 成组拖动。即一台电动机拖动一根天轴,再由天轴通过皮带轮和皮带分别拖动各生产机械。这种拖动方式生产效率低,劳动条件差,一旦电动机发生故障,将造成成组的生产机械停车。

(2) 单电动机拖动。即用一台电动机拖动一台生产机械,它虽较成组拖动前进了一步,但当一台生产机械的运动部件较多时,机械传动机构仍十分复杂。

(3) 多电动机拖动。即一台生产机械的每一个运动部件分别由一台专门的电动机拖动。例如,龙门刨床的刨台、左右垂直刀架与侧刀架、横梁及其夹紧机构,均分别由一台电动机拖动。这种拖动方式不仅大大简化了生产机械的传动机构,而且控制灵活,为生产机械的自动化提供了有利的条件。所以,现代化机电传动基本上均采用这种拖动形式。

1.3.2　机电控制技术的发展

据报道,在现代机电一体化产品中,机电传动系统中控制部分的成本已占总成本的50%。特别是近年来随着微电子技术、计算机技术的迅速发展,越来越多的控制器使用微处理器和计算机,输入/输出及通信功能越来越强。同时,在功率器件、放大器不断更新的推

动下,机电传动控制系统的发展日新月异。其发展历程主要经历了以下四个阶段:

(1)开关量控制。最早的机电传动控制系统出现在 20 世纪初,它仅借助于简单的接触器与继电器等开关信号控制电器,实现对控制对象的启动、停车以及有级调速等控制。

(2)模拟量控制。20 世纪 30 年代出现了电动机放大机控制,它使控制系统从开关量断续控制发展到连续量控制。连续量控制系统可随时检查控制对象的工作状态,并根据输出与给定量的偏差对控制对象进行自动调整。

(3)采样控制。随着计算机处理速度的不断提高,特别是对微型计算机的应用,带来了一个新的阶段——采样控制。高频数字采样控制在客观上和模拟量连续控制是完全等效的。

(4)功率数字控制。将晶闸管技术、微电子技术和计算机技术紧密相连在一起,形成具有更高驱动功率、更高驱动精度和更高驱动效率的信息处理及控制装置。

1.4　本课程的内容安排和知识点树形图

根据课程教学团队近 8 年的教学实践与经历,以及对课程知识点内容的精炼,总结得到了与课程大纲相关的"知识点树形图",如图 1.7 所示。根据图示,本书一共分 8 章。

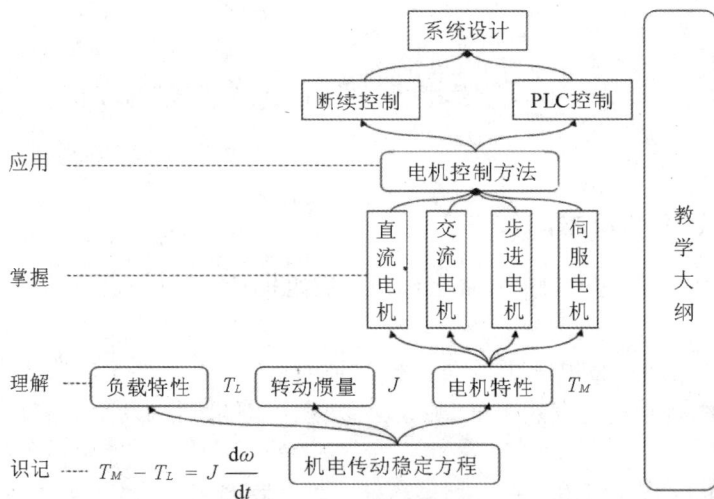

图 1.7　课程知识点树形图

第 1 章为绪论,主要说明课程的地位、作用和涉及范围,以及课程所有知识的相关联系(知识点树形图)。

第 2 章重点介绍了机电传动系统的动力学基础,给出了负载等效转动惯量和负载等效转矩的折算原则,阐述了机电传动系统稳定运行的充要条件和充分条件。

第 3 章重点介绍了直流电动机的结构、工作原理、机械特性以及启动、调速和制动特性,给出了直流电动机的应用选型实例。

第 4 章重点介绍了三相交流异步电动机的结构、工作原理、机械特性以及启动、调速和制动特性,给出了三相交流异步电动机的应用选型实例。

第 5 章重点介绍了交流伺服电动机、步进电动机以及舵机的结构、工作原理和应用特性,给出了相应电动机的应用选型实例。

第 6 章重点介绍了低压电气元件的分类,阐述了开关电源、断路器、熔断器、按钮指示灯、继电器、接触器和传感器等结构及工作原理,并给出了经典断续控制回路原理及相应的元器件应用选型实例。

第 7 章重点介绍了可编程逻辑控制器(PLC)技术的发展,阐述了 PLC 结构、工作原理、编程环境、基本指令集和典型应用,并给出了 PLC 与变频器和伺服驱动器的应用说明。

第 8 章重点介绍了机电传动控制系统设计规范以及需要注意的问题,给出了典型设计实例。

1.5　本课程的学习建议

本书依据"工程实际应用知识进课堂、工程电气图纸进课堂和工程项目管理模式进课堂"的"三进"原则编写。具体内容按照 32 或 42 学时课程编排,主要涉及了当前机电传动系统中的常用元器件技术、电动机技术、断续控制技术和可编程逻辑控制技术。为了更好地实施本课程的"教与学",促进教学相长,特向广大师生提出以下建议。

1.5.1　对教师的"教学实施"建议

(1) 本课程适宜小班化分组型教学。教师可以将一个教学班级 30~40 人分成 8 组,每组 3~5 人,设组长 1 人,分组分人进行成绩考核。

(2) 本课程适宜采用多层面成绩考核制。建议总评成绩(100%)由研讨课表现(30%)、结课实践项目(30%)和期末考试成绩(40%)三大部分组成。教师也可以根据实际情况酌情安排各部分成绩占比,以激励和调动学生参与课程的积极性。

(3) 本课程适宜应用"翻转课堂"模式。教师可以结合教材知识点和自身科研经历,课前录制并公布知识点视频;课堂上采取研讨式教学模式,针对重点难点进行研讨答疑,并将理论部分研讨课时压缩至全课程学时的一半以内;剩下的课程学时,还是采取研讨式教学模式,针对结课实践项目实施过程中出现的问题进行研讨答疑;具体各结课实践项目选取,教师可以结合教材知识点、自身科研实际和实验室条件自拟或者让学生自拟;具体结课实践项目由课程内各小组进行招标分配(项目难度系数不同,可以有不同的成绩起评分、不同的实现分等);最后依据具体结课实践效果评定学生平时成绩。

1.5.2　对学生的"学习实施"建议

(1) 建议学生做好动手的准备。本课程适宜动手能力较强或者希望培养自身动手能力的学生学习。本课程在每章后面都准备了丰富的"想一想,试一试"问题,供学生自学使用;课程最后一章还提供了部分结课实践项目,供学生挑战自己使用。

(2) 建议学生带着问题上课。学生在上课前尽量预习一下相应的课程内容或视频,准备好相应的疑问。

(3) 建议学生要有"问倒"老师的勇气。学生应该相信自身对于理论知识和工程实际应用知识的探索能力;坚信自己通过课程学习,能尽可能多地从老师那里学到专业技能和知识,能发现连老师都无法解决的难题。

第2章　机电传动系统动力学基础

本章导读

　　机电传动系统动力学是开展机电传动控制实践的基石所在,是分析直流电动机、交流电动机和控制电动机相关驱动控制应用实现的最基本方法,也是本课程理论认知和技能认知的基础所在。因此,要学习机电传动,就必须先学习机电传动系统动力学基础知识。

　　通过本章的学习,可以知晓机电传动系统的动特性基本方程、转动惯量特性及其折算方法、负载特性及其折算方法、系统稳定运行的充要条件和系统过度过程等问题。

学习思考

　　(1) 机电传动系统的动特性基本方程是什么? 如何区分制动与驱动?

　　(2) 什么是等效负载转矩,如何折算?

　　(3) 什么是等效转动惯量,如何折算?

　　(4) 什么是机电传动系统的负载特性,有哪几种典型负载特性?

　　(5) 什么是机电传动系统的充要条件,如何应用于判断系统稳定性?

　　(6) 什么是机电传动系统的充分条件,如何应用于判断系统稳定性?

　　(7) 什么是机电传动系统的过渡过程,哪些参数是不可突变的?

2.1　机电传动系统动力学基本方程

2.1.1　基本动力学方程导出

　　由于机电传动系统研究对象主要是旋转机械,其他非旋转机械运动也可以经过等效变换,转换成旋转运动。因此,机电传动系统动力学基本方程来源于大学物理或者理论力学中的"刚体定轴转动定律":刚体所受的对于某定轴的合外力矩等于刚体对此定轴的转动惯量与刚体在此合外力矩作用下所获得的角加速度的乘积。结合图 2.1 的机电传动系统,以电动执行器(如直流电动机、交流电动机)的输出轴为研究对象,该定律具体可以表示为

$$T_M - T_L = J\varepsilon = J\frac{\mathrm{d}\omega}{\mathrm{d}t} = 2\pi J\frac{\mathrm{d}n}{\mathrm{d}t} \tag{2.1}$$

式中：T_M 是电动执行器通电后在输出轴上产生的电磁转矩（扭矩）；T_L 是折算到电动执行器输出轴上的等效负载转矩；J 是折算到电动执行器输出轴上的等效负载转动惯量；ω 是电动执行器通电后输出轴的转动角速度；ε 是对应的输出轴的转动角加速度；n 是对应的输出轴转速；t 为时间变量。

这个公式就是课程内容的统领方程，其描述了机电传动系统的基本特征，是分析机电传动系统实时运动状态的基础。它将一直指导我们开展后续各章节的学习和研究。

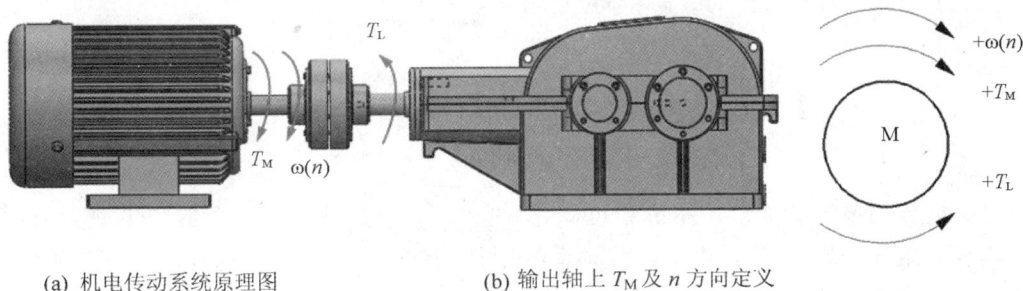

(a) 机电传动系统原理图   (b) 输出轴上 T_M 及 n 方向定义

图 2.1　典型的机电传动系统

2.1.2　基本动力学方程描述的动态过程

根据式（2.1）的描述，结合牛顿第二定律可以得到

$$T_d = T_M - T_L \tag{2.2}$$

式中：T_d 为机电传动系统的动态转矩，或者合转矩。

式（2.2）统一描述了机电传动系统处于稳态和动态的情况。在机电传动系统运动的任何时刻，当动态转矩为零时，系统处于稳态，当动态转矩不为零时，系统处于动态：$T_d > 0$，系统加速；$T_d = 0$，系统稳定运行或静止；$T_d < 0$，系统减速。

2.1.3　基本动力学方程中矢量方向确定

为方便机电传动控制问题的讨论，一般规定，分析机电传动系统转动状态时，以电动机的转动方向作为转动的参考方向，如图 2.1 所示。同时规定电磁转矩 T_M 与转速 n 方向相同的方向为其正向，等效负载转矩 T_L 与转速 n 方向相反的方向为其正向。

根据上述规定，可以从转矩与转速的符号来判断 T_M 与 T_L 在机电传动系统中所起的作用。如果 T_M 与 n 的符号相同，则表示 T_M 在系统中起到驱动作用，为驱动转矩；如果 T_M 与 n 的符号相反，则表示 T_M 在系统中起到制动作用，为制动转矩。如果 T_L 与 n 的符号相同，即方向相反，则表示 T_L 在系统中起到制动作用，为制动转矩；如果 T_L 与 n 的符号相反，即方向相同，则表示 T_L 在系统中起到驱动作用，为驱动转矩。由此可见，在机电传动系统中，T_M 与 T_L 既可以为驱动转矩又可以为制动转矩。

例 2-1　图 2.2 为矿用绞车吊起和下放重物

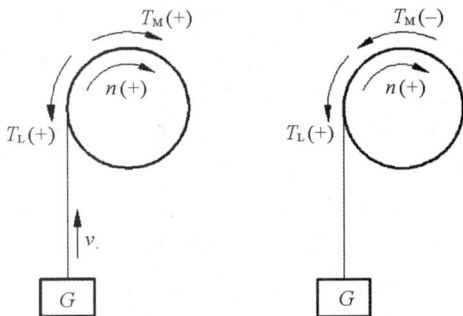

图 2.2　绞车提升和下放重物示意图

示意图,试分析在绞车吊起和下放重物两种情况下,电磁力矩 T_M 与负载 T_L 所起到的作用。

解:以电动机输出轴的转动方向为参考方向。

(1)当绞车吊起重物时,电动机 T_M 的方向与电动机转动 n 方向相同,T_M 是驱动力矩;负载 T_L 的方向与电动机的转动方向相反,是制动力矩。

(2)当绞车下放重物时,电动机 T_M 的方向与电动机转动 n 方向相反,T_M 是制动力矩;负载 T_L 的方向与电动机的转动方向相同,是驱动力矩。

2.2 典型机电传动系统负载特性

根据机电传动系统动力学基本方程可知,机电传动系统的运行状态由等效电磁力矩 T_M 及等效负载力矩 T_L 决定。T_M 由机电传动系统所使用的具体电动机的特性决定,必须在电动机设计制造出来后才能被确定,较为复杂。相比之下,等效负载的机械特性 $T_L = T_L(n)$ 或者 $n = n(T_L)$,也简称负载特性,只是一种客观存在,比较简单。因此,根据先易后难的原则,先介绍工程实际应用中机电传动系统的典型负载特性。

2.2.1 恒值负载特性

1. 恒值负载特性方程

恒值负载特性是最简单形式的负载特性。其具体表现是负载的大小与转速无关。这种负载特性又可以进一步分为两种形式:一种是负载的大小与方向均与转速无关,如图 2.3(a)所示,一般称该类型负载为位能性恒值负载;另一种是负载的大小与转速无关,如图 2.3(b)所示,负载的方向始终与转速相反,一般称该类型负载为反抗性恒值负载,或摩擦性恒值负载。位能性恒值负载和反抗性恒值负载的特性方程分别为:

$$T_L = C \tag{2.3}$$

$$T_L = \begin{cases} C_1, n > 0 \\ -C_2, n < 0 \end{cases} \tag{2.4}$$

式中:C、C_1 和 C_2 为常数。

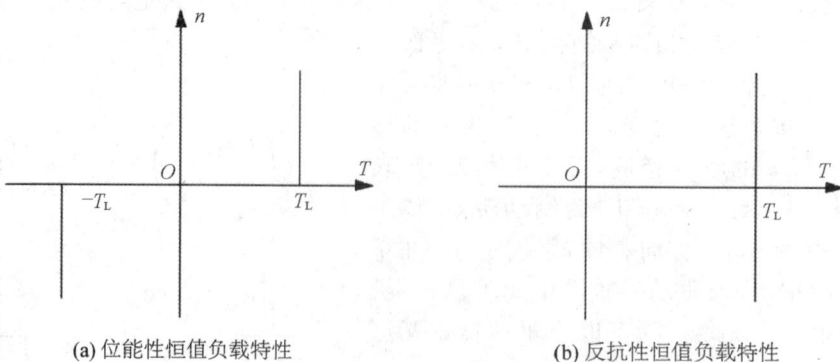

(a) 位能性恒值负载特性   (b) 反抗性恒值负载特性

图 2.3 恒值负载特性

2. 恒值负载特性典型体现案例

（1）位能性恒值负载。如电梯或者吊车吊起重物时，无论提升或下放重物，也不论升降速度的大小，其在地球引力作用下产生的重力引起的负载大小和方向永远不变。

（2）反抗性恒值负载。如金属的压延机构、皮带运输机和机床的刀架进给机构等由摩擦力产生转矩的机械，其负载转矩的方向随转速方向的改变而改变，且总是与转速方向相反。

2.2.2　直线型负载特性

1. 直线型负载特性方程

直线型负载特性又称一次函数型负载特性，是较为简单形式的负载特性。其具体表现是将负载的大小与转速近似成一次函数关系，如图 2.4 所示，即转速低时负载小，转速高时负载则成比例增大。一次函数型负载特性方程可以表示为：

$$T_L = nC_3 + C_4 \tag{2.5}$$

式中：C_3 和 C_4 均为常数。

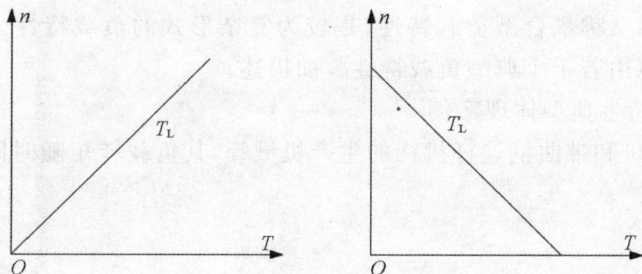

图 2.4　一次函数型负载特性

2. 直线型负载特性典型体现案例

实验室用作模拟负载的他励直流发电动机，当励磁电流和电枢电阻固定不变时，其电磁转矩和转速为线性关系。

2.2.3　离心式通风机型负载特性

1. 离心式通风机型负载特性方程

离心式通风机型负载特性又称二次函数型负载特性，是较为复杂形式的负载特性。其具体表现是负载的大小与转速近似成二次函数关系，如图 2.5 所示。二次函数型负载特性方程可以表示为：

$$T_L = n^2 C_5 + C_6 \tag{2.6}$$

式中：C_5 和 C_6 均为常数；理想情况下 $C_6 = 0$，但工程实际中，$C_6 = T_0 \neq 0$。

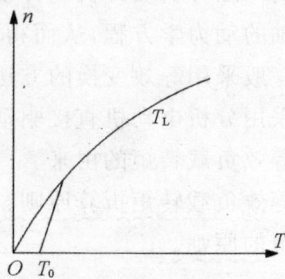

图 2.5　离心式通风机型负载特性

2. 二次函数型负载特性典型体现案例

水泵、油泵、风机和螺旋桨负载一般称为二次型负载，转矩与转速的二次方成比例。

2.2.4 恒功率型负载特性

1. 恒功率型负载特性方程

恒功率型负载特性又称反比例函数型负载特性，是较为复杂形式的负载特性。其具体表现是将负载的大小与转速近似成反比例函数关系，如图2.6所示。反比例函数型负载特性方程可以表示为：

$$T_L = \frac{C_7}{n} \tag{2.7}$$

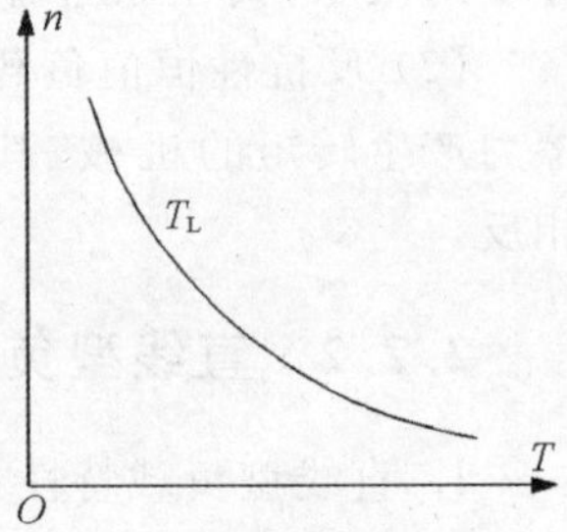

式中：C_7为常数。

2. 反比例函数型负载特性典型体现案例

如车床主轴、卷纸机和轧钢机等。

图 2.6 恒功率型负载特性

2.2.5 复合型负载特性

1. 复合型负载特性方程

复合型负载特性又称耦合型负载特性，是较为复杂形式的负载特性。其具体表现是负载与转速的函数可以由若干个典型负载特性叠加描述。

2. 复合型负载特性典型体现案例

如球磨机、碎石机和带曲柄连杆机构的生产机械等，其负载转矩随时间做没有任何规律的变化。

2.3 机电传动系统等效负载转矩折算

如式(2.1)所描述的电动机直接驱动生产机械的传动形式，只是实际机电传动系统的等效变换形式。工程实际中的机电传动系统都是由电动机经过中间的传动机构联结到生产机械上的。在分析实际机电传动系统时，当然可以对其每一个传动轴运用牛顿运动定律列写出该轴的动力学方程，从而得出整个机电传动系统的动力学方程，但是这样做显然比较复杂。一般采用等效变换的方法，将多轴传动系统的负载转矩等效折算到电动机的输出轴上，然后采用分析电动机直接驱动生产机械的方法，分析整个机电传动系统的动力学状态。这就是等效负载转矩的由来。

等效负载转矩折算原则：由于负载转矩是一种静态转矩，可以遵循折算前后静态时功率守恒的原则。

2.3.1 旋转运动型机械等效负载转矩折算原理

对于旋转运动型生产机械，如图2.7(a)所示的齿轮减速机构，当系统匀速运动时，生产机械的负载功率P'_L为：

$$P'_L = T'_L \omega_L \tag{2.8}$$

式中：T'_L是生产机械的负载转矩；ω_L是生产机械的旋转角速度。

设负载转矩 T'_L 折算到电动机轴上的转矩为 T_L；则稳定运行时，电动机轴上的负载功率 $P_L = P_M$，故：

$$P_M = P_L = T_M \cdot \omega_M = T_L \cdot \omega_M \tag{2.9}$$

式中：P_M 为电动机的输出功率；T_M 为电动机转轴输出转矩；ω_M 是电动机转轴的角速度。

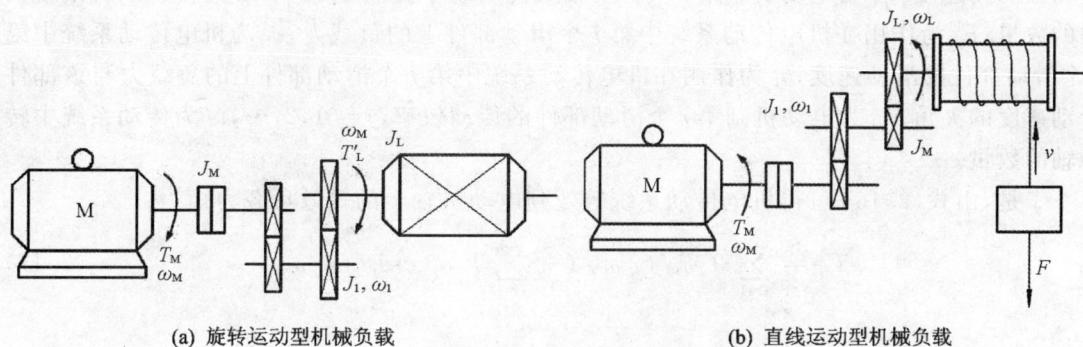

(a) 旋转运动型机械负载 **(b) 直线运动型机械负载**

图 2.7 典型生产机械负载

传动机构在传递功率的过程中存在着损耗，这个损耗可以用传动效率 η_C 来表示，即

$$\eta_C = \frac{P'_L}{P_L} = \frac{T'_L \omega_L}{T_L \omega_M} = \frac{P'_L}{P_M} \tag{2.10}$$

于是，负载转矩 T_L 有

$$T_L = \frac{T'_L \omega_L}{T_L \omega_M} = \frac{T'_L}{\eta_C i} \tag{2.11}$$

式中：i 是传动系统的减速比，$i = \omega_M / \omega_L$。

2.3.2 直线运动型机械等效负载转矩折算原理

对于直线运动，如图 2.7(b) 所示的电动机拖动卷扬机提升负载情况，若生产机械直线运动部件的负载力为 F，运动速度为 v，则所需的机械功率 P'_L 为：

$$P'_L = F \cdot v \tag{2.12}$$

同样，假设卷扬机负载力 F 在电动机轴上产生的负载转矩为 T_L，则电动机轴上的负载功率 $P_M = P_L$ 也可以由式 (2.9) 表示。

这样，根据静态功率平衡关系，此时提升过程中传动系统的损耗都由电动机承担，有

$$Fv = P'_L = \eta P_M = \eta T_L \omega_M \tag{2.13}$$

这样可以得到 T_L 为：

$$T_L = \frac{Fv}{\eta \omega_M} \tag{2.14}$$

这里需要指出的是，如果是生产机械拖动电动机旋转情况（如在卷扬机下放重物时，电动机处于制动状态），则传动机构中的损耗由生产机械的负载来承担，类似的就有

$$T_L = \frac{\eta Fv}{\omega_M} \tag{2.15}$$

2.3.3 等效负载转矩的一般性折算原理

考虑更一般情况，在多级传动的多轴机电传动系统中，等效负载转矩的折算公式可以描

述为

$$T_L\omega_M = \sum_{i=1}^{K} T_i\omega_i/\eta_i + \sum_{j=1}^{N} F_j v_j \cos\theta_j/\eta_j \tag{2.16}$$

式中：T_i 为作用在机电传动系统中第 i 个转动轴上的负载力矩；ω_i 为机电传动系统中第 i 个转动轴的角速度；η_i 为电动机到第 i 个转动轴的传动效率，$i=1,2,\cdots,K$ 为传动系统中转动轴的数量；F_j 为作用在机电传动系统中第 j 个滑动部件上的负载力；v_j 为机电传动系统中第 j 个滑动部件的滑动速度；θ_j 为作用在机电传动系统中第 j 个滑动部件上的负载力与该部件滑动速度的夹角；η_j 为电动机到第 j 个滑动部件的传动效率，$j=1,2,\cdots,N$ 为传动系统中转动轴的数量。

于是，由式(2.16)可得机电传动系统等效到电动机轴上的等效负载力矩为：

$$T_L = \sum_{i=1}^{K} T_i\omega_i/(\eta_i\omega_M) + \sum_{j=1}^{N} F_j v_j \cos\theta_j/(\eta_j\omega_M) \tag{2.17}$$

2.4 机电传动系统等效转动惯量折算

等效转动惯量折算原则：由于转动惯量与机电传动系统的动能有关，因此可以遵循折算前后静态时动能守恒的原则。

2.4.1 旋转运动型机械等效转动惯量折算原理

对于旋转运动型生产机械，如图 2.7(a) 所示的齿轮减速机构，当系统匀速运动时，折算到电动机轴上的等效转动惯量 J_Z 为：

$$J_Z = J_M + \frac{J_1}{i_1^2} + \frac{J_L}{i_L^2} \tag{2.18}$$

式中：J_M、J_1 和 J_L 分别是电动机输出轴、中间传动轴、生产机械轴上的转动惯量；i_1 是电动机输出轴与中间传动轴之间的传动比，$i_1 = \omega_M/\omega_1$；i_L 是中间传动轴与生产机械轴之间的减速比，$i_L = \omega_1/\omega_L$；ω_M、ω_1 和 ω_L 分别是电动机输出轴、中间传动轴和生产机械轴上的角速度。

当传动比 i_1 较大时，中间传动机构的转动惯量 J_1 在折算后，占整个系统的比重不大。为计算方便起见，实际工程中，多用适当加大电动机输出轴上的转动惯量 J_M 来考虑中间传动机构的转动惯量 J_1，于是有

$$J_Z = \delta J_M + \frac{J_L}{i_L^2} \tag{2.19}$$

式中：δ 一般取 $1.1\sim1.25$。

2.4.2 直线运动型机械等效转动惯量折算原理

对于如图 2.7(b) 所示的直线运动，设直线运动部件的质量为 m，匀速运动的速度为 v，折算到电动机轴上的等效转动惯量可以表示为：

$$J_Z = J_M + \frac{J_1}{i_1^2} + \frac{J_L}{i_L^2} + m\frac{v^2}{\omega_M^2} \tag{2.20}$$

依据上述方法，可把具有中间传动机构带有旋转运动部件或直线运动部件的多轴拖动

系统,折算成等效的单轴拖动系统,并以此可研究机电传动系统的运动规律。

2.4.3 等效转动惯量的一般性折算原理

考虑一般情况,在多级传动的多轴机电传动系统中,等效转动惯量的折算公式可以描述为:

$$\frac{1}{2}J_Z\omega_M^2 = \sum_{i=1}^{K}\frac{1}{2}J_i\omega_i^2 + \sum_{j=1}^{N}\frac{1}{2}m_jv_j^2 \tag{2.21}$$

式中:J_i 是机电传动系统中第 i 轴的转动惯量;ω_i 为机电传动系统中第 i 个转动轴的转动角速度,$i=1,2,\cdots,K$ 为传动系统中转动轴的数量;m_j 是机电传动系统中第 j 个滑动部件上的质量;v_j 为机电传动系统中第 j 个直线运动部件的滑动速度,$j=1,2,\cdots,N$ 为传动系统中直线运动部件的数量。

根据式(2.21),可以得到一般情况下多轴系统的等效转动惯量的折算公式:

$$J_Z = \sum_{i=1}^{K}J_i\frac{\omega_i^2}{\omega_M^2} + \sum_{j=1}^{N}m_j\frac{v_j^2}{\omega_M^2} \tag{2.22}$$

2.5 机电传动系统稳定运行条件

机电传动系统稳定运行是指系统运行时的动态力矩为零,且在系统受到小的外在扰动后,能够重新回到动态力矩为零的状态。机电传动系统稳定运行的条件可以分为充要条件和充分条件。

在机电传动系统中,电动机和生产机械连成一体,为了使系统运行合理,电动机的机械特性与生产机械的负载特性应尽量配合。对特性配合好的最基本要求是系统能稳定运行。

机电传动系统的稳定运行包含两重含义:一是系统应能以一定速度匀速运转;二是在系统受某种外部干扰作用(如电压波动、负载转矩波动等)而使运行速度稍有变化时,应保证系统在干扰消除后能恢复到原来的运行速度。

2.5.1 系统稳定运行充要条件

根据上述分析,保证系统匀速运转的必要条件是电动机轴上的拖动转矩 T_M 与折算到电动机轴上的负载转矩 T_L 大小相等,方向相反,相互平衡。从 TOn 坐标面上看,这意味着电动机的机械传动特性曲线 $n=f(T_M)$ 和生产机械的负载特性曲线 $n=f(T_L)$ 必须有交点,如图 2.8 和图 2.9 所示。图 2.8 中,曲线 1 表示交流异步电动机的机械特性,曲线 2 表示电动机拖动的生产机械的负载特性(恒转矩型的),两特性曲线有交点 a 和 b。交点常称为拖动系统的平衡点。

但是,两特性曲线存在交点只是保证系统稳定运行的必要条件,还不是允许条件。如图 2.8 所示的工作点 a 和 b,实际上只有点 a 才是系统的稳定平衡点,具体分析如下。

1. 对工作点 a 的稳定性分析

(1)起始条件:系统稳定工作在点 a,即有 $T_M = T_L$。

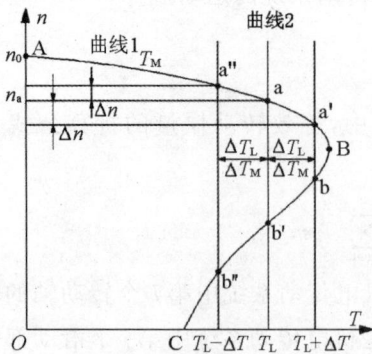

图 2.8　恒值负载系统稳定性分析　　　　图 2.9　直线型负载系统稳定性分析

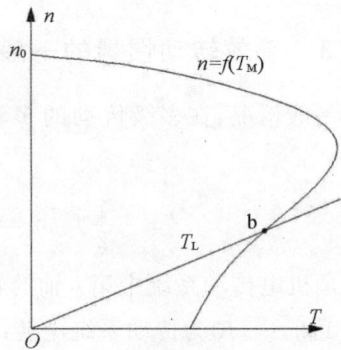

（2）负载增加型扰动情况：系统出现干扰负载转矩突然增加了 ΔT_L，$T_L \rightarrow T'_L = T_L + \Delta T_L$；这时电动机转速来不及变化，仍工作在原来的点 a，其转矩为 T_M，于是 $T_M < T'_L$；由 $T_M - T'_L < 0$ 可知，系统要减速，即 $n_a \rightarrow n_a - \Delta n$；从电动机机械特性的 AB 段可以看出，电动机转矩将增大，即 $T_M \rightarrow T'_M = T_M + \Delta T_M$，于是电动机的工作点转移到点 a'，即有 $T'_M = T'_L > T_M = T_L$。

系统干扰消除（$\Delta T_L = 0$）后必有 $T'_M > T_L$，电动机加速，转速 n 上升；根据电动机机械特性，T_M 要随 n 的上升而减小，即有 $T'_M \rightarrow T_M = T_L$；最终系统重新回到原来的运行点 a。

（3）负载减小型扰动情况：系统出现干扰负载转矩突然减小了 ΔT_L，T_L 变为 $T'_L = T_L - \Delta T_L$；这时电动机转速来不及变化，仍工作在原来的点 a，其转矩为 T_M，于是 $T_M > T'_L$；由机电传动系统运动方程可知，系统要加速，即 $n_a \rightarrow n_a + \Delta n$；从电动机机械特性曲线的 AB 段可以看出，电动机转矩将减小，即 $T_M \rightarrow T'_M = T_M - \Delta T_M$，电动机的工作点转移到点 a''；此时有 $T'_M = T'_L < T_M = T_L$。

系统干扰消除（$\Delta T_L = 0$）后必有 $T'_M < T_L$，电动机减速，转速 n 下降；根据电动机机械特性，T_M 要随 n 的下降而提高，即有 $T'_M \rightarrow T_M$；最终 $T'_M \rightarrow T_M = T_L$，系统重新回到原来的运行点 a。

可见，点 a 是机电传动系统的稳定运行点。

2．对工作点 b 的稳定性分析

（1）起始条件：系统稳定工作在点 b，即有 $T_M = T_L$。

（2）负载增加型扰动情况：系统出现干扰负载转矩突然增加了 ΔT_L，$T_L \rightarrow T'_L = T_L + \Delta T_L$；这时电动机转速来不及变化，仍工作在原来的点 a，其转矩为 T_M，于是 $T_M < T'_L$；由 $T_M - T'_L < 0$ 可知，系统要减速，即 $n_a \rightarrow n_a - \Delta n$；从电动机机械特性的 BC 段可以看出，电动机转矩将减小，即 $T_M \rightarrow T'_M = T_M - \Delta T_M$；于是有 $T'_M - T'_L < 0$，系统要继续减速，n 下降；这样最终就会导致系统停机。

（3）负载减小型扰动情况：系统出现干扰负载转矩突然减小了 ΔT_L，$T_L \rightarrow T'_L = T_L - \Delta T_L$；这时电动机转速来不及变化，仍工作在原来的点 a，其转矩为 T_M，于是 $T_M > T'_L$；由 $T_M - T'_L > 0$ 可知，系统要加速，即 $n_a \rightarrow n_a + \Delta n$；从电动机机械特性的 BC 段可以看出，电动机转矩将增加，即 $T_M \rightarrow T'_M = T_M + \Delta T_M$；于是有 $T'_M - T'_L > 0$，系统要继续加速，n 上升；这样最终就会导致 n 进一步上升，直至越过点 B 进入 AB 段的点 a 工作。

可见，点 b 不是机电传动系统的稳定运行点。

从以上分析可以总结出如下机电传动系统稳定运行的充要条件。

（1）电动机的机械特性曲线 $n=f(T_M)$ 和生产机械的负载特性曲线 $n=f(T_L)$ 有交点（即系统的平衡点）。

（2）当转速大于平衡点所对应的转速时 $T_M < T_L$，即若干扰使转速上升，当干扰消除后应有 $T_M - T_L < 0$；当转速小于平衡点所对应的转速时 $T_M > T_L$，即若干扰使转速下降，当干扰消除后应有 $T_M - T_L > 0$。

只有满足上述两个条件的平衡点，才是机电传动系统的稳定平衡点，即只有这样的特性配合，系统在受到外界干扰后，才具有恢复到原平衡状态的能力而进入稳定运行状态。

2.5.2　系统稳定运行充分条件

根据以上分析，由系统稳定运行的充要条件来判断机电传动系统在某个位置的稳定性，存在以下两个方面的不足：一方面是分析过程较为繁琐，要分别分析在某个工作点附近的负载增加扰动情况和负载减小扰动情况，易于出错；另一方面是分析过程不够简单明了，不易理解掌握。

为此，引入机电传动系统稳定运行的充分条件，以较好地解决这个问题。

首先，定义机电系统的机械特性刚度 β 为：

$$\beta = \frac{\mathrm{d}T(n)}{\mathrm{d}n} \tag{2.23}$$

然后，将式（2.23）应用于电动机的机械特性 $T_M(n)$ 和负载的机械特性 $T_L(n)$，分别得到电动机的特性刚度 β_M 和负载的机械特性刚度 β_L 为：

$$\beta_M = \frac{\mathrm{d}T_M}{\mathrm{d}n} \tag{2.24}$$

$$\beta_L = \frac{\mathrm{d}T_L}{\mathrm{d}n} \tag{2.25}$$

这样，机电传动系统稳定运行的充分条件为：

$$\beta_M < \beta_L \tag{2.26}$$

根据这个机电传动系统稳定运行充分条件，对图 2.8 的点 a 和 b 以及图 2.9 的点 b 进行分析，可以得到相同的结果。

2.6　机电传动系统的动态过渡过程

机电传动系统有两种运行状态：静态（稳态）和动态（暂态）。前者动态转矩为零，系统以恒速转动；后者存在动态转矩，速度处于变化之中。当系统中电动机的转矩 T_M 或者负载转矩 T_L 发生变化时，系统就要由一个稳定运转状态变化到另一个稳定运转状态，这个变化过程称为过渡过程。在过渡过程中，电动机的转速、转矩和电流都要按一定的规律变化，它们都是时间的函数。

2.6.1　研究机电传动系统过渡过程的实际意义

除了长时间运转、不经常启动和制动的工作机械，如通风机、水泵等外，大多数生产机械对机电传动系统过渡过程都提出了要求,如龙门刨床的工作台、可逆式轧钢机、轧钢机的辅助机械等在工作过程中需要经常启动、制动、反向和提速,因此,都要求过渡过程尽量快,以缩短生产周期中的非生产时间,提高生产率;升降机、载人电梯、地铁机车、电车等生产机械则要求启动、制动过程平滑,运行加速度变化不能过大,以保证安全和舒适;造纸机、印刷机等生产机械也必须限制其运行加速度的大小,如果超过允许值,则可能损坏机器部件或者生产出次品。此外,在过渡过程中能量损耗的大小、系统的准确停止与协调运转等,都对机电传动的过渡过程提出不同的要求。为满足这些要求,必须研究过渡过程的基本规律,研究系统各参量对时间的变化规律,如转速、转矩、电流等对时间的变化规律,这样才能正确地选择机电传动装置,为机电传动控制系统提供控制原则,设计出完善的自动控制线路,从而改善产品质量、提高生产率和减轻劳动强度。这就是研究过渡过程的目的和实际意义所在。

2.6.2 机电传动系统过渡过程的分析

机电传动系统之所以产生过渡过程,是因为存在以下惯性:

(1) 机械惯性。它反映在转动惯量 J 上,使转速 n 不能突变。

(2) 电磁惯性。它反映在电动机绕组的电感上,使电流和励磁磁通不能突变。

(3) 热惯性。它反映在温度上,使温度不能突变。

这三种惯性在系统中虽然是相互影响的,但是由于热惯性较大,温度变化较转速、电流等参量变化要慢得多,一般可不考虑,而只考虑机械惯性和电磁惯性。如直流电动机运行发热时,电枢绕组和励磁绕组都会变化,从而会引起电流和磁通的变化。

由于有机械惯性和电磁惯性,当对机电传动系统进行控制(如启动、制动、反向和调速),系统中电气参数(如电压、电阻、频率)发生突然变化及传动系统的负载突然变化时,传动系统的转速、转矩、电流、磁通等不能跟着马上变化,其变化都要经过一定的时间,因而形成机电传动系统的电气机械过渡过程。

研究过渡过程与电路基础中研究电路动态过程的方法一样,一般是先列出反映机电传动系统变化规律的微分方程式,包括电动机的系统瞬态动力学方程(这方面的内容可以参见《电动机学》相关内容)和负载的动力学方程,在此基础上使用数学解析法,或者使用图解法及试验方法来求得过渡过程的解答。

课后习题与动手实践题

课后习题

习题 2-1 分析用钢丝卷扬副提升和下放重物过程中,电动机的电磁力矩、负载力矩及传动机的摩擦损耗力矩的方向,并指出它们分属驱动力矩还是制动力矩。

习题 2-2 如图所示的一个齿轮副传动系统稳定转动,电动机转动速度 1440rpm,生产机械的转动速度为 90rpm,若生产机械的负载力矩为 300N·m,求该负载力矩等效到电动机轴上的等效力矩。

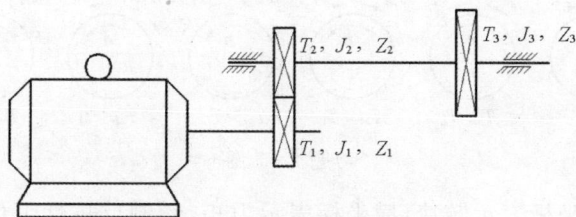

习题 2-2 图

习题 2-3 如图所示的滚珠丝杆副中,作用在丝杆上的负载力矩 $T_3 = 10$N·m,丝杆的转动惯量 $J_3 = 5$kg·m²,丝杆螺距 $p = 2$mm,重物重力 $G = 200$N,重物上受到水平方向的负载力 $F = 150$N,齿轮齿数 $z_1 = 20$,$z_2 = 80$。试求重物质量及丝杆惯量等效到电动机轴上的等效惯量 J_L,以及重物负载力和丝杆上的负载力矩等效到电动机轴上的等效力矩 T_L。

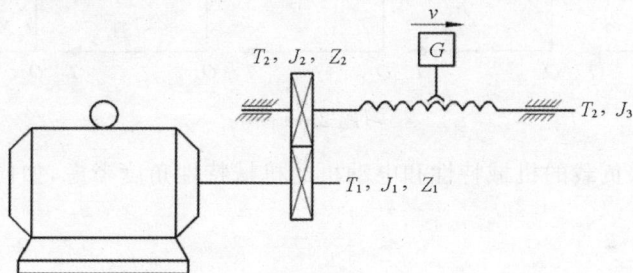

习题 2-3 图

习题 2-4 简述常见的负载转矩类型。

习题 2-5 简述机电传动系统稳定运行的充要条件和充分条件。

习题 2-6 如图所示,电动机输出传动经过齿轮 1 减速后,通过与齿轮 1 共轴的齿轮 2 与 3 减速传动,实现二级减速传动。已知负载力矩 $T_3 = 300$N·m,电动机轴上齿轮齿数 $z_M = 20$,齿数 $z_1 = 30$,$z_2 = 80$,$z_3 = 120$,电动机轴上齿轮转动惯量 $J_M = 3.2$kg·m²,齿轮 1、2、3 的转动惯量分别为 $J_1 = 2.5$kg·m²,$J_2 = 3$kg·m²,$J_M = 3.2$kg·m²,负载的转动方向及力矩方向如图所示。系统稳定运行时,试求:电动机的驱动力矩及转动方向,电动机轴上所受总的等效转动惯量。

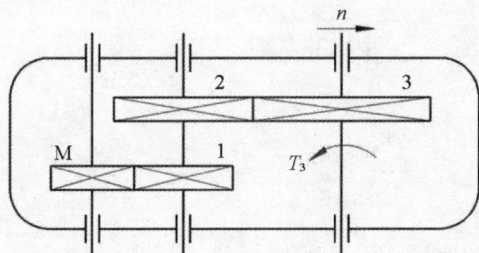

习题 2-6 图

习题 2-7 列写出图中系统的运动方程式,并指出系统处于匀速、加速还是减速的运动状态。

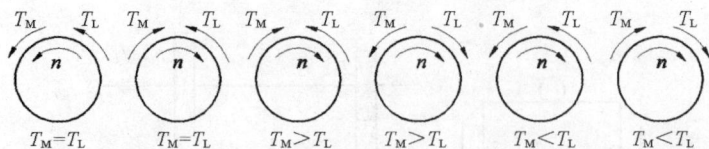

习题 2-7 图

习题 2-8 以纵坐标表示转速,横坐标表示力矩,绘制反抗性恒值负载、位能性恒值负载、二次型负载、线性负载、恒功率负载的特性曲线图。

习题 2-9 如图所示,1,2 分别表示电动机和负载的机械特性曲线,请判断系统在图示几种工作点是否能够稳定转动。

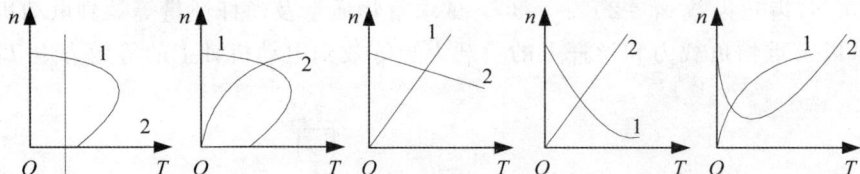

习题 2-9 图

习题 2-10 从负载的机械特性和电动机的机械特性角度考虑,如何选择机电传动系统的驱动电动机?

动手实践题

1. 想一想,你能有什么办法来获得电动机或者各种负载的机械特性曲线?
2. 想一想,你能演示负载转矩的等效变换过程吗?需要哪些零部件?
3. 想一想,你能演示负载转动惯量的等效变换过程吗?需要哪些零部件?

第3章　直流电动机的工作特性与应用

本章导读

　　直流电动机是人类最早发明和使用的电动执行器,以其调速性能好和启动转矩大等优点,被广泛应用于生产制造、轨道交通、办公和玩具自动化等各个领域。因此,学习直流电动机的工作特性和应用是非常必要的。

　　通过本章的学习,可以知晓直流电动机的结构、工作原理、机械特性、启动、调速和制动问题。

学习思考

　　(1) 直流电动机如何分类?

　　(2) 有刷和无刷直流电动机的内部结构是怎样的?

　　(3) 有刷和无刷直流电动机是如何旋转起来的?

　　(4) 什么是直流电动机的机械特性,如何推导,相关参数如何计算?

　　(5) 何为直流电动机启动特性?

　　(6) 直流电动机有哪几类调速特性?

　　(7) 直流电动机有哪几类制动特性?

　　(8) 直流电动机的选型与应用过程如何,要注意哪些问题?

3.1　直流电动机分类

　　直流电动机是基于安培力原理(通电导线在磁场中受到力的作用)工作的电动执行器。具体分类如图 3.1 所示,根据转子励磁方式的不同可以分为无刷直流电动机和有刷直流电动机。两种电动机的主要区别在于:有刷直流电动机采用碳刷预压接触的方式机械实现电动机转子绕组的电流换向;无刷直流电动机的转子为永磁体,电流换向由转子位置检测电控实现。

　　有刷直流电动机如图 3.1 所示,根据励磁方式的不同可分为永磁直流电动机和电磁直流电动机。这两种电动机的主要区别在于:永磁直流电动机的定子部分由永磁体组成,其主磁场由永磁体产生,故称为永磁式;电磁直流电动机的定子部分由磁极铁芯和绕在其上的励磁绕组组成,其主磁场由通电线圈产生,故称为电磁式。

电磁直流电动机是当前使用最为广泛的直流电动机,如图 3.1 所示,按照励磁绕组供电方式的不同又可分为他励直流电动机、串励直流电动机、并励直流电动机和复励直流电动机。这几类直流电动机主要区别在于:他励直流电动机的励磁绕组(定子绕组)和电枢绕组(转子绕组)单独供电,不存在连接关系;串励直流电动机的定子绕组与转子绕组串联供电,即定子与转子是串联关系;并励直流电动机的定子绕组与转子绕组并联供电,即定子与转子是并联关系;复励直流电动机的定子绕组与转子绕组既有串联又有并联供电,即定子与转子是串并联关系。

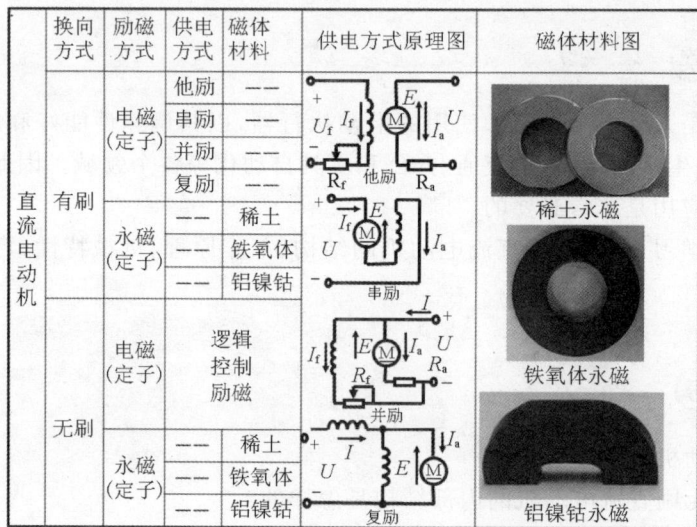

	换向方式	励磁方式	供电方式	磁体材料	供电方式原理图	磁体材料图
直流电动机	有刷	电磁(定子)	他励	——		
			串励	——		稀土永磁
			并励	——		
			复励	——		
		永磁(定子)	——	稀土		铁氧体永磁
			——	铁氧体		
			——	铝镍钴		
	无刷	电磁(定子)	逻辑控制励磁			
		永磁(定子)	——	稀土		铝镍钴永磁
			——	铁氧体		
			——	铝镍钴		

图 3.1　直流电动机分类

永磁直流电动机根据永磁体组成材料的不同又可分为稀土永磁直流电动机、铁氧体永磁直流电动机和铝镍钴永磁直流电动机。这三种电动机的主要区别在于:稀土永磁直流电动机的永磁体是由钕铁硼等稀土永磁材料构成;铁氧体永磁直流电动机的永磁体是由氧化钡和三氧化二铁等铁氧体材料黏结而成;铝镍钴永磁直流电动机的永磁体是由铝、镍、钴、铁和其他微量金属元素组成的一种合金材料构成。

3.2　直流电动机结构与工作原理

3.2.1　有刷直流电动机结构与工作原理

1. 有刷直流电动机结构部件与功能

有刷直流电动机如图 3.2 所示,主要由机座、定子、换向装置和转子组成。定子主要由机座、主磁极、换向极、端盖、轴承和电刷装置等组成,主要作用是产生直流电动机的主磁通。转子主要由转轴、电枢铁芯、电枢绕组、换向器和风扇等组成,主要作用是产生电磁转矩和感应电动势,是直流电动机进行能量转换的枢纽,所以通常又称为电枢。有刷直流电动机各个部分的详细结构与功能说明如下。

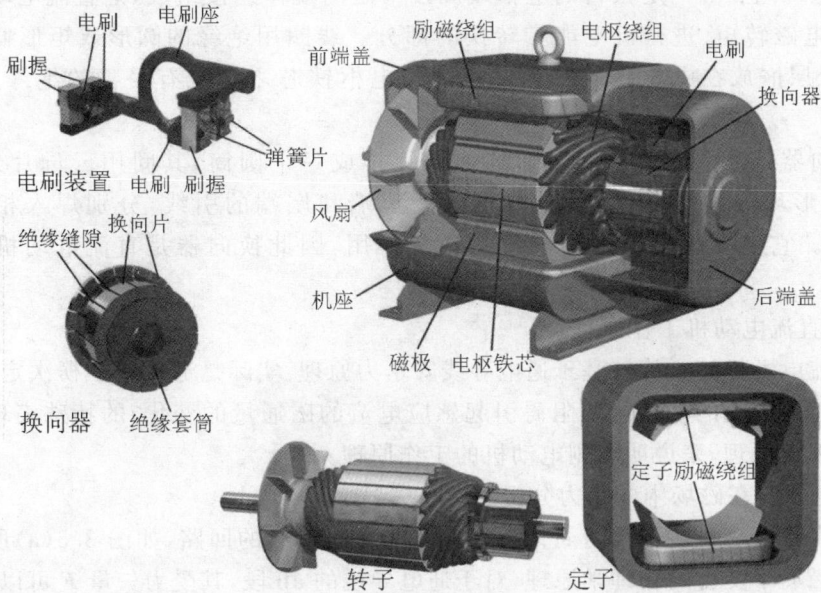

图 3.2 有刷直流电动机结构

（1）主磁极：由主磁极铁芯和套装在铁芯上的励磁绕组构成。主磁极铁芯靠近转子一端的扩大部分称为极靴，它的作用是使气隙磁阻减小，改善主磁极磁场分布，并使励磁绕组容易固定。绝大多数直流电动机的主磁极不是用永久磁铁而是由励磁绕组通以直流电流来建立磁场。

（2）机座：一般用厚钢板弯成筒形以后焊成，或者用铸钢件（小型机座用铸铁件）制成。又称为电动机的结构框架，也是主磁极的一部分。机座中位于磁极间作为磁的通路部分称为磁轭。

（3）换向极：安装在两相邻主磁极之间的一个小磁极。与主磁极类似，是由换向极铁芯和套在铁芯上的换向极绕组构成，并用螺杆固定在机座上。它的作用是改善直流电动机的换向情况，使电动机运行时不产生有害的火花。换向极的个数一般与主磁极的极数相等，在功率很小的直流电动机中，也有不装换向极的。换向极绕组在使用中是和电枢绕组相串联的，要流过较大的电流，因此和主磁极的串励绕组一样，导线有较大的截面。

（4）端盖：装在机座两端并通过端盖中的轴承支撑转子，将定转子连为一体。同时端盖对电动机内部还起防护作用。

（5）电刷装置：整个电刷装置是电枢电路的引出（或引入）装置，它由电刷、刷握、刷杆和连线等部分组成，刷握用螺钉夹紧在刷杆上。电刷是由石墨或金属石墨组成的导电块，放在刷握内用弹簧以一定的压力压在换向器的表面，旋转时与换向器表面形成滑动接触。

（6）电枢铁芯：一般用厚 0.5mm 且冲有齿、槽的型号为 DR530 或 DR510 的硅钢片叠压夹紧而成，以减少电枢铁芯内的涡流损耗。为改善散热通风，冲片可沿轴向分成几段，以构成径向通风道。电枢铁芯是主磁路的组成部分，又是电枢绕组支撑部分，电枢绕组就嵌放在电枢铁芯的槽内。

（7）电枢绕组：由一定数目的电枢线圈按一定的规律连接组成，是直流电动机产生感生电动势和电磁转矩、进行机电能量转换的部分。线圈用绝缘的圆形或矩形截面的漆包导线绕成，分层嵌放在电枢铁芯槽内。线圈与电枢铁芯之间也有妥善的绝缘，并用槽楔压紧。

（8）换向器：由许多具有鸽尾形的换向片排成一个圆筒，其间用云母片绝缘，两端再用两个 V 形环夹紧而构成，每个电枢线圈首端和尾端的引线，分别焊入相应换向片的升高片内。它主要起电枢线圈电流的逆变作用，因此换向器是直流电动机的关键部件之一。

2. 有刷直流电动机工作原理

有刷直流电动机转子旋转基于通电导线安培力原理，实际是通电线框楞次定律（磁场中通电线圈内感应电流的磁场总要阻碍引起感应电流的磁通量的变化）的特殊表现。以下就结合大学物理学原理，来说明有刷电动机的工作原理。

（1）通电导线在磁场中的受力分析

将有刷直流电动机转子绕组简化为两根通电导线组成的回路，如图 3.3（a）所示。根据通电导线在磁场中受力的物理学原理，对于通电导线的 ab 段，其受力矢量 $\boldsymbol{F}$ 可以表示为

$$\boldsymbol{F} = \int \boldsymbol{I} \mathrm{d}l \times \boldsymbol{B} \tag{3.1}$$

式中：$\boldsymbol{I}$ 是通电导线 ab 段中流过的电流矢量，方向由 a→b；$\boldsymbol{B}$ 是定子产生的主磁场矢量，方向沿 z 轴负方向；l 是导线的长度变量。

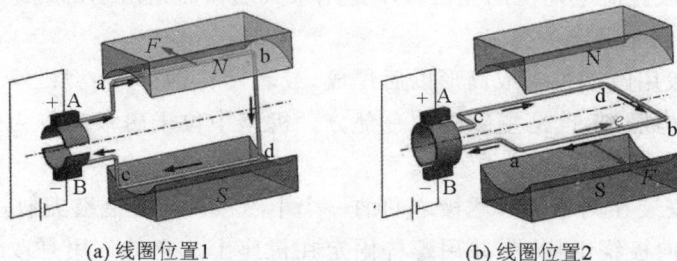

(a) 线圈位置1   (b) 线圈位置2

图 3.3　有刷直流电动机工作原理图

为了避免受力矢量 $\boldsymbol{F}$ 与通电导线在磁场中的感生电动势矢量 e 在方向判断上需采用不同定则，这里引入矢量叉乘的右手定则来进行统一判别。

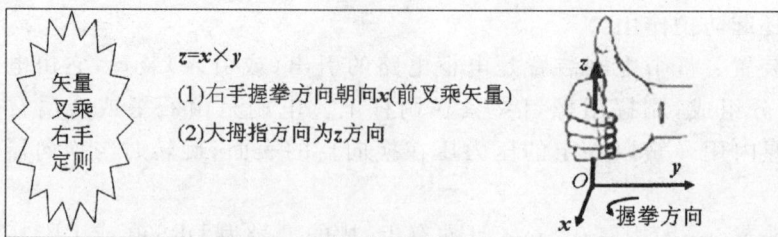

于是，如图 3.3 所示，根据矢量叉乘（"×"）的右手定则原理，可以得到通电导线 ab 段的受力矢量 $\boldsymbol{F}$ 方向是 y 轴负方向。

（2）通电导线在磁场中的感生电动势分析

类似的,如图 3.3 所示,根据通电导线在磁场中运动时产生感生电动势的物理学原理,对于通电导线的 ab 段,其在磁场中产生的感生电动势矢量 e 可以表示为

$$e = \int v \times \boldsymbol{B} \mathrm{d}l \tag{3.2}$$

式中：v 是通电导线 ab 段转动速度矢量,方向为逆时针；$\boldsymbol{B}$ 是定子产生的主磁场矢量,方向沿 z 轴负方向；l 是导线的长度变量。

于是,如图 3.3 所示,同样根据矢量叉乘("×")的右手定则原理,可以得到感生电动势矢量 e 的方向是沿 x 轴正方向。

（3）有刷直流电动机工作原理

如图 3.3(b)所示,当线框旋转 90°后,换向器改变了线框电流的方向,于是导线框会连续旋转下去,这就是直流电动机的工作原理。

3. 有刷直流电动机的不足

根据上面的叙述,由于有刷直流电动机采用电刷以机械方法进行换向,因而存在相对的机械摩擦,由此带来了噪声、火花、无线电干扰以及寿命短等弱点,再加上制造成本高及维修困难等缺点,大大限制了它的应用范围。

3.2.2 无刷直流电动机结构与工作原理

针对上述有刷直流电动机的弊病,利用电子开关线路和位置传感器来代替电刷和换向器,研究人员设计出了直流无刷电动机。这种电动机既具有直流电动机的特性,又具有交流电动机结构简单、运行可靠、维护方便等优点；它的转速不再受机械换向的限制,若采用高速轴承,还可以在高达每分钟几十万圈的转速运行。

1. 无刷直流电动机结构部件与功能

无刷直流电动机与有刷永磁同步电动机结构类似,是将普通有刷直流电动机的定子与转子进行了互换,其转子为永久磁铁,产生气隙磁通,定子由多相绕组组成。如图 3.4 所示,无刷直流电动机主要由主定子、主转子、转子位置传感器和定子绕组电流换向电子开关电路组成。其各个部分的详细结构与功能说明如下。

（1）主定子：放置了空间互差 120°的三相对称定子绕组 AX、BY、CZ,接成星形或三角形,并分别与逆变器(定子绕组的电子换向电路)的各功率管 $BG_1 \sim BG_6$ 相连,以便进行合理换相。

（2）主转子：一般是采用钐钴或钕铁硼等高矫顽力和高剩磁密度的稀土永久磁钢制成的一对磁极。

（3）转子位置传感器：一般也由定子和转子两部分组成。转子位置传感器的定子安装在定子机座内,转子安装在主转子上,与主转子同轴旋转。这样,采用电磁式、磁敏元件式、光电式和接近开关式等检测方法,通过定子与转子的相互感应,可以将主转子的位置检测出来,并变成电信号提供给定子绕组电流换向的电子开关电路。转子位置传感器的作用相当于一般有刷直流电动机中的电刷。改变位置传感器产生信号的时刻(相位),相当于有刷直流电动机中改变电刷在空间的位置,这对无刷直流电动机的特性有很大的影响。

（4）定子绕组电流换向电子开关电路：主要由功率开关元件(IGBT 或 M0sFET 等全

控型传感器)和逻辑控制电路(集成功率模块 PIC 和智能功率模块 IPM)组成,并分别与主定子上各相绕组相连接。其功能是将电源的功率以一定的逻辑关系分配给无刷直流电动机定子的各相绕组,从而使电动机产生持续不断的转矩(见图 3.4)。逻辑控制单元通过转子位置传感器输出的信号,控制三相桥式逆变电路 $BG_1 \sim BG_6$ 的导通和截止,使定子绕组中电流随着转子位置的改变而按一定的顺序进行切换,从而实现无接触式的换向和持续扭矩的产生。

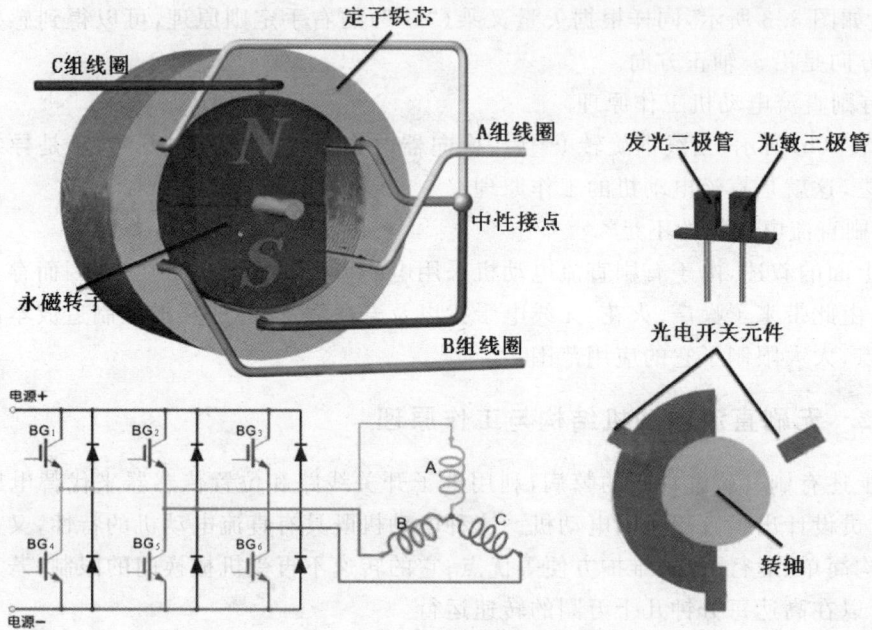

图 3.4　无刷直流电动机结构

2. 无刷直流电动机的工作原理

无刷直流电动机的具体工作原理如图 3.5 所示,详细叙述如下。

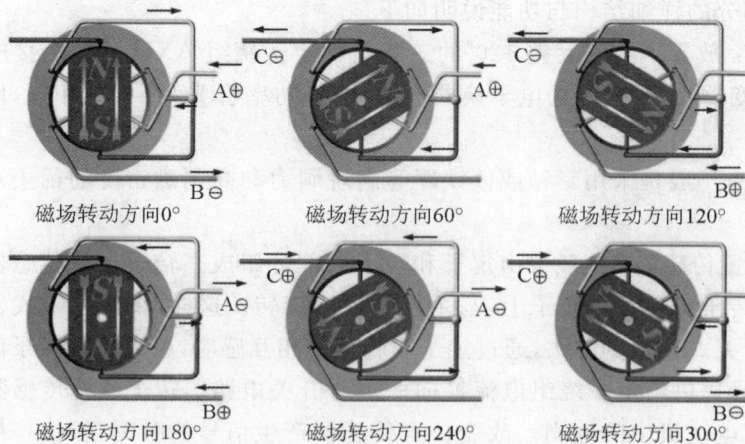

图 3.5　无刷直流电动机工作原理图

（1）当开关管 BG$_1$ 与 BG$_5$ 导通时，电流由 A 组线圈进 B 组线圈出，两个线圈形成的合成磁场方向向上，规定此时的磁场方向为 0°、转子旋转角度为 0°。

（2）当开关管 BG$_1$ 与 BG$_6$ 导通时，电流由 A 组线圈进 C 组线圈出，形成的磁场方向顺时针转到 60°，转子也随之转到 60°。

（3）当转子转到 60°时，开关管 BG$_2$ 与 BG$_6$ 导通时，电流由 B 组线圈进 C 组线圈出，形成的磁场方向顺时针转到 120°，转子也随之转到 120°。

（4）当转子转到 120°时，开关管 BG$_2$ 与 BG$_4$ 导通时，电流由 B 组线圈进 A 组线圈出，形成的磁场方向顺时针转到 180°，转子也随之转到 180°。

（5）当转子转到 180°时，开关管 BG$_3$ 与 BG$_4$ 导通时，电流由 C 组线圈进 A 组线圈出，形成的磁场方向顺时针转到 240°，转子也随之转到 240°。

（6）当转子转到 240°时，开关管 BG$_3$ 与 BG$_5$ 导通时，电流由 C 组线圈进 B 组线圈出，形成的磁场方向顺时针转到 300°，转子也随之转到 300°。

（7）当转子转到 300°时，将回到初始状态，开关管 BG$_1$ 与 BG$_5$ 导通，电流由 A 组线圈进 B 组线圈出，磁场方向转回 0°，转子也转回 0°，完成一周旋转。

3.3　直流电动机机械特性方程及其推导

直流电动机的机械特性是表征电动机输出轴上所产生的转矩 T 和相应的转子运行转速 n 之间关系的特性，以函数 $n=n(T)$ 表示。它是表征电动机工作的重要特性。研究电动机机械特性对满足生产机械工艺要求、充分使用电动机功率以及合理地设计电力拖动的控制和调速系统有着重要的意义。

那么，如何得到直流电动机的机械特性 $n=n(T)$ 呢？如图 3.6 所示，其推导过程从转子绕组的等效回路电压平衡方程出发，分别引入转子绕组的感生电动势方程和转子绕组的扭矩产生方程即可。具体推导过程叙述如下。

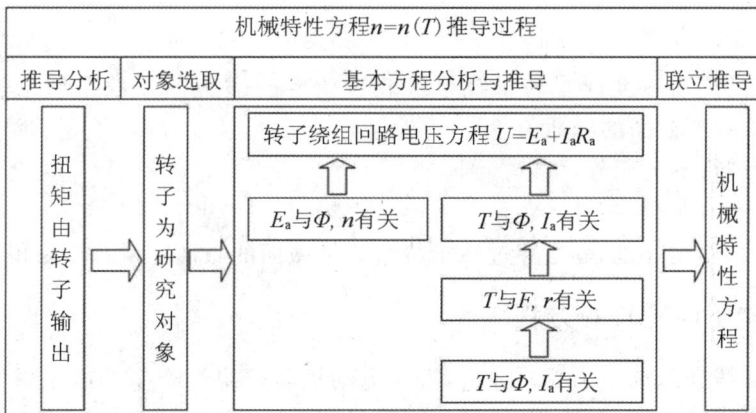

图 3.6　直流电动机机械特性方程推导流程

3.3.1 转子绕组等效电路方程

以直流电动机的转子绕组回路为研究对象,可以得到如图 3.7 所示的直流他励电动机转子绕组回路的等效电路图。图左侧为转子绕组等效电路图,主要包含两部分:一部分是消耗在回路中的电阻产生的电压降,即等效电阻 R_a;另一部分是电枢绕组产生的感生电动势 E_a。图右侧是定子绕组的等效电路图,仅对于电磁式直流他励电动机。

于是,以直流电动机的转子绕组回路为研究对象,根据基尔霍夫电压定律,列出转子绕组回路的电压平衡方程为:

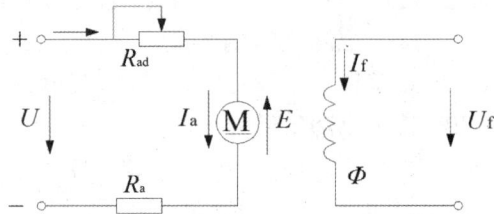

图 3.7 电磁式他励直流电动机的等效电路

$$U = E_a + I_a R_a \tag{3.3}$$

式中:U 是转子绕组的外加电压;E_a 是转子绕组的感应电动势;I_a 是转子绕组通过的电流;R_a 是转子绕组的电阻。

3.3.2 转子绕组感生电动势方程

根据通电导线在磁场中的感生电动势分析,直流电动机转子绕组产生的感生电动势 e 可以定性地表示成式(3.2)的形式。对该式进行积分可以得到

$$
\begin{aligned}
e &= \int (\boldsymbol{v} \times \boldsymbol{B}) \cdot \mathrm{d}\boldsymbol{l} = \int (\boldsymbol{\omega} \times \boldsymbol{r} \times \boldsymbol{B}) \cdot \mathrm{d}\boldsymbol{l} \\
&= \int (2\pi \boldsymbol{n} \times \boldsymbol{r}) \cdot \mathrm{d}\boldsymbol{l} \times \boldsymbol{B} = \pi \int \boldsymbol{n} \times \mathrm{d}\boldsymbol{S} \times \boldsymbol{B} \\
&= \pi \int \boldsymbol{n} \times \mathrm{d}\boldsymbol{\Phi}
\end{aligned}
\tag{3.4}
$$

式中:n 是转子的转动速度;r 是转子绕组等效转动半径;S 是转子绕组线框等效截面积;$\boldsymbol{\Phi}$ 是穿过转子绕组线框截面的磁通矢量。

对式(3.4)进行不定积分,可以得到

$$E_a = K_e \Phi n \tag{3.5}$$

式中:n 是转子的转动速度;Φ 是穿过转子绕组线框截面的磁通标量;K_e 为积分系数。

3.3.3 转子电磁转矩方程

根据通电导线在磁场中的受力分析,直流电动机转子绕组产生的电磁转矩 T 可以定性地表示成式(3.1)的形式。对该式进行积分可以得到

$$\boldsymbol{T} = \boldsymbol{F} \times \boldsymbol{r} = \left(\int \boldsymbol{I} \mathrm{d}\boldsymbol{l} \times \boldsymbol{B} \right) \times \boldsymbol{r} = \int \boldsymbol{I} \times \boldsymbol{B} \mathrm{d}\boldsymbol{l} \times \boldsymbol{r} = \frac{1}{2} \int \boldsymbol{I} \times \boldsymbol{B} \mathrm{d}\boldsymbol{S} = \frac{1}{2} \int \boldsymbol{I} \times \mathrm{d}\boldsymbol{\Phi} \tag{3.6}$$

对式(3.6)进行不定积分,可以得到

$$T = K_t \Phi I_a \tag{3.7}$$

式中：T 是转子的转动速度；K_t 为积分系数，$K_t \approx 9.55 K_e$。

3.3.4 机械特性方程推导

将式(3.4)和式(3.7)代入式(3.3)，就可以得到直流电动机的机械特性方程 $n = n(T)$，如下：

$$n = \frac{U}{K_e \Phi} - \frac{R_a}{K_e K_t \Phi^2} T \tag{3.8}$$

这就是本章的核心方程式，将伴随着我们学完这一章了。

3.4 直流电动机固有机械特性与参数计算

3.4.1 直流电动机固有机械特性

直流电动机的固有机械特性是指电动机一经参数设计定型，制造完后的成品所表现出的机械特性。也就是说，每一台出厂的直流电动机都有自己的机械特性 $n = n(T)$。

紧紧抓住式(3.8)的直流电动机机械特性方程，在某一时刻 U、K_e、K_t、R_a、Φ 都是确定的，这样 $n = n(T)$ 其实是一个一次函数形式的机械特性方程，可以表示为图 3.8 所示的特性曲线。它在 $n-T$ 直角坐标平面上的第一象限内。实际上电动机既可正转，也可反转。不难分析，电动机反转时的机械特性应在 $n-T$ 直角坐标平面上的第三象限内。于是，直流电动机的固有机械特性主要特征点包括以下几个。

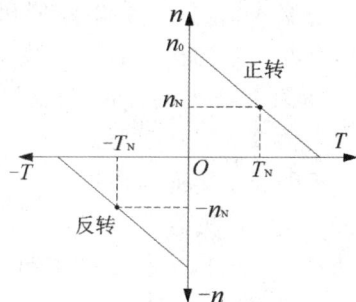

图 3.8 他励直流电动机的机械特性

1. 理想空载转速点 $A(0, n_0)$

当 $T = 0$ 时的转速称为理想空载转速，用 $n_0 = n(T=0)$ 表示。根据机械特性方程可知：

$$n_0 = \frac{U}{K_e \Phi} \tag{3.9}$$

实际上，电动机总存在空载制动转矩，靠电动机本身的作用是不可能使其转速上升到 n_0 的，"理想"的含义就在这里。这也就是直流电动机机械特性方程在 n 轴上的截距。

2. 启动转矩点 $B(T_{st}, 0)$

当 $n = 0$ 时的转速称为启动转速，用 $0 = n(T=T_{st})$ 表示。根据机械特性方程可知：

$$T_{st} = \frac{K_t U \Phi}{R_a} \tag{3.10}$$

这也就是直流电动机机械特性方程在 T 轴上的截距。

3. 额定工作点 $C(T_N, n_N)$

额定转速 n_N 和额定扭矩 T_N 一般可以从电动机的铭牌上查到，它们是一一对应的，即额定转速时电动机转子轴上的输出扭矩称为额定扭矩。

4. 机械特性曲线绘制

根据上述分析,可以有两种方法得到直流电动机的机械特性曲线。一是由$(0,n_0)$和(T_N,n_N)两点绘制得到;二是由$(0,n_0)$和$(T_{st},0)$两点绘制得到。具体绘制直流电动机机械特性曲线的 Matlab 程序如下实例所示。

例 3-1 已知一直流电动机的数据 $n_0=1000\text{rpm}$,$n_N=800\text{rpm}$,$T_N=1.0\text{N}\cdot\text{m}$,请绘制其机械特性曲线。

```
%%曲线绘制 M 程序文件%%
close all;%%%%%关闭所有窗口
n_0=1000;%%%%%定义常数
T_N=1.0;%%%%%定义常数
n_N=800;%%%%%定义常数
n=[n_0:-20:n_N];%%%定义转速 n 数组
T=[0:0.1:T_N];%%%%定义扭矩 T 数组
plot(T,n);%%%绘制特性曲线
```

3.4.2 直流电动机固有特性参数计算

根据式(3.8)的直流电动机机械特性方程,U、K_e、K_t、R_a、Φ 等参数都是可估算或者它们之间存在一定的计算关系。

1. 转子绕组电阻 R_a 的估算

要估算 R_a,先要来了解一下电动机的能量传递与损耗情况。如图 3.9 所示,给出了直流电动机的能量传递与损耗情况。图中 P_1 为电动机输入功率,$P_1=U_1 I_1$;P_e 为电动机电磁功率;P_2 为电动机输出功率,$P_2=\eta U_1 I_1=T\omega$,η 是电动机的效率,T 是电动机输出转矩,ω 是电动机输出轴角速度;ΔP_{Cu1} 和 ΔP_{Cu2} 分别为电动机励磁绕组和转子绕组的铜损;ΔP_m 是电动机的机械损耗;ΔP_{Fe1} 和 ΔP_{Fe2} 分别为电动机励磁绕组和转子绕组的铁损。

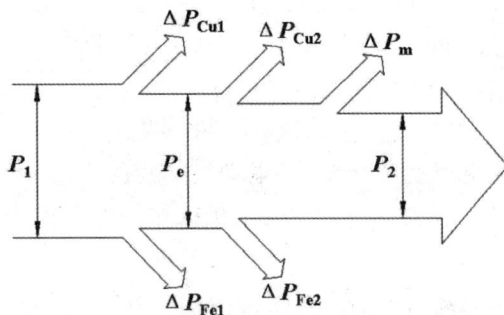

图 3.9　直流电动机能量损耗分析

如图 3.9 所示,电动机在额定负载下的总损耗 $\sum\Delta P_N=\Delta P_{Cu1}+\Delta P_{Cu2}+\Delta P_{Fe1}+\Delta P_{Fe12}+\Delta P_m$,具体可以表示为:

$$\sum\Delta P_N=U_N I_N-P_N=U_N I_N-\eta_N U_N I_N=(1-\eta_N)U_N I_N \tag{3.11}$$

式中:U_N 是电动机的额定电压;I_N 是电动机的额定电流;η_N 是电动机的额定效率。

根据电动机在额定负载下的铜耗 $\Delta P_{Cu} = I_a^2 R_a$ 约占总损耗 $\sum \Delta P_N$ 的 $50\% \sim 75\%$。于是,可得估算 ΔP_{Cu} 的公式为:

$$I_a^2 R_a = (0.5 \sim 0.75) \sum \Delta P_N \tag{3.12}$$

在式(3.12)中,由于 $I_a = I_N$,故得

$$R_a = (0.5 \sim 0.75)(1 - \frac{P_N}{U_N I_N}) \frac{U_N}{I_N} \tag{3.13}$$

2. $K_e \Phi$ 计算

根据转子绕组电压平衡方程,额定运行条件下的转子绕组产生的感生电动势为:

$$E_N = K_e \Phi_N n_N = U_N - I_N R_a$$

由此可以得到

$$K_e \Phi_N = \frac{U_N - I_N R_a}{n_N} \tag{3.14}$$

这里需要说明的是:有刷直流电动机的 Φ_N 是由定子绕组产生的,它只与定子绕组的电流相关,因此当工况发生改变时,任何时刻的 Φ 都存在 $\Phi \approx \Phi_N$。

3. 额定转矩 T_N 计算

根据额定转矩与转速之间的关系,可以得到 T_N 的计算公式为:

$$T_N = \frac{P_N}{\omega_N} = \frac{P_N}{2\pi n_N} \tag{3.15}$$

式中:T_N 的单位是 N·m;P_N 的单位是 W;ω_N 的单位是 rad/s;n_N 的单位是 rpm。

4. 电磁转矩 T_e 计算

根据上述的电动机能量流分析,电磁功率 P_e 与电磁转矩 T_e 的估算式可表示为:

$$P_e = P_1 - \Delta P_{Cu1} - \Delta P_{Fe1} = T_e \omega \approx P_2 \tag{3.16}$$

如果忽略 ΔP_{Cu2} 和 ΔP_{Fe2},式(3.16)约等号成立。

3.5　直流电动机启动特性

直流电动机的启动是指施电于直流电动机,使电动机转子转动起来,达到所要求的转速后正常运转的过程。对直流电动机而言,由式(3.3)知,启动电流 I_{st} 计算公式为:

$$I_{st} = \frac{U_N}{R_a} \tag{3.17}$$

电动机在未启动之前 $n=0$,$E=0$,而 R_a 很小,所以,将电动机直接接入电网并施加额定电压时,启动电流将很大,一般情况下能达到其额定电流的 $10 \sim 20$ 倍。这么大的启动电流会使电动机在换向过程中产生危险的火花,甚至烧坏整流子。而且,过大的电枢电流会产生过大的电动应力,可能引起绕组的损坏。同时,产生与启动电流成正比例的启动转矩,会在机械系统和传动机构中产生过大的动态转矩冲击,使机械传动部件损坏。对由电网供电的电动机来说,过大的启动电流将使保护装置动作,从而切断电源,使得生产机械停止工作,或者引起电网电压的下降,影响其他负载的正常运行。因此,直流电动机是不允许直接启动的,即在启动时必须设法限制电枢电流。

限制直流电动机的启动电流,一般有以下两种方法。

(1)降压启动。在启动瞬间,降低供电电压 U。随着转速 n 的升高,反电动势 E 增大,再逐步提高供电电压,最后达到额定电压 U_N 时,电动机达到所要求的转速。

(2)在电枢回路内串接外加电阻 R_{ad} 启动。此时启动电流 I_{st} 计算公式为:

$$I_{st} = \frac{U_N}{R_a + R_{ad}} \tag{3.18}$$

这样,启动电流将受到外加启动电阻 R_{ad} 的限制。随着电动机转速 n 的升高,反电动势 E 增大,再逐步切除外加电阻一直到全部切除,电动机达到所要求的转速。

生产机械对电动机启动的要求是有差异的。例如,城市无轨电车的直流电动机传动系统要求平稳慢速传动,启动过快会使乘客感到不舒适;而一般生产机械则要求有足够的启动转矩,以缩短启动时间,提高生产效率。从技术上来说,一般希望平均启动转矩大些,以缩短启动时间,这样启动电阻的段数就应少些。

3.6 直流电动机人为调速特性

紧紧抓住式(3.8)的直流电动机机械特性方程。直流电动机的人为机械特性是指人为地改变电动机转子回路电阻 R_a、转子回路的外加电压 U 和定子绕组的磁通 Φ 所得到的机械特性。具体情况分析如下。

3.6.1 改变转子回路电阻的人为调速特性

1. 人为机械特性方程与调速特性分析

根据式(3.8)的直流电动机机械特性方程,改变转子回路的电阻 R_a,可以表示为 $R_a = R_a + R_{ad}$,R_{ad} 为回路外加电阻。这样,改变转子回路电阻的直流电动机机械特性可以描述为:

$$n = \frac{U}{K_e \Phi} - \frac{R_a + R_{ad}}{K_e K_t \Phi^2} T \tag{3.19}$$

根据类似的 Matlab 编程方法可以绘制出直流电动机人为机械特性曲线,如图 3.10(b) 所示,是一簇绕 $(0, n_0)$ 的人为特性曲线。可以根据机械特性方程的 n 轴和 T 轴截距式,也可以对比直流电动机人为机械特性曲线与固有特性曲线,会有:

(1)两者的理想空载转速 n_0 是相同的,即理想空载转速 n_0 与 R_a 无关;

(2)起始转矩 T_{st} 变小了,即机械特性刚度 β 变大了。

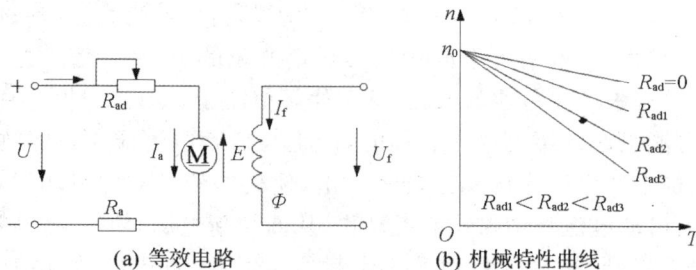

(a) 等效电路　　　　(b) 机械特性曲线

图 3.10　改变转子回路电阻的人为机械特性

2. 人为调速过程图解

图 3.11 所示为具有三段调节电阻的电路原理图和人为调速机械特性图。从特性图中可看出,在一定的负载转矩 T_L 下,串入不同的电阻可以得到不同的转速。在串入电阻分别为 R_1、R_2、R_3 的情况下,可以分别得到稳定工作点 A、C、D 和 E,对应的转速为 n_A、n_C、n_D 和 n_E。具体的调速过程说明如下。

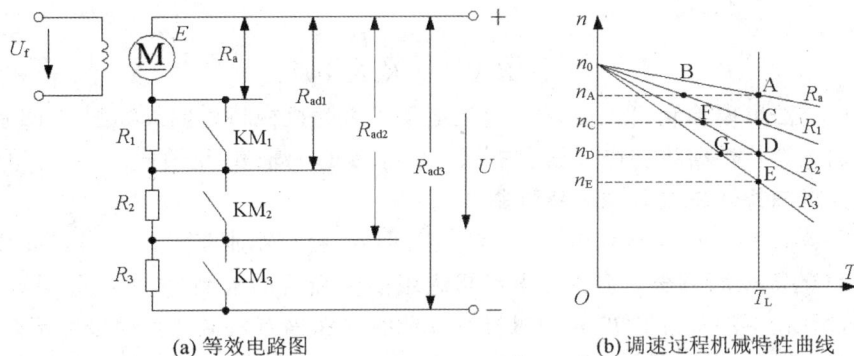

(a) 等效电路图   (b) 调速过程机械特性曲线

图 3.11　具有三段调速电阻的他励电动机电路原理与特性

(1) 外加电阻 $R_{ad} = 0$ 情况。电动机的电枢回路未串接调速电阻时,KM_1、KM_2 和 KM_3 均闭合,电动机的机械特性为固有特性曲线 1,电动机工作在稳定工作点 A,对应的转速为 n_A。

(2) 外加电阻 $R_{ad} = R_1$ 情况。当断开 KM_1 时,电动机的电枢回路串入调速电阻 R_1,此时电枢回路串外加电阻 $R_{ad} = R_1$,电动机的机械特性变为特性曲线 2。由于机械惯性的作用,电动机的转速不能突变,工作点由 A 切换到 B,此时电动机转矩小于负载转矩,电动机速度沿着曲线 2 下降,在工作点 C 与负载转矩达到平衡,对应的转速为 n_C。

(3) 外加电阻 $R_{ad} = R_1 + R_2$ 情况。当断开 KM_2 时,电动机的电枢回路又串入调速电阻 R_2,此时电枢回路串外加电阻 $R_{ad} = R_1 + R_2$,电动机的机械特性变为特性曲线 3。由于机械惯性的作用,电动机的转速不能突变,工作点由 C 切换到 F,此时电动机转矩小于负载转矩,电动机速度沿着曲线 3 下降,在工作点 D 与负载转矩达到平衡,对应的转速为 n_D。

(4) 外加电阻 $R_{ad} = R_1 + R_2 + R_3$ 情况。当断开 KM_3 时,电动机的电枢回路还串入调速电阻 R_3,此时电枢回路串外加电阻 $R_{ad} = R_1 + R_2 + R_3$,电动机的机械特性变为特性曲线 4。由于机械惯性的作用,电动机的转速不能突变,工作点由 D 切换到 G,此时电动机转矩小于负载转矩,电动机速度沿着曲线 4 下降,在工作点 E 与负载转矩达到平衡,对应的转速为 n_E。

3. 改变转子绕组电阻的人为调速特点

改变电枢回路串接电阻的大小调速存在如下问题:

(1) 机械特性较软,电阻愈大则特性愈软,稳定度愈低。

(2) 在空载或轻载时,调速范围不大。

(3) 实现无级调速困难。

(4) 在调速电阻上消耗大量电能等。

正因为缺点不少,目前已很少采用,仅在有些起重机、卷扬机等低速运转时间不长的传动系统中采用。

3.6.2 改变转子回路电压的人为调速特性

1. 人为机械特性方程与调速特性分析

根据式(3.8)的直流电动机机械特性方程,改变转子回路的电压 U,可以表示为 $U=U+\Delta U$,ΔU 为回路外加电压变化量。这样,改变转子回路电压的直流电动机机械特性可以描述为:

$$n = \frac{U + \Delta U}{K_e \Phi} - \frac{R_a}{K_e K_t \Phi^2} T \qquad (3.20)$$

根据类似方法可以绘制出改变 U 时直流电动机人为机械特性曲线如图 3.12 所示,是一簇相互平行的人为特性曲线。可以根据机械特性方程的 n 轴和 T 轴截距式,也可以对比直流电动机人为机械特性曲线与固有特性曲线,会有:

(1) 理想空载转速 n_0 与外加电压 U 成正比,即 n_0 随着外加电压 U 的升高而增大,n_0 随着外加电压 U 的降低而减小。但由于电动机绝缘耐压强度的限制,电枢电压只允许在额定值以下调节,所以,不同 U 值时的人为机械特性曲线均在固有机械特性曲线之下。

(2) 起始转矩 T_{st} 与外加电压 U 成正比,即起始转矩 T_{st} 随着外加电压 U 的升高而增大,起始转矩 T_{st} 随着外加电压 U 的降低而减小。

(3) 机械特性刚度 β 不变。

2. 人为调速过程图解

图 3.12 所示为改变转子绕组外加电压 U 的人为调速机械特性图。从特性图中可看出,在一定的负载转矩 T_L 下,改变 U 可以得到不同的转速。电枢两端加上不同的电压 U_N、U_1、U_2 和 U_3 可以分别得到稳定工作点 A、B、C 和 D,对应的转速分别为 n_A、n_B、n_C 和 n_D,即改变电枢电压可以达到调速的目的。

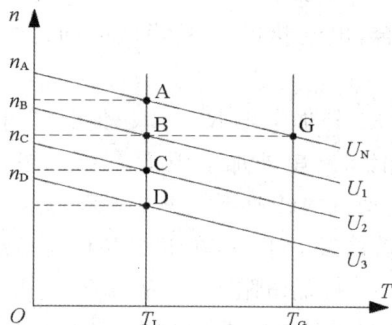

图 3.12 改变电枢供电电压 U 调速的特性

下面以电压由 U_1 突然升高至 U_N 为例,说明其具体调速过程:当电压为 U_1 时,电动机工作在 U_1 曲线上的 B 点,稳定转速为 n_B,当电压突然上升为 U_N 时,电动机的机械特性变为 U_N 特性曲线。由于机械惯性的作用,电动机的转速不能突变,工作点由 B 切换到 G,此时电动机转矩大于负载转矩,电动机速度沿着 U_N 特性曲线加速,在工作点 A 与负载转矩达到平衡,对应的转速为 n_A。

3. 改变转子绕组电压的人为调速特点

改变电枢外加电压调速有如下特点:

(1) 当外加电压 U 连续变化时,转速 n 可以平滑无级调节,一般只能在额定转速以下调节。

(2) 调速特性与固有特性互相平行,机械特性硬度不变,调速的稳定度较高,调速范围较大。

(3) 调速时具有恒转矩特性。因电枢电流 I_a 与电压 U 无关,且 $\Phi = \Phi_N$,若电枢电流 I_a 不变,则电动机输出转矩 $T = K_t \Phi_N I_a$ 不变。我们把调速过程中,电动机输出功率不变的调速特性称为恒转矩调速,具有恒转矩调速特性的调速方法适合于对恒转矩型负载进行调速。

(4) 可以靠调节电枢电压来启动电动机,而不用其他启动设备。

3.6.3 改变定子回路磁通的人为调速特性

1. 人为机械特性方程与调速特性分析

根据式(3.8)的直流电动机机械特性方程,改变定子回路的磁通 Φ,可以表示为 $\Phi = \Phi + \Delta\Phi$,$\Delta\Phi$ 为定子回路磁通变化量。这样,改变定子回路磁通的直流电动机机械特性可以描述为:

$$n = \frac{U}{K_e(\Phi + \Delta\Phi)} - \frac{R_a}{K_e K_t(\Phi + \Delta\Phi)^2}T \qquad (3.21)$$

根据类似方法可以绘制出改变 Φ 时直流电动机人为机械特性曲线,如图 3.13 所示,是一簇相互交错的人为特性曲线。可以根据机械特性方程的 n 轴和 T 轴截距式,也可以对比直流电动机人为机械特性曲线与固有特性曲线,会有:

(1)理想空载转速 n_0 与定子回路磁通 Φ 成反比,即 n_0 随着定子回路磁通 Φ 的升高而减小,n_0 随着定子回路磁通 Φ 的降低而增大。但由于励磁线圈发热和电动机磁饱和的限制,电动机的励磁电流和它对应的磁通 Φ 只能在低于其额定值的范围内调节。

(2)起始转矩 T_{st} 与定子回路磁通 Φ 成正比,即起始转矩 T_{st} 随着定子回路磁通 Φ 的升高而增大,起始转矩 T_{st} 随着定子回路磁通 Φ 的降低而减小。

(3)随着 Φ 的降低,起始转矩 T_{st} 却变小了,n_0 却增大了,即机械特性刚度 β 变大了。

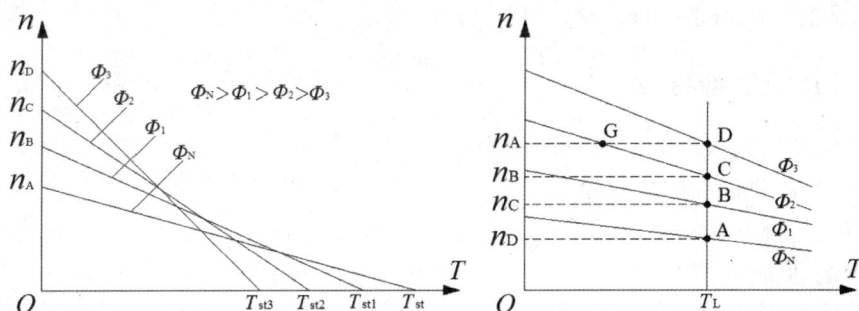

图 3.13 改变磁通 Φ 的人为特性

必须注意的是:当磁通过分削弱后,如果负载转矩不变,将使电动机电流大大增加而严重过载。另外,当 $I_f = 0$ 时,从理论上说空载时电动机转速 n 将趋于 ∞;实际上励磁电流为零时,电动机还有剩磁,速度 n 虽不会趋于 ∞,但会升到机械强度所不允许的数值,通常称为"飞车"。

2. 人为调速过程图解

如图 3.13 所示为改变定子回路磁通 Φ 的人为调速机械特性图。从特性图中可看出,在一定的负载转矩 T_L 下,改变 Φ 可以得到不同的转速。定子磁极两端加上不同的电压 Φ_N、Φ_1、Φ_2 和 Φ_3 可以分别得到稳定工作点 A、B、C 和 D,对应的转速分别为 n_A、n_B、n_C 和 n_D,即定子回路磁通 Φ 可以达到调速的目的。

下面以磁通由 Φ_3 突然升高至 Φ_2 为例,说明其具体调速过程:当磁通为 Φ_3 时,电动机工作在 Φ_3 曲线上的 D 点,稳定转速为 n_D,当磁通突然上升为 Φ_2 时,电动机的机械特性变为 Φ_2 特性曲线。由于机械惯性的作用,电动机的转速不能突变,工作点由 D 切换到 G,此时电动机转矩小于负载转矩,电动机速度沿着 Φ_2 特性曲线减速,在工作点 C 与负载转矩达到平衡,对应的转速为 n_C。

3. 改变定子回路磁通的人为调速特点

（1）可以平滑无级调速，但只能弱磁调速，即在额定转速以上调节。

（2）调速范围不大。因为普通他励电动机的最高转速不得超过额定转速的 1.2 倍。

（3）恒功率调速。在调速过程中，维持电枢电压 U 和电枢电流 I_a 不变时，电动机的输出功率 $P = UI_a$ 不变，输出功率不变的这种特性称为恒功率调速。这种调速适合于对恒功率型负载进行调速，在这种情况下电动机的转矩 $T = K_t \Phi_N I_a$ 要随主磁通 Φ_N 的减小而减小。

3.7 直流电动机制动特性

直流电动机的制动是指电动机脱离电网使电动机速度从某一稳定转速开始减速到停止或是限制位能负载下降速度的一种运行状态。注意，电动机的制动与自然停车是两个不同的概念。自然停车是指电动机脱离电网，靠很小的摩擦转矩消耗机械能使转速慢慢下降直到转速为零而停车。这种停车过程需时较长，不能满足生产机械快速停车的要求。为了提高生产效率，保证产品质量，需要加快停车过程，实现准确停车等，因此要求电动机运行在制动状态。制动时，电动机脱离电网，靠外加阻力转矩，使电动机迅速停车。

紧紧抓住式（3.8）的直流电动机机械特性方程，直流电动机的制动分为反馈制动、反接制动和能耗制动三种形式。具体情况分析如下。

3.7.1 反馈制动特性

1. 直流电动机进入反馈制动工况的表现

（1）直流电动机的接线方式没有改变。

（2）电动机实际转速 $n_实 > n_0$。

2. 反馈制动特性方程

根据式（3.8）的直流电动机机械特性方程，当电动机处于反馈制动工况下，其特性方程可以表示为：

$$\begin{cases} n = \dfrac{U}{K_e\Phi} - \dfrac{R_a}{K_e K_t \Phi^2} T \\ T < 0 \end{cases} \tag{3.22}$$

正如式（3.22）所描述的，特性方程没有改变，只是变量扭矩 T 延伸到第二象限，如图 3.14 所示。

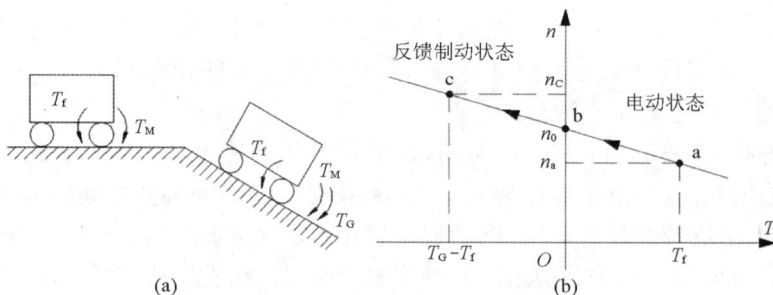

图 3.14 电车走下坡路时的反馈制动

3. 反馈制动具体工况分析

（1）工况 1：电车走下坡路时的反馈制动

如图 3.14 所示，假设电车车轮与地面的摩擦力在电车驱动直流电动机上形成的等效负载转矩为 T_f，与直流电动机的驱动转矩 T_M 方向相反，为阻转矩。

当电车匀速行进在平路时（系统稳定运行于 a 点）：电车电动机轴上的等效负载转矩为 $T_L=T_f$，且有 $T_M=T_L$。

当电车行进在下坡时（系统稳定运行于 b 点）：电车重力会产生位能转矩 T_G，与 T_f 方向相反，且 $|T_G|>|T_f|$，此时有 $T_L=T_G-T_f<0$。这样就会导致 $T_M-T_L>0$，于是电动机由 a 点开始正向加速，经 b 点 $(0,n_0)$ 进入反馈制动状态，最后到达第二象限 c 点并稳定运行。

（2）工况 2：电枢电压突然下降时的反馈制动

如图 3.15 所示，直流电动机在改变转子绕组电压 U 进行调速，假设初始状态系统外加电压 U_1，则电动机稳定运行在 a 点，此时 $T_M=T_L$。当外加电压由 U_1 减小为 U_2 时，电动机的特性就由特性曲线 1 变更到特性曲线 2。根据转速不能跃变原理，电动机的工作点就会由 a 点跳至 b 点，进入反馈制动状态；但这时 $T_M-T_L<0$，于是电动机开始正向减速，一直减速经点 $(0,n_{02})$，最后到达第一象限 c 点并稳定运行。

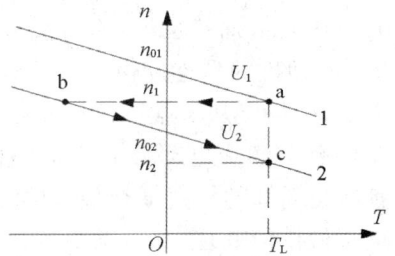

图 3.15　电枢电压突然下降时的反馈制动

（3）位能负载引起的反馈制动

如图 3.16 所示，假设卷扬机下放重物时，重物在直流电动机输出轴上形成的等效负载转矩为 T_L。当电动机正转时是提升重物，机械特性曲线在第一象限。当电动机反转时是下放重物，机械特性曲线在第三象限。为了保持重物匀速下放，直流电动机在抱闸放开后，由于在第三象限，T_M 是负的，T_L 是正的，所以会导致 $T_M-T_L<0$，于是电动机从 a 点开始反向加速，一直加速经 b 点 $(0,-n_0)$ 进入反馈制动状态，最后到达第四象限 c 点并稳定运行。

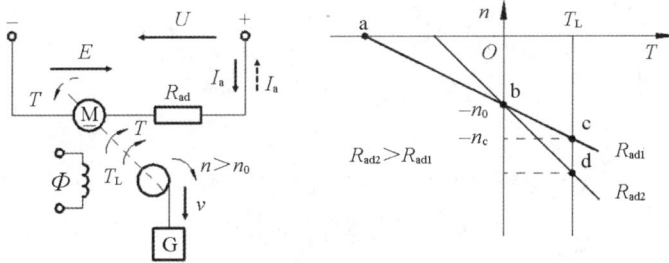

图 3.16　位能负载引起的反馈制动

3.7.2　反接制动特性

1. 直流电动机进入反接制动工况的表现

（1）电枢绕组电压 U 与其感应电动势 E 的方向在外界作用下由相反变为相同，即包括变换电压 U 方向和变换感应电动势 E 方向。

（2）电动机的输出转矩 T_M 与转速 n 的方向相反。

2. 反接制动特性方程

根据式(3.8)的直流电动机机械特性方程，当电动机处于反接制动工况下，其特性方程可以表示为：

$$n = \frac{-U}{K_e\Phi} - \frac{R_a + R_{ad}}{K_e K_t \Phi^2}T \tag{3.23}$$

正如式(3.23)所描述的，特性方程中 U 方向的改变和 R_{ad} 的串入，都有可能形成电枢电压 U 与感应电动势 E 方向相同。

3. 反接制动具体工况分析

（1）工况 1：变更 U 方向的电源反接制动

如图 3.17 所示，假设直流电动机初始状态稳定运行在 a 点，此时电枢电压 U 与感应电动势 E 方向相反，且有 $T_M = T_L$。当外加电压由 U 反向为 $-U$ 时，电枢回路串接电阻 R_{ad}，电动机的特性就由特性曲线 1 变更到特性曲线 2。由于机械惯性，电动机的转速不能突变，工作点从 a 点转换到 b 点。此时，$E = K_e\Phi n$ 不能突变，极性不变，于是就形成了电枢电压 U 与感应电动势 E 方向相同情况。这时 $T_M - T_L < 0$，于是电动机开始正向减速，一直减速到 0 并经过 c 点，此时如果启动抱闸将电动机轴抱死即可实现停车；但如果经过 c 点不做任何处理，那电动机要开始反向加速，一直加速经 e 点$(0, -n_0)$，最后到达第四象限 f 点并稳定运行。

注意，由于在反接制动期间，电枢感应电动势 E 和电源电压 U 是串联相加的，因此，为了限制电枢电流 I_a，电动机的电枢电路中必须串接足够大的限流电阻 R_{ad}。

电源反接制动一般应用在生产机械要求迅速减速、停车和反向的场合以及要求经常正反转的机械上。

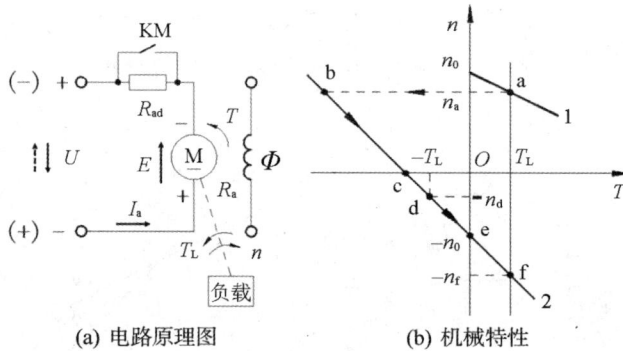

(a) 电路原理图 (b) 机械特性

图 3.17 电源反接制动

（2）工况 2：变更 E 方向的倒拉反接制动

如图 3.18 所示，假设直流电动机初始状态稳定运行在 a 点，此时电枢电压 U 与感应电动势 E 方向相反，且有 $T_M = T_L$。当电枢回路突然外加电阻 R_{ad} 时，电动机的特性就由特性曲线 1 变更到特性曲线 2。由于机械惯性，电动机的转速不能突变，工作点从 a 点转换到 b 点。这时由于 $T_M - T_L < 0$，于是电动机开始正向减速，一直减速到 0 并经过 c 点，此时如果启动抱闸将电动机轴抱死即可实现停车；但如果经过 c 点不做任何处理，那电动机要继续沿着曲线 2 开始反向加速，最后到达第四象限 d 点并稳定运行。在电动机反向加速运行过程

中,转速由"＋"变"－",这样 $E=K_e\Phi n$ 由于 n 的换向而变更方向,从而形成了电枢电压 U 与感应电动势 E 方向相同情况。

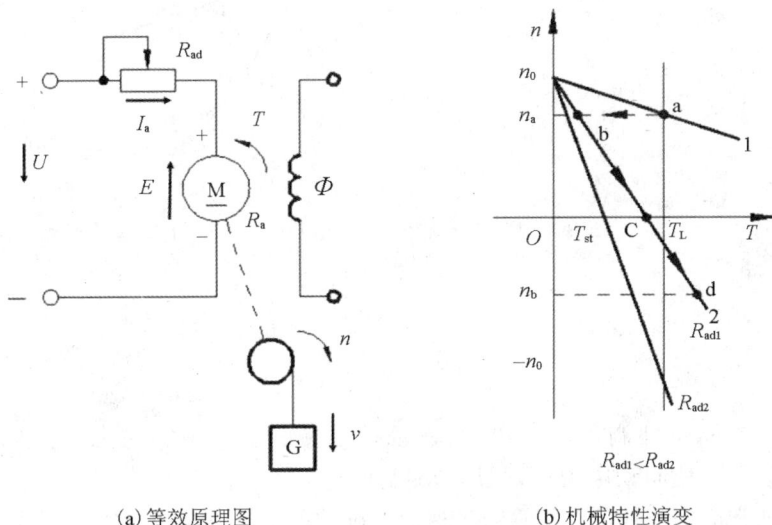

(a)等效原理图   (b)机械特性演变

图 3.18　倒拉反接制动

3.7.3　能耗制动特性

1. 直流电动机进入反馈制动工况的表现

直流电动机的电枢电压为: $U=0$。

2. 反馈制动特性方程

根据式(3.8)的直流电动机机械特性方程,当电动机处于能耗制动工况下,其特性方程可以表示为

$$n=-\frac{R_a+R_{ad}}{K_eK_t\Phi^2}T \tag{3.24}$$

正如式(3.24)所描述的,此时的机械特性由一次函数退化为一经过原点的反比例函数;同时转子回路串入电阻 R_{ad} 还可以起到加快制动的效果。

3. 能耗制动具体工况分析

如图 3.19 所示,假设直流电动机初始状态稳定运行在 a 点,此时电枢电压 U 与感应电动势方向相反,且有 $T_M=T_L$。当电枢回路突然掉电时,电动机的特性就由特性曲线 1 变更到特性曲线 2。由于机械惯性,电动机的转速不能突变,工作点从 a 点转换到 b 点。这时,由于 $T_M-T_L<0$,于是电动机开始正向减速,一直减速到 0 并经过 O 点,此时如果启动抱闸将电动机轴抱死即可实现停车;但如果经过 O 点不做任何处理,那电动机要继续沿着曲线 2 开始反向加速,最后到达第四象限 c 点并稳定运行。这时由工作机械的机械能带动电动机发电,使传动系统储存的机械能转变成电能,并通过电阻(电枢电阻 R_a 和附加的制动电阻 R_{ad})转化成热量消耗掉,故称之为"能耗"制动。

此外,电动机电枢回路串入不同大小的 R_{ad} 时,会有不同的稳定转速(如 $-n_1$,$-n_2$,$-n_3$);或者在一定的转速 n_a 下,可使制动电流与制动转矩不同(如 $-T_1$,$-T_2$,$-T_3$)。R_{ad}

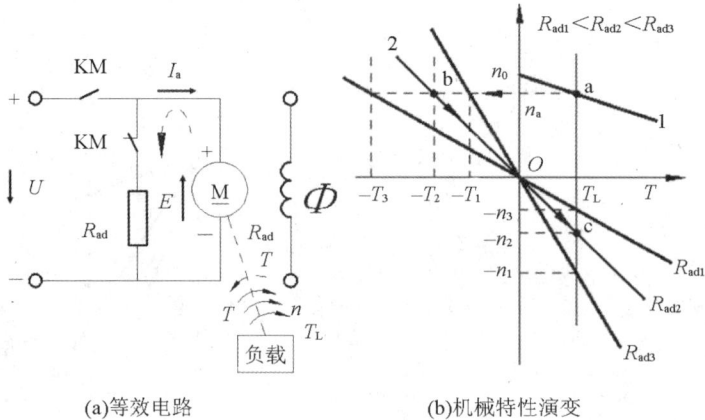

(a)等效电路　　　　(b)机械特性演变

图 3.19　能耗制动

愈小,制动特性愈平,也即制动转矩愈大,制动效果愈强烈。但需注意,为避免电枢电流过大,R_{ad}的最小值应该使制动电流不超过电动机允许的最大电流。

能耗制动通常应用于拖动系统需要迅速而准确地停车及卷扬机重物的恒速下放的场合。

3.7.4　直流电动机制动特性总结

根据上述三小节的分析可知,直流电动机制动特性的象限特性总结(见图 3.20)如下:

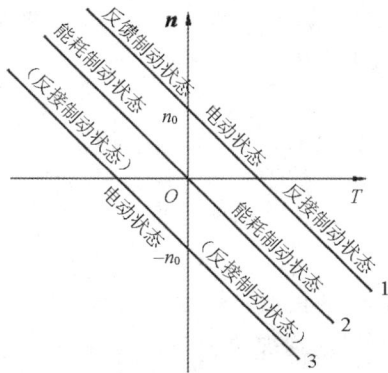

图 3.20　直流电动机的制动特性象限总结

(1) 电动机特性在第一象限处于正向拖动状态,在第三象限处于反向拖动状态。

(2) 电动机特性在第二象限处于正向反馈制动状态,在第四象限处于反向反馈制动状态。

(3) 电动机特性过原点时属于能耗制动状态。

从图 3.20 可知,电动机有电动(拖动)和制动两种运转状态,在同一种接线方式下,有时可以运行在电动状态,有时可以运行在制动状态。对他励直流电动机,用正常的接线方法,不仅可以实现电动运转,而且可以实现反馈制动和反接制动,这三种运转状态处在同一条机械特性上的不同区域,如图 3.20 所示的曲线 1 与曲线 3(分别对应于正、反转方向)。能耗制动时的接线方法稍有不同,其特性如图 3.20 所示的曲线 2,第二象限对应于电动机处于正转状态时的情况,第四象限对应于反转时的情况。

3.8 典型直流电动机选型与应用

3.8.1 典型直流无刷电动机型号

北京和利时公司直流无刷电动机产品的电动机与驱动器实物如图 3.21 所示。该厂家的直流无刷电动机选型手册包括的电动机型号和驱动器型号如表 3.1 所示。

图 3.21 直流无刷电动机与驱动器实物

表 3.1 典型直流无刷电动机及驱动器选型表

系列	规格型号	P_N/W	U_N/V	$n_N/$ rpm	$T_N/$ N·m	适配驱动器	驱动器数据
57	57BL - 1010H1 - LS - B	100	220(AC)	1000	0.96	BL - 2203C	220VAC 3A 600W
	57BL - 1015H1 - LS - B	100	220(AC)	1500	0.64	BL - 2203C	
	57BL - 1030H1 - LS - B	100	220(AC)	3000	0.32	BL - 2203C	
	57BL - 1080H1 - LS - B	100	220(AC)	8000	0.12	BL - 2203C	
	57BL - 2030H1 - LS - B	200	220(AC)	3000	0.64	BL - 2203C	
	57BL - 3030H1 - LS - B	300	220(AC)	3000	0.96	BL - 2203C	
	57BL - 0730N1 - LS - B	70	24(DC)	3000	0.23	BL - 0408	24 - 48VDC 8A 100W
	57BL - 0880N1 - LS - B	80	24(DC)	8000	0.095	BL - 0408	
92	92BL - 2015H1 - LK - B	200	220(AC)	1500	1.3	BL - 2203C	220VAC 3A 600W
	92BL - 4015H1 - LK - B	400	220(AC)	1500	2.6	BL - 2203C	
	92BL - 4030H1 - LK - B	400	220(AC)	3000	1.3	BL - 2203C	
	92BLT - 4070H1 - LK - C	400	220(AC)	7000	0.55	BL - 2203C	
	92BL - 5015H1 - LK - B	500	220(AC)	1500	3.2	BL - 2203C	
	92BL - 5030H1 - LK - B	500	220(AC)	3000	1.59	BL - 2203C	
	92BL - 6030H1 - LK - B	600	220(AC)	3000	1.9	BL - 2203C	

表 3.1 中具体规格型号的解释如图 3.22 所示。

57 BL T-10 15 H 1-L S-B-100

设计序列号	标准方案省略		
设计版本号	以 A、B、C、…表示,缺省为 A 版		
轴键形式	K-平键	F-铣扁	S-光轴
	G-减速机适配	P-特殊制作	
电机出线形式	L-引线,350mm 长		B-螺纹式连接器
	C-插拔式连接器		D-定制
位置传感器类型	1-开关霍尔传感器		2-线性霍尔传感器;
	3-光学编码器		4-无位置传感器
施加在电机绕组上的电压等级	H: 300VDC	I: 150VDC	J: 110VDC	K: 60VDC
	L: 48VDC	M: 36VDC	N: 24VDC	P: 12VDC
电机额定转速	以 100rpm 为单位,30 表示 30×100rpm=3000rpm		
电机功率	以 10W 为单位,40 表示 40×10W=400W		
结构类型	无标注-正弦波结构		F-方波结构
	S-精密结构		T-特殊结构
电机系列	BL 表示无刷直流电机系列		
机座号	57	76	92

图 3.22 直流无刷电动机型号介绍

2. 典型直流电动机设计选型步骤

以上一节无刷直流电动机产品为例,其具体选型指南如表 3.2 所示。

表 3.2 直流电动机选型步骤

步骤 1	确定电动机防护等级
步骤 2	确定电动机电源电压 U_N
步骤 3	确定安装方式(底脚安装、法兰安装、底脚/法兰安装)
步骤 4	绘制折算到电动机轴上的转动速度和负载扭矩周期 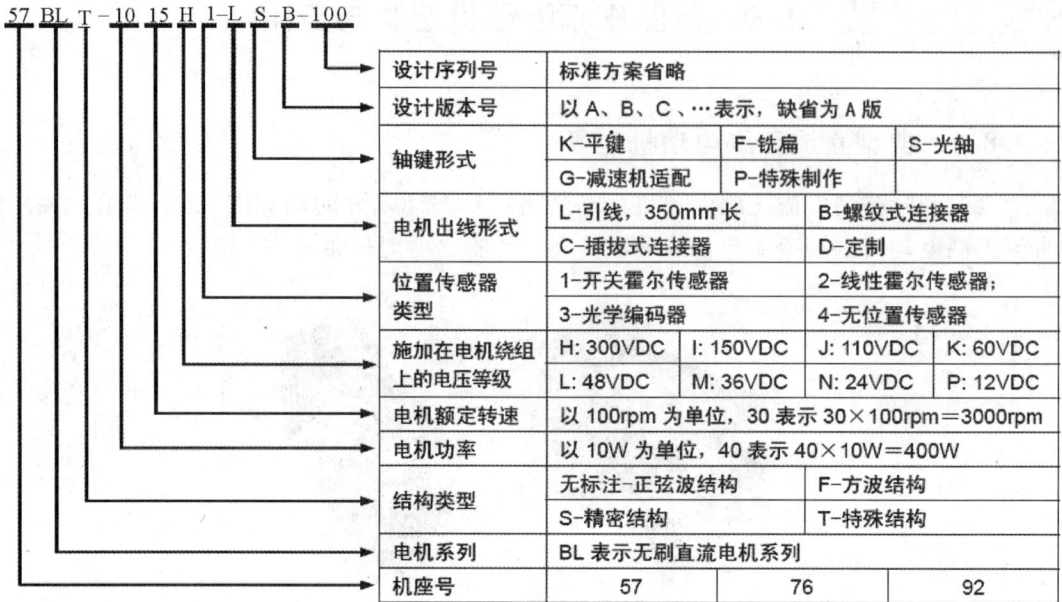
步骤 5	从负载周期曲线图确定最大转矩 T_{max}
步骤 6	从速度周期曲线图确定最大转矩 n_{max}
步骤 7	确定所需电动机类型(有刷/无刷电动机)

续 表

步骤 8	从对应厂家数据表中选择满足 $n_{max} < n_N$、$T_{max} < T_N$ 的电动机
步骤 9	选型所需的直流电动机驱动器
步骤 10	根据厂家订货数据编写电动机和驱动器订单号

3. 典型直流电动机与驱动器接线原理

典型无刷直流电动机与其对应驱动器的应用接线如图 3.23 所示。图中的 $S_{B1} - S_{B6}$ 为按钮开关,也可以是继电器触点,或者其他控制器的输出(如 PLC 输出点,详见第 7 章)。

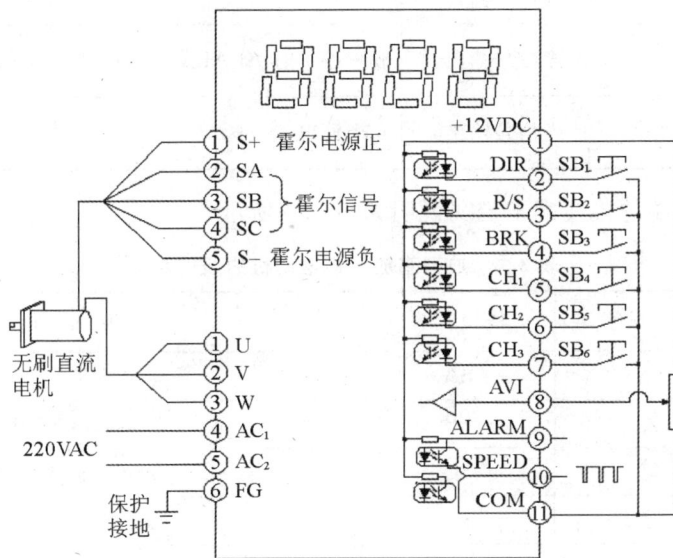

图 3.23　典型直流无刷驱动系统接原理图

具体接线端子的说明如表 3.3 所示。

表 3.3　典型直流无刷电动机驱动器端子定义说明

	端子标记	端子定义	说　明
功率端子	AC_1、AC_2	220VAC 接入	驱动器交流电源输入端子
	U、V、W	电动机动力	务必将驱动器 U、V、W 端子与电动机的 U、V、W 对应连接。电动机线原则上不超过 6m,电动机线要与霍尔线分开布线
	FG	驱动器接地	为安全起见,请务必将驱动器保护地端子与电动机机壳分别可靠接地
霍尔端子	S+、S−、SA、SB、SC	电动机霍尔位置信号	务必将驱动器的 S+、S−、SA、SB、SC 与电动机的 S+、S−、SA、SB、SC 对应连接。霍尔线原则上不超过 6m,且应用屏蔽线,注意与电动机线分开布线,且远离干扰源

续　表

端子标记	端子定义	说　明
+12－COM	外电源接口	外部调速电位器电源端子,负载小于 50mA
AVI	外部模拟量调速	标准产品中调节范围 0～10V 对应 0～3000rpm
DIR	正/反转控制	
R/S	运行/停止控制	不接时默认为不转
CH_1～CH_3	多段速度选择	由 CH_1～CH_3 相对 COM 的状态选择不同速度
BRK	制动控制	
ALARM	故障信号输出	故障停机时 ALARM 与 COM 由内部光耦接通
SPEED	速度信号输出	光耦输出测速脉冲

注:控制信号(前六行),输出信号(后两行)。

具体在电动机端的接线端子定义说明如表 3.4 所示。

表 3.4　典型直流无刷电动机的线缆定义

	线缆颜色	线缆说明	说　明
霍尔位置信号线缆	红	SA	与驱动器 SA 连接
	黄	SB	与驱动器 SB 连接
	蓝	SC	与驱动器 SC 连接
	绿	S+	与驱动器 S+ 连接
	黑	S—	与驱动器 S— 连接
动力线缆	红	U	与驱动器 U 连接
	黄	V	与驱动器 V 连接
	蓝	W	与驱动器 W 连接

具体调速控制原理实现可以参见第 7 章 PLC 与变频器典型应用实例内容。

课后习题和动手实践题

课后习题

习题 3-1　一台直流发电动机,其部分铭牌数据为:$P_N=180\text{kW}$,$U_N=230\text{V}$,$n_N=1450\text{rpm}$,$\eta_N=89.5\%$,试求:

(1) 该发电动机的额定电流;

(2) 电流保持为额定值而电压下降为 100V 时电动机的输出功率(设此时 $\eta=\eta_N$)。

习题 3 - 2　一台他励直流电动机的铭牌数据为：$P_N=7.5\text{kW}$，$U_N=220\text{V}$，$n_N=1500\text{rpm}$，$\eta_N=88.5\%$，试求该电动机的额定电流和额定转矩。

习题 3 - 3　一台他励直流发电动机的技术数据为：$P_N=15\text{kW}$，$U_N=230\text{V}$，$I_N=65.3\text{A}$，$n_N=2850\text{r/min}$，$R_a=0.25\Omega$，其空载特性如表所示。今需在额定电流下得到 150V 和 220V 的端电压，其励磁电流分别应为多少？

习题 3 - 3 表

U_f/V	115	184	230	253	265
I_f/A	0.422	0.802	1.2	1.686	2.10

习题 3 - 4　一台他励直流电动机的铭牌数据为：$P_N=5.5\text{kW}$，$U_N=110\text{V}$，$I_N=62\text{A}$，$n_N=1000\text{r/min}$，试绘出它的固有机械特性曲线。

习题 3 - 5　一台他励直流电动机的技术数据为：$P_N=6.5\text{kW}$，$U_N=220\text{V}$，$I_N=34.4\text{A}$，$n_N=1500\text{r/min}$，$R_a=0.242\Omega$，试计算出此电动机的如下特性，并绘出其特性图形：

(1) 固有机械特性；

(2) 电枢附加电阻分别为 3Ω 和 5Ω 时的人为机械特性；

(3) 电枢电压为 $U_N/2$ 时的人为机械特性；

(4) 磁通 $\varPhi=0.8\varPhi_N$ 时的人为机械特性。

习题 3 - 6　为什么直流电动机直接启动时启动电流很大？

习题 3 - 7　一台他励直流电动机的技术数据为：$P_N=2.2\text{kW}$，$U_N=U_f=110\text{V}$，$n_N=1500\text{r/min}$，$\eta_N=0.8$，$R_a=0.4\Omega$，$R_f=82.7\Omega$。求：

(1) 额定电枢电流 I_{aN}；

(2) 额定励磁电流 I_{fN}；

(3) 励磁功率 P_f；

(4) 额定转矩 T_N；

(5) 额定电流时的反电动势；

(6) 直接启动时的启动电流；

(7) 如果要使启动电流不超过额定电流的 2 倍，那么启动电阻为多少？此时启动转矩又为多少？

习题 3 - 8　转速调节（调速）与固有的速度变化在概念上有什么区别？

习题 3 - 9　他励直流电动机有哪几种制动方法？它们的机械特性如何？试比较各种制动方法的优缺点。

动手实践题

(1) 试一试，你能制造一台简易型有刷直流电动机吗？都需要哪些元器件，大概多少费用？

(2) 试一试，你能制造一台简易型无刷直流电动机吗？都需要哪些元器件，大概多少费用？

（3）试一试，你能制造一台简易型有刷直流电动机调速器吗？都需要哪些理论知识，需要哪些元器件，大概多少费用？

（4）试一试，你能制造一台简易型无刷直流电动机调速器吗？都需要哪些理论知识，需要哪些元器件，大概多少费用？

（5）想一想，你能用直流电动机制造一台微型电动小车吗？都需要哪些元器件，大概多少费用？

（6）想一想，你可以用直流电动机来解决日常生活中的实际难题吗？

第4章 交流电动机的工作特性及应用

本章导读

交流电动机是将交流电能转化为机械能的装置。随着交流驱动技术的发展,交流电动机的驱动特性已经能够和直流电动机相媲美,且其结构简单、制造方便,容易做成高电压、大容量的电动机,这都使得交流电动机成为最广泛使用的电动机。因此,学习三相交流异步电动机的工作特性和应用是非常必要的。

通过本章的学习,可以知晓三相交流异步电动机的结构、工作原理、机械特性、启动、调速和制动问题。

学习思考

(1) 交流电动机的分类如何?

(2) 三相交流异步电动机的内部结构如何?

(3) 三相交流异步电动机是如何旋转起来的? 定子磁场是如何旋转起来的?

(4) 什么是三相交流异步电动机的机械特性,如何推导,相关参数如何计算?

(5) 何为三相交流异步电动机启动特性?

(6) 三相交流异步电动机有哪几类调速特性?

(7) 三相交流异步电动机有哪几类制动特性?

(8) 三相交流异步电动机的选型应用过程如何,要注意哪些问题?

4.1 交流电动机的分类

交流电动机与直流电动机一样,本质还是基于安培力原理(通电导线在磁场中受到力的作用)工作的电动执行器。其具体分类可以描述如下:

(1) 按其能量转换功能不同,可以分为交流发电动机和交流电动机两大类。两者的主要区别在于:交流电动机是将交流电能转换成机械能的装置;而交流发电动机是将机械能转换成交流电能的装置。

(2) 按其定子磁场转速和转子转速是否一致,可分为交流同步电动机和交流异步电动机两大类。两者的主要区别在于:交流同步电动机的转子旋转速度与交流电源的频率有严

格的对应关系,在运行中转速严格保持恒定不变;交流异步电动机的转速相比定子磁场转速
(交流电源频率)有一定的减小,且随着负载的变化稍有变化。

(3)按其转子结构的不同,可分为鼠笼式转子交流电动机和绕线式转子交流电动机两
大类,其中鼠笼式应用最为广泛。两者的主要区别在于:鼠笼式转子绕组是在转子铁芯槽
里嵌入铜或铝等导条,再将全部导条两端分别焊接在两个端环上构成;而绕线式转子绕组与
定子绕组相似,相互绝缘的导线按一定规律嵌入转子铁芯槽中,三个出线头接到转轴的三个
集电环上,再通过电刷与外电路连接。

(4)按其所需交流电源相数的不同,可分为单相交流电动机和三相交流电动机两大类。
两者的主要区别在于:单相交流电动机需要单相交流电供电;三相交流电动机需要三相交
流电供电。

由于三相交流异步电动机在日常生产和生活中最为常见,因此,以下将以三相交流异步
电动机为例,详细说明交流电动机的结构、功能、特性和应用。

4.2 三相交流异步电动机的结构和工作原理

4.2.1 三相交流异步电动机结构部件与功能

三相交流异步电动机如图 4.1 所示,主要由机座、定子和转子组成。定子由机座、定子
绕组、定子铁芯、端盖、轴承等组成,主要作用是产生电动机的空间旋转磁场。转子主要由转
轴、电枢铁芯、电枢绕组和风扇等组成,主要作用是产生电磁转矩和感应电动势,是电动机进
行能量转换的枢纽。其各个部分的详细结构与功能说明如下。

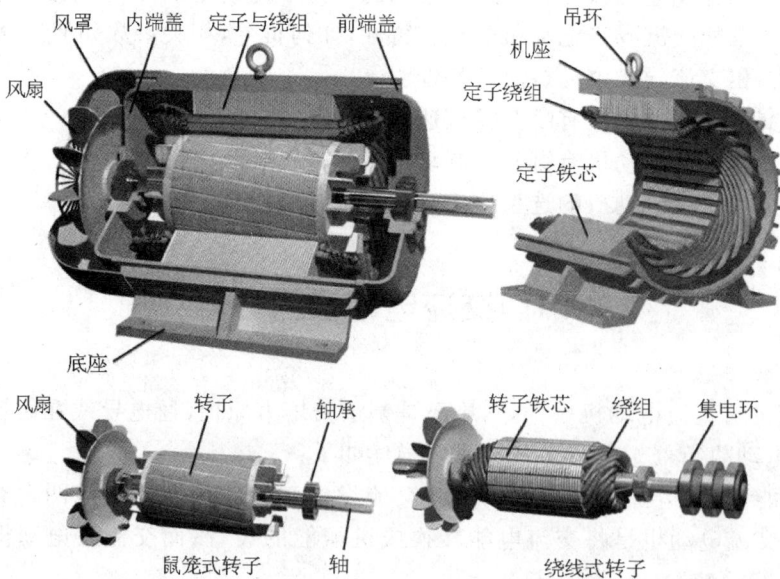

图 4.1　三相交流异步电动机的结构

1．定子部分

（1）定子：电动机中静止不动的部分，主要由定子铁芯、定子绕组和机座组成。定子铁芯装在机座内部，是主磁通磁路的一部分，为了降低涡流损耗，采用 0.35～0.5mm 厚的硅钢片叠压而成。

（2）定子绕组：交流异步电动机的电路部分，是由相互绝缘的导线按一定规律嵌入定子铁芯槽中制成的线圈。在三相交流异步电动机的定子铁芯上，缠绕着对称的三相绕组，其中通入三相交流电时，就会产生旋转磁场。

（3）机座：主要是为了固定与支撑定子铁芯，并起防护、散热等作用。机座通常为铸铁件，大型异步电动机机座一般用钢板焊成，微型电动机机座采用铸铝件。机座上还装有风扇罩壳，一是为了保护风扇叶片；二是为了防止高速扇叶飞出或者伤人。

2．转子部分

转子是旋转部分，主要由转子铁芯、转子绕组和转轴组成。

（1）转子铁芯：安装在转轴上，是电动机主磁通磁路的一部分，由硅钢片叠压而成，硅钢片外圆冲有均匀分布的孔槽，用来安置转子绕组。

（2）转子绕组：异步电动机的转子绕组按构成原理不同，可分为鼠笼型和绕线型两种，如图 4.1 所示。鼠笼式转子绕组是在转子铁芯槽里嵌入铜或铝等导条，再将全部导条两端分别焊接在两个端环上构成。如果把转子铁芯去掉，绕组形似一个鼠笼，鼠笼式异步电动机的结构简单、价格低廉、工作可靠。绕线式异步电动机的转子绕组与定子绕组相似，相互绝缘的导线按一定规律嵌入转子铁芯槽中，三个出线头接到转轴的三个集电环上，再通过电刷与外电路连接，绕线式异步电动机的结构复杂、价格较贵、维护工作量大，转子外加电阻可改变电动机的机械特性。

（3）转轴：固连于转子铁芯，上面还装有风扇，用于转矩和转速输出，是电动机与负载的接口。转轴上可选开键槽或者螺纹孔，以便于与生产机械负载的减速机相装配。

4.2.2 三相交流异步电动机的工作原理

三相交流异步电动机的转子旋转本质是基于通电导线安培力原理，实际是通电线框楞次定律（磁场中通电线圈内感应电流的磁场总要阻碍引起感应电流的磁通量的变化）的特殊表现。也就是说，三相交流异步电动机的工作原理：定子绕组通入三相交流电，在定子、转子绕组和气隙间形成空间旋转磁场；转子绕组根据楞次定律也产生旋转，以阻碍穿过转子绕组磁通量的变化。或者说，转子绕组切割定子旋转磁场磁力线，产生转子感应电动势；转子感应电动势在闭合的转子绕组上产生感应电流；定子磁场对转子感生电流形成电磁转矩而使得电动机的转子旋转。下面来具体分析三相交流异步电动机的工作原理。

1．定子旋转磁场的产生

根据上一节定子绕组结构分析，三相交流异步电动机定子的对称三相绕组 U_1U_2、V_1V_2 和 W_1W_2 有两种连接形式：星形（Y 形）连接和三角形（△形）连接，如图 4.2 所示。

以星形连接方式为例，来说明定子旋转磁场的形成。将连接成星形的三相对称绕组 U_1U_2、V_1V_2 和 W_1W_2 通入三相交流电，每相中分别形成电流 i_U、i_V、i_W。规定电流从 U_1 流向 U_2、V_1 流向 V_2、W_1 流向 W_2 为正方向，反之则为负方向。且设 U 相绕组电流 i_U 的初相位为零，则三相绕组的电流大小瞬时值可以表示为：

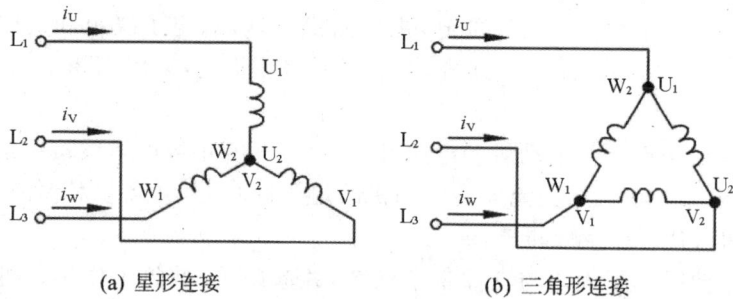

(a) 星形连接　　　　　　(b) 三角形连接

图 4.2　定子三相绕组的连接形式

$$\begin{cases} i_U = I_m \sin \omega t \\ i_V = I_m \sin(\omega t - 120°) \\ i_W = I_m \sin(\omega t + 120°) \end{cases} \qquad (4.1)$$

式中：I_m 为三相绕组中的电流峰值大小；ω 为交流电流的角频率。

于是，根据式(4.1)可得图 4.3 所示的三相绕组的电流波形图。

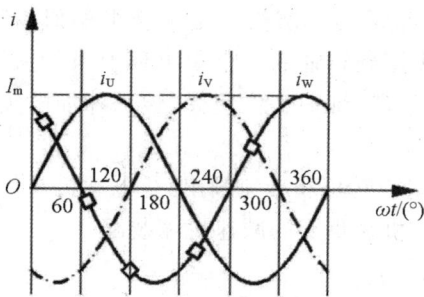

图 4.3　UVW 相序的三相绕组电流波形

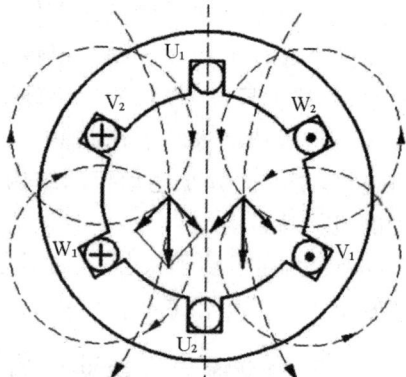

图 4.4　$\omega t = 0°$ 时刻磁场的矢量合成原理图

（1）当 $\omega t = 0°$ 时，$i_U = 0$，没有标记代表没有电流从 U_1 端流到 U_2 端，也没有电流从 U_2 端流到 U_1 端；i_V 为负值，与参考的正方向相反，即电流从 V_2 端流到 V_1 端；i_W 为正值，与参考的正方向一致，即从 W_1 端流到 W_2 端。由此，根据右手螺旋定则，各相绕组形成的磁场可以由图 4.4 描述，进行磁场矢量的合成又可以等效为图 4.5(a)所示的由 U_1 指向 U_2 的一对磁极所形成的磁场，若用 p 表示磁场极对数，则 $p = 1$。（图中的"⊕"表示电流流入，"⊙"表示电流流出）

（2）当 $\omega t = 60°$ 时，i_U 为正值，与参考的正方向一致，即从 U_1 端流到 U_2 端；i_V 为负值，与参考的正方向相反，即从 V_2 端流到 V_1 端；$i_W = 0$。由此形成如图 4.5(b)所示的由 W_2 指向 W_1 的一对磁极，此时的磁场相对于 $\omega t = 0°$ 时所在位置以顺时针方向旋转了 60°。

（3）当 $\omega t = 120°$ 时，i_U 为正值，与参考的正方向一致，即从 U_1 端流到 U_2 端；$i_V = 0$；i_W 为负值，与参考的正方向相反，即从 W_2 端流到 W_1 端。由此形成如图 4.5(c)所示的由 V_1 指向 V_2 的一对磁极，此时的磁场相对于 $\omega t = 0°$ 时所在位置以顺时针方向旋转了 120°。

（4）根据类似方法，分别可以分析得到 $\omega t = 180°$、240°、300°时刻的旋转磁场位置如

图 4.5(d)、(e)和(f)所示。

由以上分析可见,三相交流电共同产生的合成磁场将随着电流的交变而在空间不断地旋转,即形成空间旋转磁场。

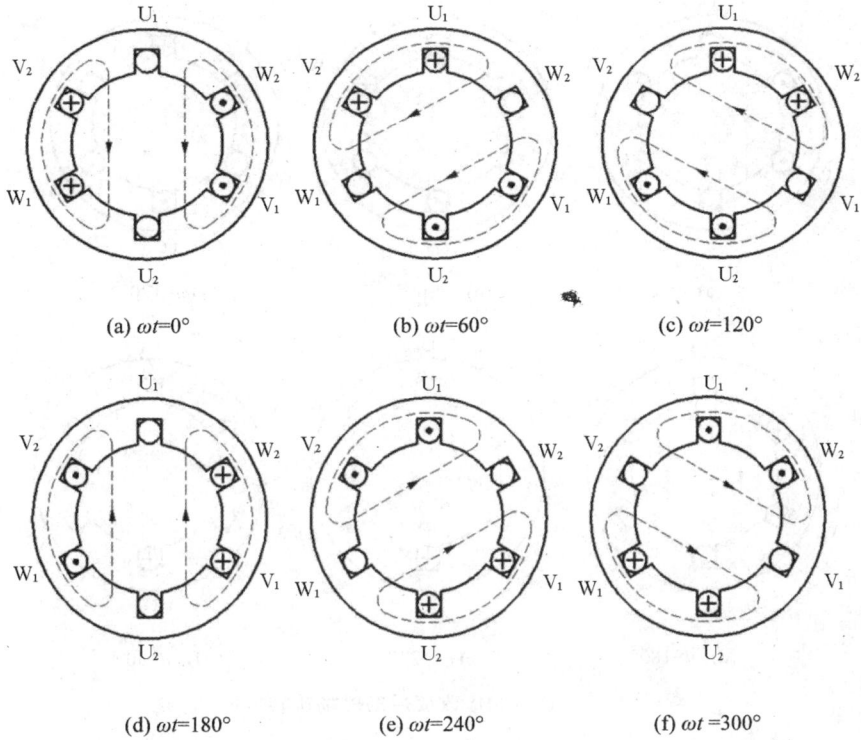

(a) $\omega t=0°$ (b) $\omega t=60°$ (c) $\omega t=120°$

(d) $\omega t=180°$ (e) $\omega t=240°$ (f) $\omega t =300°$

图 4.5　三相交流电产生的定子旋转磁场

2. 旋转磁场转动方向的改变

从图 4.3 可以看出,三相绕组中的电流相序为 U→V→W,而旋转磁场的旋转方向为顺时针。如果将连接三相电源的定子绕组中的任意两相对调,如将 V、W 两根线对调,即如图 4.6 所示,将 i_V 和 i_W 曲线互换,此时三相绕组中的电流相序为 U→W→V,用同样的分析方法,可得图 4.7 所示的通电相序改变后的磁场旋转方向,可以看到磁场的旋转方向与图 4.5 相反,由顺时针方向变为逆时针方向。因此,三相交流异步电动机换向控制的原理是:对调三相绕组中任意两相通电相序。

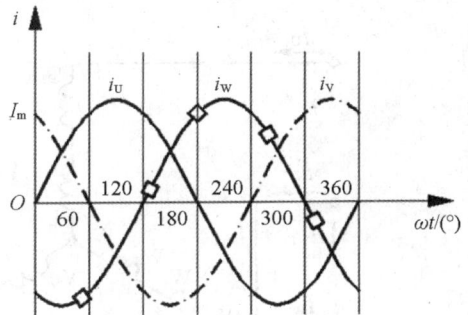

图 4.6　UWV 相序的三相绕组电流波形

由此可见,三相交流异步电动机的旋转磁场方向取决于三相绕组的通电相序,若想改变电动机的转动方向,只需换接其中任意两相即可。

3. 旋转磁场的极数和旋转速度

从上述分析可以看出,当定子每相绕组只有一个线圈时,邻近绕组之间相差 120°空间角,产生的旋转磁场具有一对磁极,即 $p=1$(见图 4.5)。当电流变化经过一个周期(360°电角度)时,旋转磁场在空间也旋转了一周(360°机械角度),即旋转磁场的每分钟转速为 $n_0 = 60f_1$,f_1 为定子电流的交变频率,即三相交流电频率。

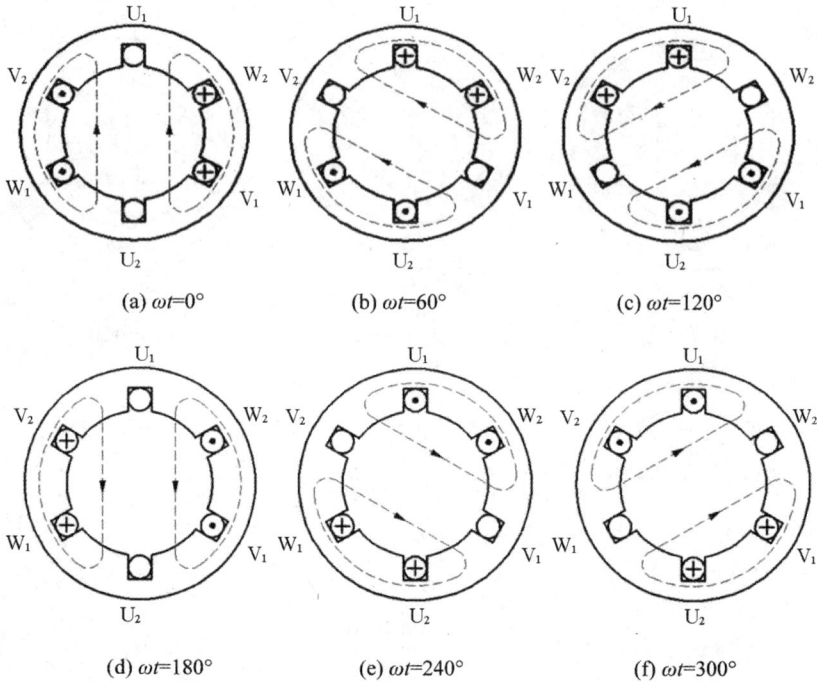

(a) $\omega t=0°$ (b) $\omega t=60°$ (c) $\omega t=120°$

(d) $\omega t=180°$ (e) $\omega t=240°$ (f) $\omega t=300°$

图 4.7　通电相序改变后的磁场旋转方向

若每相绕组由两个线圈串联时,邻近绕组的起始端之间相差 60°空间角,如图 4.8 所示,此时产生的旋转磁场具有两对磁极,即 $p=2$。这样,当电流变化经过一个周期(360°电角度)时,通过上述同样的分析方法可得:磁场在空间旋转半周,即每分钟转速 $n_0 = 60f_1/2$。

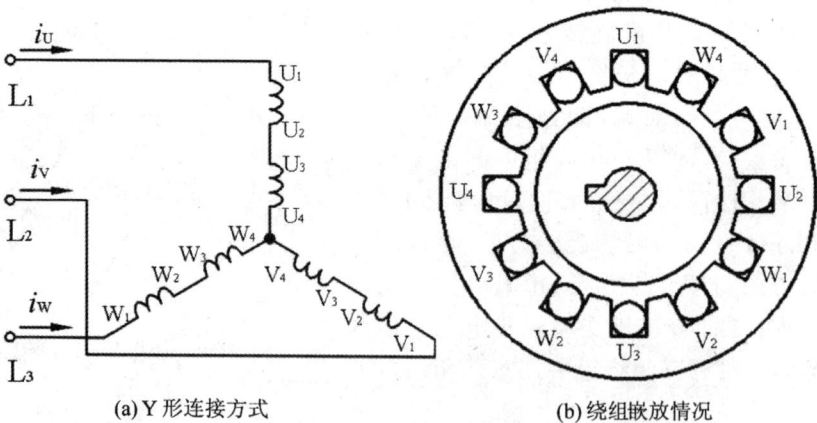

(a) Y 形连接方式   (b) 绕组嵌放情况

图 4.8　产生两对磁极的定子绕组 Y 形接线图和嵌放情况

依此类推,可得旋转磁场转速:

$$n_0 = \frac{60f_1}{p} \tag{4.2}$$

式中：n_0 为定子磁场转速，单位为 r/min；f_1 为定子电流即三相交流电频率，单位为 Hz；p 为磁场磁极对数。于是可以得到如表 4.1 所示的磁极对数 p 与定子磁场转速 n_0 之间的关系。

表 4.1　磁极对数与同步转速关系

磁极对数 p	每个电流周期磁极对转过的空间角度	同步转速 n_0($f_1=50$Hz)
$p=1$	360°	3000r/min
$p=2$	180°	1500r/min
$p=3$	120°	1000r/min
$p=4$	90°	750r/min

4. 三相交流异步电动机的转动原理

根据上述分析，三相交流异步电动机的转动原理可以描述如下：

（1）图 4.9 所示的是简化后的电动机电磁关系图，将定子旋转磁场简化为旋转的 NS 磁极。

（2）当旋转磁场逆时针旋转时，相当于转子导体顺时针方向切割磁力线，将产生感应电动势，在 N 极下方的转子导体中的感应电动势的方向垂直纸面向里，在 S 极上方转子导体中感应电动势的方向垂直纸面向外。由于转子绕组闭合，感应电动势产生转子电流，电流方向与感应电动势方向相同。

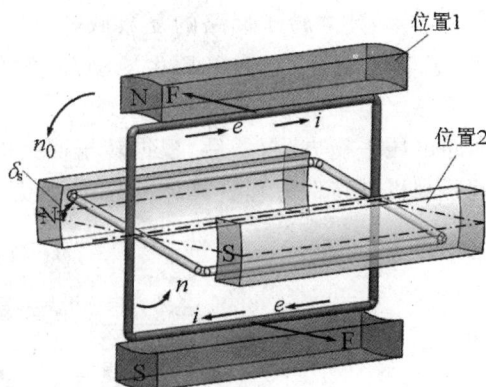

图 4.9　简化后的交流电动机电磁关系

根据电磁力定律，转子电流与旋转磁场相互作用，产生电磁力 F，该力在转轴上形成电磁转矩，且转矩的作用方向与旋转磁场的旋转方向相同，转子受此转矩作用，便按旋转磁场的旋转方向转动起来。

但是，转子的旋转速度 n（即电动机的转速）始终比定子旋转磁场转速 n_0（或称为同步速度）小。假设两者转速相等，那么转子和旋转磁场便没有了相对运动，转子也就不会切割定子磁场磁力线，不会产生感应电动势和感应电流，转子将不会旋转。因此，定子旋转磁场和转子转速的差值是保证转子旋转的基本条件。

由于转子转速不等于同步转速，所以把这种电动机称为异步电动机，把转速差(n_0-n)与同步转速 n_0 的比值称为异步电动机的转差率，用 s（百分数形式）表示：

$$s = \frac{(n_0 - n)}{n_0} \times 100\% \qquad (4.3)$$

转差率 s 是分析异步电动机运行情况的主要参数之一。通常异步电动机工作在额定负载时，n 接近于 n_0，转差率很小，约为 1.5%～6%。

从物理本质上看，异步电动机的运行和变压器相似，即电能从电源输入定子绕组（原绕组），基于电磁感应现象，以旋转磁场为媒介，感应到转子绕组（副绕组），而转子中的电能通过电磁力的作用变成机械能输出，所以，异步电动机又称为感应电动机。

4.3 三相交流异步电动机机械特性及其推导

交流电动机的机械特性是表征电动机输出轴上所产生的转矩 T 和相应的转子运行转速 n 之间关系的特性，以函数 $T=(n)$ 表示。由于交流电动机机械特性的复杂性，$T=(n)$ 转变成了 $T=T(s)$，$s=(n_0-n)/n_0$。它同样是表征电动机工作的重要特性。研究电动机机械特性对满足生产机械工艺要求，充分使用电动机功率，合理地设计电力拖动的控制和调速系统有着重要的意义。

那么，如何得到交流电动机的机械特性 $T=T(s)$ 呢？如图 4.10 所示，其推导过程借鉴直流电动机特性推导过程，并结合交流电动机自身转子不通电的特点：首先，以转子回路为研究对象，建立转子回路的复数域等效回路电压平衡方程，并得到转子回路电流 I_2、电流频率 f_2、功率因素 $\cos\varphi_2$ 和感生电动势 e_2 的表达式；其次，寻找转子回路感生电动势 e_2 与定子回路感生电动势 e_1 的耦合关系；第三，以定子绕组为研究对象，建立定子回路的复数域等效回路电压平衡方程；最后，根据转子回路的扭矩产生方程 $T=K_t\Phi_2I_2\cos\varphi_2$，代入各个方程整理得到机械特性方程。具体推导过程叙述如下。

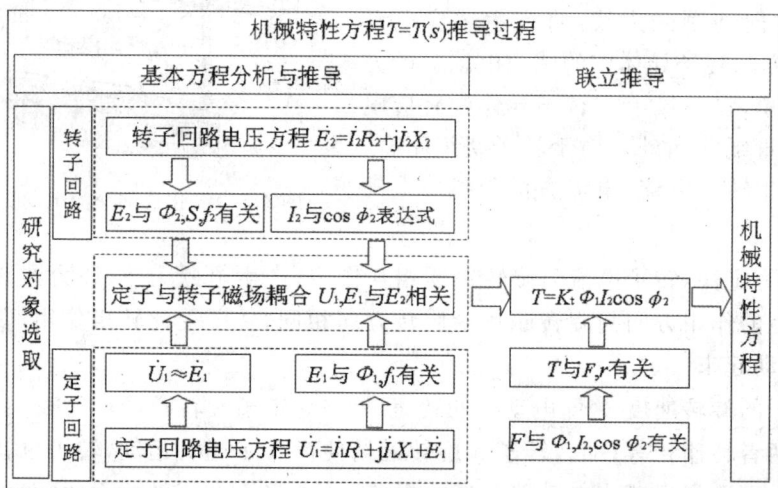

图 4.10 三相交流异步电动机机械特性方程推导流程

4.3.1 三相交流异步电动机等效电路原理

三相交流异步电动机的定子绕组与转子绕组之间的电磁关系与变压器类似，当定子绕组接上三相电源时，绕组内将通过三相电流并产生旋转磁场，其磁感应线通过定子、转子铁芯和气隙而闭合，所以该磁场会在定子和转子中都产生感应电动势。于是，电动机的等效电路如图 4.11 所示，e_1 和 e_{L1} 分别为定子的感应电动势和漏磁感应电动势，e_2 和 e_{L2} 为转子的感应电动势和漏磁感应电动势，u_1 为定子相电压，R_1、X_1 分别为定子每相绕组的电阻和漏磁感抗，R_2、X_2 分别为转子每相绕组的电阻和漏磁感抗。

这里需要注意的是：定子与转子回路等效电路的由来是基于能量守恒原则。具体说明

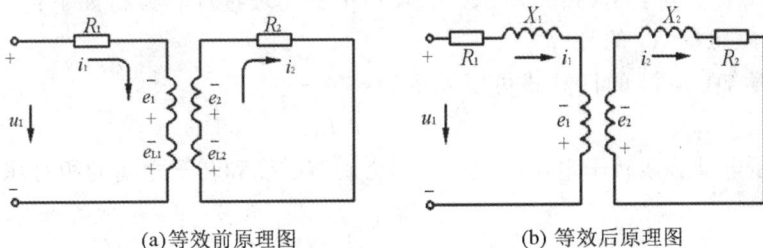

(a)等效前原理图　　　　　　　(b) 等效后原理图

图 4.11　三相交流异步电动机的定、转子每相绕组等效电路

如下。

1. 定子回路原理

实际定子绕组回路通电后,定子电流除产生旋转磁通(主磁通)外,还产生漏磁通 Φ_{L1}。主磁通与漏磁通的区别在于:

(1) 磁路不同,因而磁阻不同。主磁通同时交链(穿过)定子、转子绕组,故又称为互磁通,它行进的路径为沿着铁芯而闭合的磁路,磁阻较小;漏磁通只围绕某一相的定子绕组,而与其他相定子绕组及转子绕组不交链,所行进的路径大部分为非磁性物质,磁阻较大。

(2) 功能不同。主磁通通过互感作用传递功率,漏磁通不传递功率。

根据上述分析,定子电流有激发定子磁场效应、电阻发热效应和定子磁场泄漏效应。因此,定子回路等效为等效理想绕组感生电动势 e_1、绕组电阻 R_1 和等效漏磁感生电动势 e_{L1}。

2. 转子回路等效原理

类似的,实际转子绕组回路通电后,转子电流除产生主磁通外,还产生漏磁通 Φ_{L2}。这样,转子电流有激发转子磁场效应、电阻发热效应和转子磁场泄漏效应。因此,转子回路等效为等效理想绕组感生电动势 e_2、绕组电阻 R_2 和等效漏磁感生电动势 e_{L2}。

4.3.2　转子回路电压平衡方程

如图 4.11 所示,对于转子每相电路,有电压平衡方程:

$$e_2 = i_2 R_2 + (-e_{L2}) \tag{4.4}$$

式中: i_2 为转子回路每相电路中的电流。

式(4.4)中漏磁电动势 e_{L2} 还可以描述电感形式,有:

$$e_{L2} = -L_{L2}\frac{di_2}{dt} \tag{4.5}$$

式中: L_{L2} 为转子每相绕组漏磁电感。

这样,式(4.4)可以改写为:

$$e_2 = i_2 R_2 + L_{L2}\frac{di_2}{dt} \tag{4.6}$$

式(4.6)在复数域,可以表示为:

$$\dot{E}_2 = \dot{I}_2 R_2 + (-\dot{E}_{L1}) = \dot{I}_2 R_2 + j\dot{I}_2 X_2 \tag{4.7}$$

式中: $\dot{E}_2$ 为转子每相绕组等效电动势; R_2 为转子每相绕组中的电阻; X_2 为转子每相绕组中的漏磁感抗。

于是,根据《电工电子学》相关知识,式(4.7)中各物理量计算分析如下:

1. 等效漏磁感抗 X_2 的计算

根据电工学知识,X_2 的计算式可以表示为:

$$X_2 = 2\pi f_2 L_{L2} \tag{4.8}$$

式中:f_2 为转子电动势或转子电流的频率。因为旋转磁场和转子之间的相对速度为 $n_0 - n$,所以有

$$f_2 = \frac{p(n_0 - n)}{60} = s f_1 \tag{4.9}$$

将式(4.9)代入式(4.8)有:

$$X_2 = 2\pi f_2 L_{L2} = s \cdot 2\pi f_1 L_{L2} = s X_{20} \tag{4.10}$$

可见,转子回路的漏磁感抗 X_2 与转差率 s 有关。

2. 等效电动势 E_2 的计算

转子电路每相绕组感应电动势为:

$$e_2 = -N_2 \frac{\mathrm{d}\phi_2}{\mathrm{d}t} = -2\pi f_2 N_2 \Phi_m \cos 2\pi f_2 t \tag{4.11}$$

式中:N_2 为转子每相绕组等效匝数;f_2 为转子磁场转动频率;Φ_m 是从定子交链过来的磁通量最大值。

根据式(4.10),转子每相绕组感应电动势的有效值为:

$$E_2 = 4.44 f_2 N_2 \Phi_m \tag{4.12}$$

将式(4.9)代入式(4.12)得

$$E_2 = 4.44 s f_1 N_2 \Phi_m \tag{4.13}$$

根据式(4.13),在 $n=0$ 即 $s=1$ 时,转子与旋转磁场间的相对转速最大,切割磁力线速度最快,故转子感应电动势最大。此时的转子电动势 E_{20} 为:

$$E_{20} = 4.44 f_1 N_2 \Phi_m \tag{4.14}$$

由式(4.13)和式(4.14)可以看出:

$$E_2 = s E_{20} \tag{4.15}$$

可见,转子电动势 E_2 与转差率 s 有关。

3. 等效电流 I_2 的计算

根据式(4.7)转子每相绕组的电流 I_2 为:

$$I_2 = \frac{E_2}{\sqrt{R_2^2 + X_2^2}} = \frac{s E_{20}}{\sqrt{R_2^2 + (s X_{20})^2}} \tag{4.16}$$

4. 功率因素 $\cos\varphi_2$ 的计算

由于转子绕组存在漏磁感抗 X_2,因此 I_2 比 E_2 滞后 φ_2 角。因而转子电路的功率因数为:

$$\cos\varphi_2 = \frac{R_2}{\sqrt{R_2^2 + X_2^2}} = \frac{R_2}{\sqrt{R_2^2 + (s X_{20})^2}} \tag{4.17}$$

由式(4.16)和式(4.17)可以看出,I_2、$\cos\varphi_2$ 均与转差率 s 有关,下面分析一下它们三者之间的关系:当 $s=0$,即 $n_0 - n = 0$ 时,$I_2 = 0$,$\cos\varphi_2 = 1$。当 s 很小时,$R_2 \gg s X_{20}$,$I_2 \approx s X_{20}/R_2$,即与 s 近似地成正比,此时 $\cos\varphi_2 \approx 1$;当 s 增大,即转速 n 降低时,转子与旋转磁场间的相

对速度增加,转子导体切割磁力线速度加快,于是 E_2 增加, I_2 也增加,同时 X_2 也增加,因此 $\cos\varphi_2$ 减小;当 s 接近于 1 时, $R_2 \ll sX_{20}$, $I_2 \approx E_{20}/X_{20}$ 为常数, $\cos\varphi_2 \approx R_2/X_{20}$。 I_2 和 $\cos\varphi_2$ 与 s 的关系可用图 4.12 和图 4.13 所示的曲线表示。

由上可知,转子电路的各个物理量,如电动势、电流、频率、感抗及功率因数等都与转差率有关,亦即与电动机转速 n 有关。

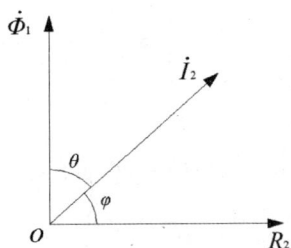

图 4.12 I_2 与 Φ_1、R_2 相位关系

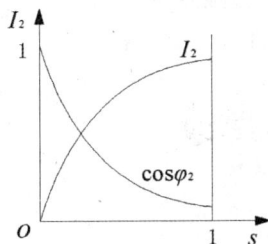

图 4.13 I_2、$\cos\varphi_2$ 与 s 的关系

4.3.3 定子回路电压平衡方程

根据如图 4.11 所示的定子回路等效电路图,对于定子每相电路,有电压平衡方程:

$$u_1 = i_1 R_1 + (-e_{L1}) + (-e_1) \tag{4.18}$$

式中: i_1 为定子绕组每相回路中的电流; e_1 和 e_{L1} 分别为定子的感应电动势和漏磁感应电动势; u_1 为定子相电压。

式(4.18)中漏磁电动势 e_{L1} 还可以描述为电感形式,有:

$$e_{L1} = -L_{L1}\frac{\mathrm{d}i_1}{\mathrm{d}t} \tag{4.19}$$

式中: L_{L1} 为定子每相绕组漏磁电感。

将式(4.19)代入式(4.18),有:

$$u_1 = i_1 R_1 + L_{L1}\frac{\mathrm{d}i_1}{\mathrm{d}t} + (-e_1) \tag{4.20}$$

式(4.20)在复数域,可以表示为:

$$\dot{U}_1 = \dot{I}_1 R_1 + (-\dot{E}_{L1}) + (-\dot{E}_1) = \dot{I}_1 R_1 + \mathrm{j}\dot{I}_1 X_1 + (-\dot{E}_1) \tag{4.21}$$

式中: $\dot{U}_1$ 为定子每相绕组的外加电压; $\dot{E}_1$ 为定子每相绕组等效电动势; R_1 为定子每相绕组中的电阻; X_1 为定子每相绕组中的漏磁感抗。

于是,根据电工电子学相关知识,式(4.21)中各物理量计算分析如下。

1. 等效电动势 E_1 的计算

定子旋转磁场的磁感应强度沿着定子、转子和空气隙的分布是近似于按正弦规律分布的。于是,当其旋转时,通过定子绕组的磁通也是随时间的变化而按正弦规律变化的,即 $\Phi_1 = \Phi_m \sin\omega_1 t$,其中, Φ_m 是通过定子每相绕组的磁通最大值, ω_1 为定子磁场旋转角速度。 Φ_1 在数值上等于旋转磁场的每极磁通 Φ,即为空气隙中磁感应强度的平均值与每极面积的乘积。

定子每相绕组中产生的感应电动势为:

$$e_1 = -N_1\frac{\mathrm{d}\Phi_1}{\mathrm{d}t} = -2\pi f_1 N_1 \Phi_m \cos 2\pi f_1 t \tag{4.22}$$

式中：N_1 为定子每相绕组匝数；f_1 为外加交流电频率。

根据式(4.22)，定子每相绕组感应电动势的有效值为：

$$E_1 = \frac{2\pi f_1 N_1 \Phi_m}{\sqrt{2}} = \frac{1}{\sqrt{2}} \frac{2\pi}{T_1} N_1 \Phi_m \approx 4.44 f_1 N_1 \Phi_m \qquad (4.23)$$

式中：T_1 为定子旋转磁场的交变周期。

2. 等效漏磁感抗 X_1 的计算

根据电工学知识，X_1 的计算式可以表示为：

$$X_1 = 2\pi f_1 L_{L1} \qquad (4.24)$$

3. 方程简化

由于 R_1 和 X_1 较小，其上的电压降与电动势 E_1 相比可忽略不计，于是有

$$U_1 \approx -E_1 \qquad (4.25)$$

4.3.4 电动机机械特性方程

根据通电导线在磁场中的受力分析，类似于直流电动机，交流电动机转子绕组产生的电磁转矩 T 可以定性地表示为式(3.2)的形式。只不过现在交流电动机通的是交流电，Φ_1（电感）与 I_2 之间会存在一个夹角 θ，R_2（电阻）与 I_2 之间会存在一个夹角为 φ_2，$\theta + \varphi_2 = 90°$。而该式对时间进行积分可以得到：

$$T = K_t \Phi_1 I_2 \sin\theta = K_t \Phi_1 I_2 \cos\varphi_2 \qquad (4.26)$$

式中：K_t 是积分常数，与电动机绕组结构有关。

于是，将式(4.16)和式(4.17)代入式(4.26)中，有：

$$T = \frac{sR_2}{R_2^2 + (sX_{20})^2} K_t E_{20} \Phi_m \qquad (4.27)$$

对比式(4.13)和式(4.23)，将式(4.27)分子分母同乘 $4.44 f_1 N_1$，然后利用 $U_1 = -E_1$，就可以得到最终的机械特性方程：

$$T = \frac{Ks R_2 U_1^2}{R_2^2 + (sX_{20})^2} \qquad (4.28)$$

式中 K 可以描述为：

$$K = \frac{K_t N_2}{4.44 f_1 N_1} \qquad (4.29)$$

可见，系数 $K \propto 1/f_1$。

这就是本章的核心方程式，将伴随着我们学完这一章的内容。

4.4 三相交流异步电动机固有机械特性与参数计算

4.4.1 三相交流异步电动机固有机械特性

三相交流异步电动机的固有机械特性是指电动机一经参数设计定型，制造完后的成品所表现出的机械特性。也就是说，每一台出厂的交流电动机都有自己的机械特性 $T = T(s)$。

紧紧抓住式(4.28)的三相交流异步电动机机械特性方程,在某一时刻 U_1、K、R_2、X_{20} 都是确定的,这样 $T=T(s)$ 或者 $T=T(n)$ 其实是一条具有"鼻子"形状曲线的机械特性方程,可以表示为如图 4.14 所示的特性曲线。它在 $s-T$ 直角坐标平面上的第一象限内。实际上电动机既可正转,也可反转。不难分析,电动机反转时的机械特性应在 $s-T$ 直角坐标平面上的第三象限内。于是,直流电动机的固有机械特性主要特征点如下。

1. 同步转速点 $H(0, n_0)$

在同步转速点,电动机以定子磁场旋转速度相同的速度,即同步转速 n_0 运行($s=0$),转子的感应电动势为零,$T=T(s=0)=0$,$I_2=0$。在这一点电动机不输出转矩,需在外力下克服空载转矩。

2. 额定工作点 $B(T_N, n_N)$

对应额定工作点的转速 n_N、电磁转矩 T_N、电流 I_N 都是额定值。这是电动机平稳运转时的工作点。

3. 启动点 $A(T_{st}, 0)$

对应启动点的转速 $n=0$($s=1$),电磁转矩为启动转矩 $T=T_{st}=T(s=1)$。

$$T_{st} = \frac{KR_2U_1^2}{R_2^2 + X_{20}^2} \tag{4.30}$$

启动转矩 T_{st} 反映异步电动机直接启动时的带负载能力,与 K 成正比,与 U_1^2 成正比;随转子漏磁感抗 X_{20} 增加而减小;当 $R_2 \gg X_{20}$ 时,与 R_2 成反比。

4. 最大电磁转矩点 $P(T_m, s_m)$

电动机在最大电磁转矩点时能提供最大转矩 T_m,这是电动机能提供的极限转矩。此点也称临界点,转矩为临界转矩 T_m,转差率为临界转差率 s_m。两个参数可以通过 $dT/ds=0$ 求出。

$$s_m = \frac{R_2}{X_{20}} \tag{4.31}$$

$$T_m = K \frac{U_1^2}{2X_{20}} \tag{4.32}$$

可见,s_m 与 R_2 成正比,与 X_{20} 成反比;T_m 与 K 成正比,与 U_1^2 成正比,与 X_{20} 成反比。

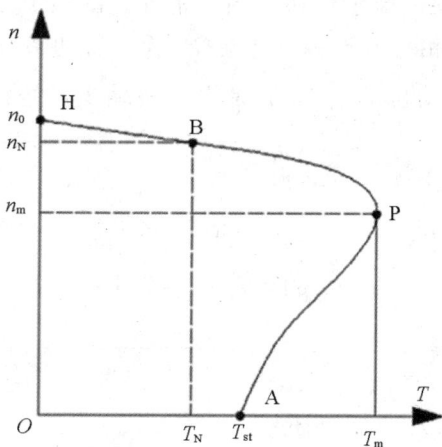

图 4.14　三相交流异步电动机固有机械特性

4.4.2 机械特性曲线绘制

根据式(4.28)和电动机额定数据 P_N、s_N、n_N、T_N、U_{1N}、I_{1N}、$\cos\varphi_2$，可以估算出 K、X_{20}、R_2，就可以得到三相交流异步电动机的机械特性曲线。具体绘制三相交流异步电动机机械特性曲线的 Matlab 程序如下实例所示。

例 4-1 已知一三相交流异步电动机的数据 $P_N=3\text{kW}$，$n_N=960\text{rpm}$，$U_{1N}=220\text{V}$，$I_{1N}=12.8\text{A}$，$\cos\varphi_2=0.75$，$s_N=0.03$，请绘制其机械特性曲线。

解：首先根据额定数据，依据式(4.35)至式(4.38)计算出 $X_{20}=47\Omega$，$R_2=1.6\Omega$，$K=0.06$。于是，具体绘制特性曲线的 Matlab 程序 M 文件如下。

```
close all;％％％％％关闭所有窗口
U_1=220;％％％％％定义常数
R_2=1.6;％％％％％定义常数
X_20=47;％％％％％定义常数
K=0.06;％％％％％％％定义常数
s=[1：-0.01：0];％％％定义转速 n 数组
for i=1：length(s)
T(i)=K＊s(i)＊R_2＊U_1^2/(R_2^2＋(s(i)＊X_20)^2);％％％定义扭矩 T 数组
end
plot(T,1-s);％％％绘制特性曲线
```

4.4.3 三相交流异步电动机固有特性参数计算

根据式(4.28)的三相交流异步电动机机械特性方程，K、U_1、X_{20}、R_2、$\cos\varphi_2$ 相关参数都是可估算或者它们之间存在一定的计算关系。

1. 转子绕组电阻 R_2 的估算

要估算 R_2，我们先要来了解一下三相交流异步电动机的能量传递与损耗情况。如图 4.15 所示给出了直流电动机的能量传递与损耗情况。图中 P_1 为电动机输入功率，$P_1=\sqrt{3}U_1I_1\cos\varphi_2$，$U_1$、$I_1$ 分别是每相相电压和相电流；P_e 为电磁功率；P_2 为电动机输出功率，$P_2=\eta\sqrt{3}U_1I_1\cos\varphi_2=T\omega$，$\eta$ 是电动机的效率，T 是电动机输出转矩，ω 是电动机输出轴角速度；

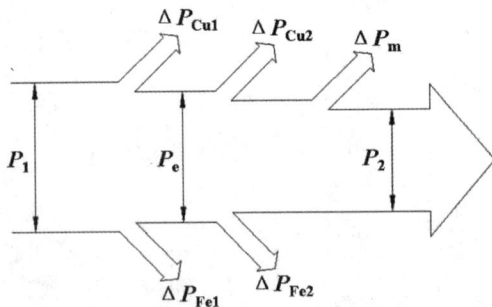

图 4.15 三相交流异步电动机能量损耗分析

ΔP_{Cu1} 和 ΔP_{Cu2} 分别为电动机定子绕组和转子绕组的铜损；ΔP_m 是电动机的机械损耗；ΔP_{Fe1} 和 ΔP_{Fe2} 分别为电动机定子绕组和转子绕组的铁损。

如图 4.15 所示，电动机在额定负载下的总损耗 $\sum \Delta P_N = \Delta P_{Cu1} + \Delta P_{Cu2} + \Delta P_{Fe1} + \Delta P_{Fe2} + \Delta P_m$，具体可以表示为：

$$\sum \Delta P_N = P_1 - P_2 = P_1 - P_N = P_1 - \eta_N P_1 = (1 - \eta_N)\sqrt{3}U_N I_N \cos\varphi_2 \quad (4.33)$$

式中：U_N 是电动机的额定电压；I_N 电动机的额定电流；η_N 为电动机的额定效率。

根据电动机在额定负载下的铜耗 $\Delta P_{Cu} = I_2^2 R_2$ 约占总损耗 $\sum \Delta P_N$ 的 $50\% \sim 75\%$。于是，ΔP_{Cu2} 的估算式可表示为：

$$I_2^2 R_2 = (0.5 \sim 0.75)\sum \Delta P_N \quad (4.34)$$

式中：由于 $I_2 = I_N$，故得

$$R_2 = (0.5 \sim 0.75)\frac{\sum P_N}{I_N^2} \quad (4.35)$$

2. 电磁转矩 T_e 计算

根据上述的电动机能量流分析，电磁功率 P_e 与电磁转矩 T_e 的估算式可以表示为：

$$P_e = P_1 - \Delta P_{Cu1} - \Delta P_{Fe1} = T_e \omega \approx P_2 \quad (4.36)$$

如果忽略 ΔP_{Cu2} 和 ΔP_{Fe2}，式(4.36)约等号成立。

3. 额定转矩 T_N 计算

根据额定转矩与转速之间的关系，可以得到 T_N 的计算公式为：

$$T_N = \frac{P_N}{\omega_N} = \frac{P_N}{2\pi n_N} \quad (4.37)$$

式中：T_N 的单位是 N·m；P_N 的单位是 W；ω_N 的单位是 rad/s；n_N 的单位是 rps。

4. 转子回路漏磁感抗 X_{20} 计算

根据式(4.17)，如果已知 R_2、s，则有

$$X_{20} = \frac{R_2}{s}\tan\varphi_2 \quad (4.38)$$

这样，将额定数据 $\cos\varphi_2$ 和 s_N 代入即可得到 X_{20}。

5. 转矩系数 K 计算

根据式(4.28)，如果已知 s_N、T_N、X_{20}、U_{1N}，则有

$$K = \frac{R_2^2 + (s_N X_{20})^2}{s_N R_2 U_{1N}^2} T_N \quad (4.39)$$

4.5 三相交流异步电动机的启动特性

电动机从静止状态加速到稳定转速的过程叫启动。最简单的启动方法是将异步电动机直接接到具有额定电压的电网上使电动机转动起来。转子从静止状态开始启动瞬间，定子旋转磁场以最快的相对速度切割转子绕组，将在转子绕组中感应出很大的转子电动势，从而引起很大的定子电流。一般启动电流 I_{st} 可达到额定电流的 $5 \sim 7$ 倍。启动时，转子转速 $n = 0$，

转差率 $s=1$,由图 4.13 可以看出,此时的转子功率因数 $\cos\varphi_2$ 很低,因而启动转矩 $T_{st}=K_t\Phi I_{2st}\cos\varphi_{2st}$ 却不大,一般 $T_{st}=(0.8\sim1.5)T_N$。异步电动机的固有启动特性如图 4.16 所示。

显然,异步电动机的启动性能与生产机械要求的低启动电流、高启动转矩是相矛盾的,因此,在实际使用时,应该根据具体情况采取相应的启动方法,关键在于限制启动电流的大小。

由于在三相交流异步电动机中鼠笼式绕组最为常见,因此以下以鼠笼式三相交流异步电动机为例说明电动机的启动方法。

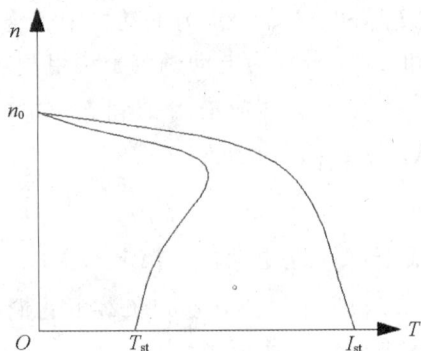

图 4.16　异步电动机的固有启动特性

1. 直接启动

直接启动,也叫全压启动,通过一些直接启动设备如断路器 QG、熔断器 FU 和接触器 KM 等,将全部电源电压(即额定电压)直接加到异步电动机的定子绕组,如图 4.17 所示。一般情况下,直接启动时启动电流为额定电流的 $3\sim8$ 倍,启动转矩为额定转矩的 $1\sim2$ 倍。这种启动方法虽然简单,但对于需要频繁启动的电动机,过大的启动电流会造成电动机的发热,缩短电动机的使用寿命;另外,过大的启动电流,会使线路电压降增大,造成电网电压的显著下降,从而影响同一电网的其他设备的正常工作,有时甚至使它们停下来或无法带负载启动。

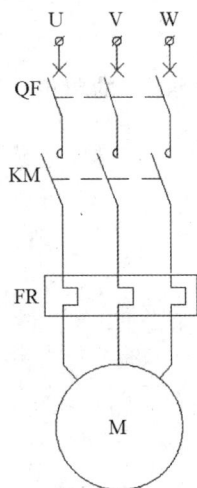

图 4.17　直接启动电路原理图

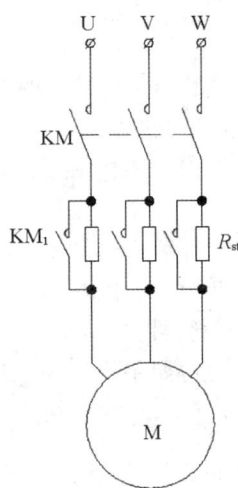

图 4.18　定子串接电阻或电抗器降压启动

一般情况下,这种启动方法只适用于小容量电动机。所谓"小容量",不仅指电动机本身容量的大小,而且还与供电电源的容量有关。电源容量越大,允许直接启动的电动机容量也就越大。电源允许的启动电流倍数可用下式估算:

$$\frac{启动电流\ I_{st}}{额定电流\ I_N}\leq\frac{3}{4}+\frac{电源总容量}{4\times电动机功率} \tag{4.40}$$

只有当满足式(4.40)时,才允许采用直接启动方法。

2. 定子串接电阻或电抗器降压启动

这种启动方法是在电动机定子绕组的电路中串入电阻或一个三相电抗器,如图 4.18 所示。启动时,接触器 KM 闭合,KM₁ 断开,此时,电阻 R_{st} 串入电子电路,启动电流减小;待转速上升到一定程度后再将 KM₁ 闭合,R_{st} 短路,电动机接上全部电压继续运行至稳定状态。

考虑到启动转矩与定子绕组的电压的平方成正比,启动转矩会降低很多。因此,这种启动方法仅仅适用于空载或轻载启动场合。

对于容量较小的异步电动机,一般采用定子绕组串电阻降压;但对于容量较大的异步电动机,考虑到串接电阻会造成铜耗较大,故采用定子绕组串电抗器降压启动。

3. 星—三角形(Y - Δ)降压启动

星—三角形启动方法是电动机启动时,定子绕组为星形(Y)接法,当转速上升至接近额定转速时,将绕组切换为三角形(Δ)接法,使电动机转为正常运行的一种启动方式。如图 4.19 所示为星—三角形降压启动电路原理图。接触器 KM₁ 和 KM₂ 互锁。KM₁ 闭合,KM₂ 断开时,定子绕组为星形(Y)接法,使电动机启动。切换至 KM₂ 闭合,KM₁ 断开时,定子绕组改为三角形(Δ)接法,电动机转为正常运行。

设 U_1 为电源线电压,I_{stY} 和 $I_{st\triangle}$ 为定子绕组分别接成星形和三角形的启动电流,Z 为电动机在启动时每相绕组的等效阻抗。

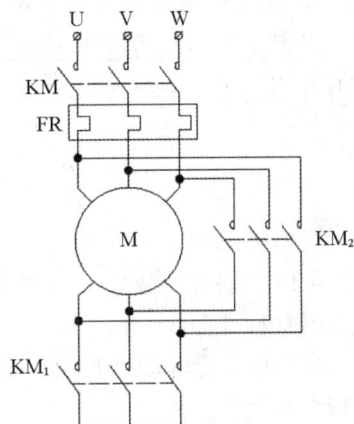

图 4.19 Y - Δ 降压启动电路原理图

三相电源的线电压与相电压间的关系:① 对星形接线,线电压等于 $\sqrt{3}$ 倍相电压,相电流等于线电流;② 对三角形接线,线电压等于对应的相电压,相电流等于 $\sqrt{3}$ 倍线电流。

根据上述关系,有 $I_{stY} = U_1/(\sqrt{3}Z)$,$I_{st\triangle} = \sqrt{3}U_1/Z$。所以,定子绕组接成星形时的启动电流等于接成三角形时启动电流的1/3,启动转矩与定子绕组的电压的平方成正比,故星形连接降压启动时的启动转矩只有三角形连接直接启动时的1/3。由于启动转矩小,该方法只适合于空载或轻载启动的场合,并只适用于正常运行时定子绕组按三角形连接的异步电动机。

4.6　三相交流异步电动机人为调速机械特性

与直流电动机人为机械调速特性分析类似,紧紧抓住式(4.28)的三相交流异步电动机机械特性方程及其推导过程,电动机的人为调速机械特性主要是指人为地改变定子回路的外加电压 U_1,改变定子回路电阻 R_1 或电抗 X_1,改变定子电源频率特性 f_1,改变转子回路电阻 R_2 所得到的机械特性。

此外,由式(4.9)可得:

$$n = n_0(1-s) = \frac{60f_1}{p}(1-s) \tag{4.41}$$

由式(4.41)可以看出,除上述几种人为调速特性之外,还存在一种变磁极对数人为调速机械特性。

以下将结合工程实际中电动机人为调速应用的典型性和普遍性,对相关的主要人为调速机械特性进行介绍。

4.6.1 改变定子电源频率的人为调速特性(变频调速)

改变定子电源频率特性 f_1 的人为调速方法称为"变频调速",是目前工程实际中最为常见和简单实用的调速方法。

1. 人为调速特性方程与调速特性分析

根据式(4.28)的三相交流异步电动机机械特性方程,改变定子回路的电流频率 f_1,可以表示为 $f_1 = f_1 + \Delta f$,Δf 为频率增量。这样,改变定子回路电流频率的电动机机械特性可以描述为:

$$T = \frac{KsR_2U_1^2}{R_2^2 + (sX_{20})^2} = \frac{K_tN_2}{4.44N_1(f_1 + \Delta f)} \cdot \frac{sR_2U_1^2}{R_2^2 + [s2\pi L_{L2}(f_1 + \Delta f)]^2} \quad (4.42)$$

根据类似的 Matlab 编程方法可以绘制出电动机人为调速机械特性曲线,如图4.20所示。可以根据机械特性方程与 n 轴和 T 轴的交点坐标,也可以对比电动机人为机械特性曲线与固有特性曲线,有:

(1) 若保持电动机其他工况不变,改变电源频率 f_1 时,同步转速 $n_0 = 60f_1/p$ 将随着电源频率而变化。频率 f_1 越高,则 n_0 越高,反之 n_0 则减小。通过式(4.30)至式(4.32)可以看出,最大转矩 T_m 和启动转矩 T_{st} 随着 f_1 减小而增大,和临界转差率 s_m 与 f_1 成反比关系。

(2) 当负载为恒转矩性质时,频率低于 f_{1N} 而加大的最大转矩 T_m 无实际意义。为了充分利用电动机的输出功率,在频率低于 f_{1N} 下采取恒转矩变频调速,即在改变频率 f_1 的同时,电源电压 U_1 也要作相应的变化,使 U_1/f_1 等于常数,其人为调速特性如图4.20所示,这就是"变频调速"说法的由来,即保证最大转矩 T_m 不变的"变频变压调速",该方法的实质是使电动机气隙磁通保持不变。同时,由于受电动机额定功率和额定电压的限制,如图4.21所示,在频率高于 f_{1N} 时,采取恒功率变频,即只改变电源频率 f_1。

(3) 具体调速过程的速度演变类似于直流电动机调速过程,这里不再叙述说明。

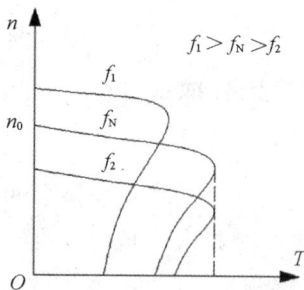

图 4.20 改变 f_1 的人为调速特性

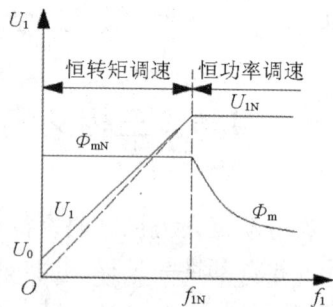

图 4.21 变压变频调速的功率特性

2. 变频调速的特点

迄今为止,变频调速所达到的性能指标已经可以与直流电动机的调速性能相媲美,并具有更大的经济效益。其主要优点如下：

(1) 调速范围大。目前市售变频器的变频范围可达到 0.5～400 Hz，其中 50 Hz 以下是恒转矩变频，50 Hz 以上为恒功率变频。

(2) 调速平滑性好。在频率给定信号为模拟量时，其输出频率的分辨率大多为 0.05 Hz，以四极电动机（$p=2$）为例，每两档之间的转速差为：

$$\varepsilon_n \approx \frac{60 \times 0.05}{2} = 1.5 (\text{r/min})$$

如频率给定信号为数字量时，其输出频率的分辨率大多为 0.002 Hz，每两档之间的转速差为：

$$\varepsilon_n \approx \frac{60 \times 0.002}{2} = 0.06 (\text{r/min})$$

(3) 变频调速范围内斜率保持不变，转速稳定性好。

(4) 经济节能。

其变频调速的具体应用详见后续的电动机选型与应用。

4.6.2　改变定子电压的人为调速特性

1. 人为调速特性方程与调速特性分析

根据式(4.28)的三相交流异步电动机机械特性方程，改变定子回路的电压 U_1，可以表示为 $U_1 = U_1 + \Delta U$，ΔU 为电压增量。这样，改变定子回路电压的电动机机械特性可以描述为：

$$T = \frac{KsR_2(U_1 + \Delta U)^2}{R_2^2 + (sX_{20})^2} \tag{4.43}$$

根据类似的 Matlab 编程方法可以绘制出电动机人为调速机械特性曲线，如图 4.22(a)所示。可以根据机械特性方程与 n 轴和 T 轴的交点坐标，也可以对比电动机人为机械特性曲线与固有特性曲线，有：

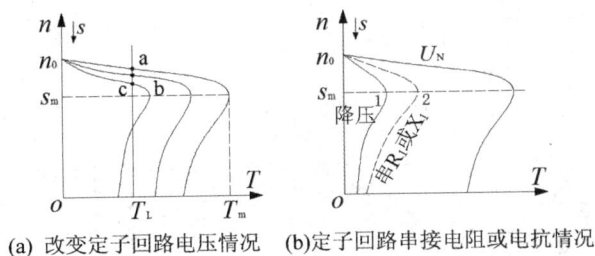

(a) 改变定子回路电压情况　　(b)定子回路串接电阻或电抗情况

图 4.22　改变定子回路电压的调速特性

(1) 电动机的最大转矩 T_m 与定子电压 U_1^2 成正比，即当电动机定子电压降低时，电动机的最大转矩 T_m 减小。

(2) 电动机的启动转矩 T_{st} 与定子电压 U_1^2 成正比，即当电动机定子电压降低时，电动机的启动转矩 T_{st} 减小。

(3) 同步转速 n_0 和临界转差率 s_m 不变。

(4) 对于恒转矩负载 T_L，其调速演变过程如图 4.22 所示。

(5) 在定子回路中串接电阻 ΔR_1 或电抗 ΔX_1 后,也会引起 U_1 的变化。此时,U_1 为电源电压减去 ΔR_1 或 ΔX_1 上的压降,致使定子绕组相电压 U_1 降低。这种情况的人为机械特性与降低电源电压 U_1 的情况类似,不同的是定子串入 ΔR_1 或 ΔX_1 后的最大转矩 T_m 要比直接降低电源电压时的最大转矩大一些,如图 4.22(b)所示。原因是随着转速的上升和启动后电流的减小,在 ΔR_1 或 ΔX_1 上的压降减小,即加到电动机绕组上的 U_1 会增大,致使最大转矩 T_m 变大;而直接降低电源电压的人为机械人为特性中,定子绕组的端电压是恒定不变的。

2. 改变定子电压调速的特点

改变定子回路电压的人为调速的特点如下:

(1) 可以实现无极调速,但调速范围有限,且随着调速范围的增大,机械特性的斜率增大,造成转速稳定性变差。

(2) 由于最大转矩 T_m 随电压 U_1^2 比例减小,造成负载能力大大降低。

(3) 随着转速下降,转差率增大,使得转子电流因转子电动势的增大而增大($E_2 = SE_{20}$),若电流超过额定值并长时间运行将使电动机寿命降低,甚至直接烧坏电动机。

(4) 适用于转矩随转速降低而减小的负载,如通风机类型的工作机械。

4.6.3　改变转子回路电阻的人为调速特性

1. 人为调速特性方程与调速特性分析

根据式(4.28)的三相交流异步电动机机械特性方程,改变转子回路的电阻 R_2,如图 4.23(a)所示,可以表示为 $R_2 = R_2 + \Delta R$,ΔR 为电阻增量。这样,改变转子回路电阻的电动机机械特性可以描述为:

$$T = \frac{Ks(R_2 + \Delta R)U_1^2}{(R_2 + \Delta R)^2 + (sX_{20})^2} \tag{4.44}$$

根据类似的 Matlab 编程方法可以绘制出电动机人为调速机械特性曲线如图 4.23(b)所示。可以根据机械特性方程与 n 轴和 T 轴的交点坐标,也可以对比电动机人为机械特性曲线与固有特性曲线,有:

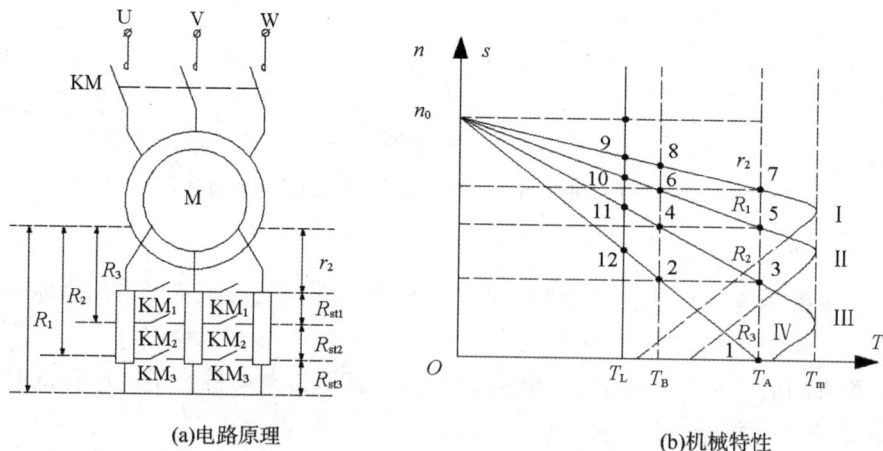

(a)电路原理　　　　(b)机械特性

图 4.23　转子回路改变电阻的调速特性

（1）电动机的最大转矩 T_m 不发生改变，同步转速不发生改变。

（2）临界转差率 s_m 与转子回路电阻成正比，即 s_m 随着转子回路电阻的增大而增大，s_m 随着转子回路电阻的减小而减小。

（3）电动机的启动转矩 T_{st} 与转子回路电阻 R_2 关系较为复杂。当电动机转子回路电阻 $R_2 \gg X_{20}$ 时，T_{st} 与 R_2 成反比；当电动机转子回路电阻 $R_2 \ll X_{20}$ 时，T_{st} 与 R_2 成正比。因此，如图 4.23 所示的特性情况是 $R_2 \gg X_{20}$ 情况。

（4）对于恒转矩负载 T_L，其调速演变过程如图 4.23(b)所示。

2. 改变转子回路电阻的调速特点如下：

（1）只适用于绕线式异步电动机，其接线原理和机械特性如图 4.23(a)所示。

（2）调速范围比降压调速大，且随着调速范围的增大，机械特性的斜率也加大，使转速稳定性变得更差。

（3）最大转矩 T_m 不变，即负载能力不变。

（4）通常采用多段电阻分级控制，属有级调速。

（5）一般用在重复短期运转的生产机械中，如用在起重运输设备中。

4.7　三相交流异步电动机的制动特性

与直流电动机制动特性相类似，紧紧抓住式(4.28)的三相交流异步电动机机械特性方程，三相交流异步电动机的制动也分为反馈制动、反接制动和能耗制动三种形式。具体情况分析如下。

4.7.1　反馈制动特性

1. 电动机进入反馈制动工况的表现

（1）电动机的接线方式没有改变。

（2）电动机实际转速 $n_实 > n_0$。

2. 反馈制动特性方程

根据式(4.28)的三相交流异步电动机机械特性方程，当电动机处于反馈制动工况下，其特性方程可以表示为：

$$\begin{cases} T = \dfrac{KsR_2U_1^2}{R_2^2 + (sX_{20})^2} \\ T < 0, n > 0 \end{cases} \tag{4.45}$$

正如式(4.45)所描述的，特性方程没有改变，只是变量扭矩 T 延伸到第二象限。具体特性曲线的形状如图 4.24 所示，可以由 Matlab 程序中修改 s 的范围得到。

3. 反馈制动具体工况分析

（1）工况 1：起重机械在下放重物时的反馈制动

如图 4.24(a)所示，重物开始下放时，电动机的电磁转矩 T_M 和负载转矩 T_L 均与转速方向相同，为拖动转矩，重物在它们的共同作用下快速下降；直至电动机的实际转速超过同步转速 n_0 后，转子电流方向发生改变，电磁转矩 T_M 方向也发生改变，成为制动转矩；当电磁转矩和负载转矩大小相等时,达到稳定状态,重物匀速下降,电动机运行在图 4.24(a)中的 a 点。

(2)工况 2:定子回路突降频率时的反馈制动

电动机在变频调速过程中,因为极对数突然增多或供电频率突然降低而使同步转速 n_0 突然降低时,也会出现反馈制动运行状态。如图 4.24(b)所示为变频调速时反馈制动的机械特性。开始时电动机稳定运行于同步转速为 n_{01} 的机械特性曲线的 a 点,当电动机电源频率降低时,电动机将运行于同步转速为 n_{02} 的机械特性曲线上。而由于电动机的转速不能突变,当降速开始时,电动机的运行状态从机械特性 a 点直接跳至同步转速为 n_{02} 的机械特性 b 点,此时电动机的转速高于同步转速 n_{02},转子产生的电磁转矩为负(即制动转矩),该电磁转矩和负载转矩一起迫使电动机快速降速,直至重新稳定运行于机械特性 c 点。

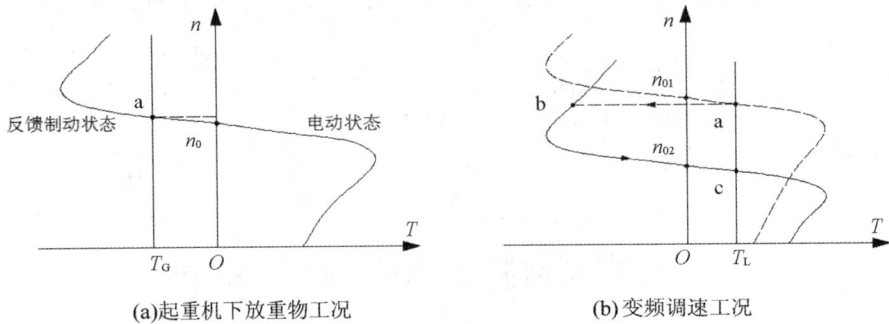

(a)起重机下放重物工况   (b)变频调速工况

图 4.24   反馈制动工况与特性分析

4.7.2   反接制动特性

1. 电动机进入反接制动工况的表现

(1)电动机定子电源两相反接,从而使定子旋转磁场方向改变,称为电源反接制动。

(2)保持定子旋转磁场不变,转子在位能负载的作用下反转,称为转子倒拉反接制动,仅适用于绕线式异步电动机。电动机实际转速 $n_{实} > n_0$。

2. 反接制动特性方程

根据式(4.28)的三相交流异步电动机机械特性方程,当电动机处于电源反接制动工况下,其特性方程可以表示为:

$$\begin{cases} T = \dfrac{KsR_2U_1^2}{R_2^2 + (sX_{20})^2} \\ T < 0, n < 0 \end{cases} \tag{4.46}$$

正如式(4.46)所描述的,特性方程没有变,只是反向拖动,曲线位于第三象限。具体反接后的特性曲线形状如图 4.25(a)所示,可以由 Matlab 程序中修改 s 的范围得到。

当电动机处于倒拉反接制动工况下,其特性方程可以表示为:

$$\begin{cases} T = \dfrac{KsR_2U_1^2}{R_2^2 + (sX_{20})^2} \\ T > 0, n < 0 \end{cases} \tag{4.47}$$

正如式(4.47)所描述的,特性方程没有变,曲线由第一象限延伸至第四象限。具体反接后的特性曲线形状如图 4.25(b)所示,可以由 Matlab 程序中修改 R_2 的数值得到。

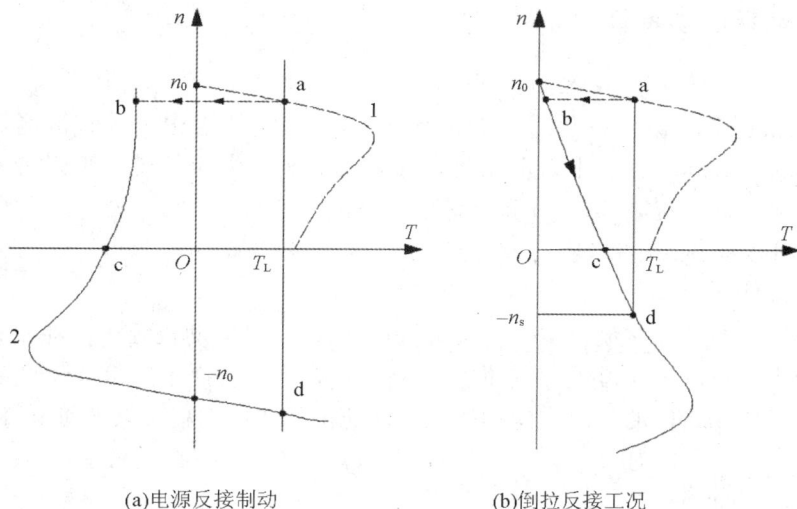

(a)电源反接制动   (b)倒拉反接工况

图4.25　反接制动工况与特性分析

3. 反接制动具体工况分析

(1)工况1：电源反接制动

异步电动机在电动状态运行时,若将其定子两相绕组出线端对调,即电源反接,则定子旋转磁场的方向改变,从而使转子导体中的感应电动势、电流和电磁转矩都改变了方向,因机械惯性,转子方向并未立即改变,此时电磁转矩与转子的旋转方向相反,电动机处于制动状态。这种制动称为电源反接制动,电磁转矩变化情况与机械特性如图4.25(a)所示。制动前,电动机运行在机械特性曲线1的a点,为电动状态。电源反接后,电动机的电动状态机械特性曲线就由第一象限的曲线1变成了曲线2。由于惯性的原因,转速不能突变,电动机的工作点由a点移至特性曲线2的b点,开始进入反接制动状态。转子将在制动转矩和负载转矩的共同作用下迅速减速,电动机沿特性曲线2由b点逐渐运行到达c点,此时$n=0$,应将电源切断,否则电动机将反向启动运行,直到稳定工作于d点。电源反接制动时,转子绕组切割磁场的方向不但发生变化,而且速度大大增加,其电流值可达到电动运行时的10倍。为了限制转子电流,对于鼠笼型异步电动机,常在定子中串接附加电阻,对于绕线式异步电动机,则在转子电路中串接附加电阻。

(2)工况2：倒拉反接制动

绕线式异步电动机拖动位能性负载时,负载转矩超过电磁转矩就会出现这种工作状态。如图4.25(b)所示,电动机提升重物时,稳定运行在特性曲线1的a点,此时如果想下放重物,可以在其转子回路串接大电阻。转子回路串接大电阻后,电动机的机械特性变为斜率很大的曲线2,因机械惯性,电动机工作点由曲线1的a点移到曲线2的b点,负载转矩T_L将大于电动机的电磁转矩T_M,转速下降。当电动机减速到点$c(n=0)$时,电磁转矩仍小于负载转矩,在位能负载的作用下,使电动机反转,机械特性曲线由第一象限延伸到第四象限,电磁转矩与转速方向相反,电动机进入反接制动状态。随着下放速度的增大,s增大,转子电流I_2和电磁转矩随之增大,直至$T_M=T_L$,系统达到平衡状态,重物以n_s匀速下放。

4.7.3　能耗制动特性

1. 电动机进入能耗制动工况的表现

（1）所谓能耗制动，就是在断开定子交流电后，在定子绕组中通入直流电，形成恒定磁场，转子导体切割该磁场，会产生与电动机转向相反的制动力矩使转速下降。不过，当电动机停止后不应再接通直流电源，那样将烧坏定子绕组。

（2）电动机接线方式不变，应接入直流电。

2. 能耗制动特性方程

根据式（4.28）的三相交流异步电动机机械特性方程，当电动机处于能耗制动工况下，定子绕组加直流电形成磁通 Φ，转子由于惯性转动切割磁力线会产生感生电动势 E_2。此时，也可以等效成定子磁场旋转的情况。这样能耗制动的机械特性方程可以类似地写成：

$$T = -K_t\Phi\frac{R_2 E_2}{R_2^2 + X_2^2} = -K_t\Phi R_2\frac{4.44 f_2 N_2 \Phi}{R_2^2 + (2\pi f_2 L_{L2})^2} = -\frac{K'n}{R_2^2 + (2\pi L_{L2})^2 n^2} \quad (4.48)$$

式中：$K' = 4.44 K_t N_2 R_2 \Phi^2$。正如该式所描述的，特性方程曲线位于第二象限。具体能耗制动的特性曲线如图 4.26(b) 所示，也可以由 Matlab 程序绘制得到。

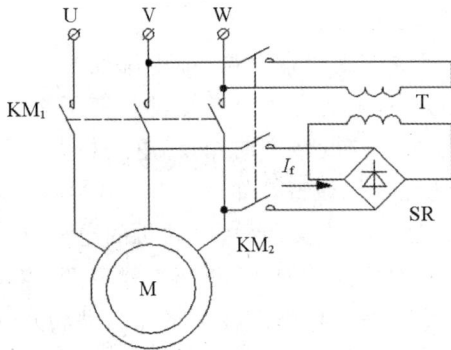

(a) 能耗制动接线原理　　　　　　　(b) 能耗制动特性

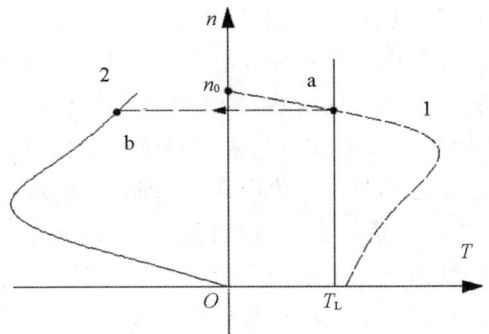

图 4.26　能耗制动原理与特性

3. 能耗制动具体工况分析

能耗制动的原理如图 4.26 所示。进行能耗制动时，首先断开三相交流电源开关 KM_1，接着立即闭合开关 KM_2，通过整流电路 SR 将交流电转换为直流电通入定子绕组中。直流电通过定子绕组后，会在电动机内部建立一个固定不变的磁场，转子在惯性的作用下继续旋转切割固定磁场，此时切割固定磁场的方向与电动状态时切割旋转磁场的方向刚好相反，故会产生制动转矩。在它的作用下，电动机转速迅速下降，此时系统存储的机械能被电动机转换成电能消耗在转子电路的电阻中。

能耗制动时的机械特性曲线如图 4.26(b) 所示。制动前电动机稳定运行在曲线 1 的 a 点，制动后，运行点从特性曲线 1 的 a 点平移至特性曲线 2 的 b 点，在制动转矩和负载转矩的共同作用下迅速减速，直至 $n=0$，此时转矩 T 也为 0。所以，能耗制动能精准停车，不像电源反接制动，若不及时切断电源会使电动机反转。不过当电动机停止后不应再接通直流电源，因为那样将烧坏定子绕组。另外，制动的最后阶段，随着转速的降低，转子中的感应电流逐渐降低,制动转矩也迅速减小,这样的优点是使得制动平稳,缺点是制动的快速性降低,不如反接制动迅速。

4.8　三相交流异步电动机与变频器选型及应用

4.8.1　三相交流异步电动机选型与应用

1. 典型三相交流异步电动机型号

下面罗列了国内三相交流异步电动机的实物如图 4.27 所示,其电动机的选型手册如表 4.2 和表 4.3 所示。

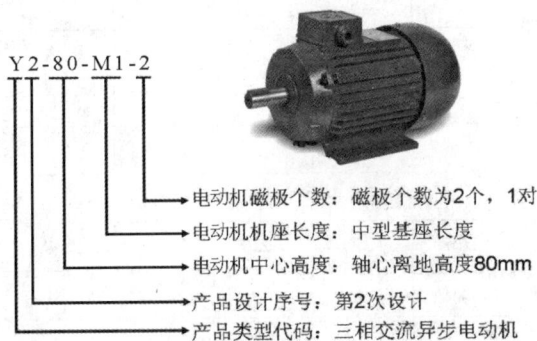

Y2-80-M1-2

电动机磁极个数:磁极个数为2个,1对
电动机机座长度:中型基座长度
电动机中心高度:轴心离地高度80mm
产品设计序号:第2次设计
产品类型代码:三相交流异步电动机

图 4.27　三相交流异步电动机实物和选型参数说明

表 4.2　Y 系列三相交流异步电动机选型数据

型　号	P_N/kW	I_N/A	n_N/rpm	η/%	$\cos\varphi$	堵转转矩(T_N倍)	堵转电流(T_N倍)	T_m(T_N倍)	重量/kg
同步转速 $n_0=3000$rpm									
Y80M1-2	0.75	1.8	2830	75.0	0.84	2.2	6.5	2.3	16
Y80M2-2	1.1	2.5	2830	77.0	0.86	2.2	7.0	2.3	17
Y90S-2	1.5	3.4	2840	78.0	0.85	2.2	7.0	2.3	22
Y90L-2	2.2	4.7	2840	80.5	0.86	2.2	7.0	2.3	25
Y100L-2	3	6.4	2870	82.0	0.87	2.2	7.0	2.3	33
Y112M-2	4	8.2	2890	85.5	0.87	2.2	7.0	2.3	45
Y132S1-2	5.5	11	2900	85.5	0.88	2.0	7.0	2.3	64
Y132S2-2	7.5	15	2900	86.2	0.88	2.0	7.0	2.3	70
Y160M1-2	11	22	2930	87.2	0.88	2.0	7.0	2.3	117
Y160M2-2	15	29	2930	88.2	0.88	2.0	7.0	2.3	125
Y160L-2	18.5	36	2930	89.0	0.89	2.0	7.0	2.2	147
Y180M2	22	43	2940	89.0	0.89	2.0	7.0	2.2	180

续　表

型　号	P_N/kW	I_N/A	n_N/rpm	η/%	$\cos\varphi$	堵转转矩（T_N倍）	堵转电流（T_N倍）	T_m（T_N倍）	重量/kg
Y200L1 - 2	30	57	2950	90.0	0.89	2.0	7.0	2.2	240
Y200L2 - 2	37	70	2950	90.5	0.89	2.0	7.0	2.2	255
Y225M - 2	45	84	2970	91.5	0.89	2.0	7.0	2.2	309
Y250M - 2	55	103	2970	91.5	0.89	2.0	7.0	2.2	403
Y280S - 2	75	140	2970	92.0	0.89	2.0	7.0	2.2	544
Y280M - 2	90	167	2970	92.5	0.89	2.0	7.0	2.2	620
Y315S - 2	110	200	2980	92.5	0.89	1.8	6.8	2.2	980
Y315M - 2	132	237	2980	93.0	0.89	1.8	6.8	2.2	1080
Y315L1 - 2	160	286	2980	93.5	0.89	1.8	6.8	2.2	1160
Y315L2 - 2	200	356	2980	93.5	0.89	1.8	6.8	2.2	1190
同步转速 $n_0 = 1500$rpm									
Y80M1 - 4	0.55	1.5	1390	73.0	0.76	2.4	6.0	2.3	17
Y80M2 - 4	0.75	2.0	1390	74.5	0.76	2.3	6.0	2.3	18
Y90S - 4	1.1	2.8	1400	78.0	0.78	2.3	6.5	2.3	22
Y90L - 4	1.5	3.7	1400	79.0	0.79	2.3	6.5	2.3	27
Y100L1 - 4	2.2	5.0	1430	81.0	0.82	2.2	7.0	2.3	34
Y100L2 - 4	3	6.8	1430	82.5	0.81	2.2	7.0	2.3	38
Y112M - 4	4	8.8	1400	84.5	0.82	2.2	7.0	2.3	43
Y132S - 4	5.5	12	1400	85.5	0.84	2.2	7.0	2.3	68
Y132M - 4	7.5	15	1400	87.0	0.85	2.2	7.0	2.3	81
Y160M - 4	11	23	1460	88.0	0.84	2.2	7.0	2.3	123
Y160L - 4	15	30	1460	88.5	0.85	2.2	7.0	2.3	144
Y180M - 4	18.5	36	1470	91.0	0.86	2.0	7.0	2.2	182
Y180L - 4	22	43	1470	91.5	0.86	2.0	7.0	2.2	190
Y200L - 4	30	57	1470	92.2	0.87	2.0	7.0	2.2	270
Y225S - 4	37	70	1480	91.8	0.87	1.9	7.0	2.2	284
Y225M - 4	45	84	1480	92.3	0.88	1.9	7.0	2.2	320
Y250M - 4	55	103	1480	92.6	0.88	2.0	7.0	2.2	427
Y280S - 4	75	140	1480	92.7	0.88	1.9	7.0	2.2	562

型 号	P_N/kW	I_N/A	n_N/rpm	η/%	$\cos\varphi$	堵转 转矩 (T_N倍)	堵转 电流 (T_N倍)	T_m/ (T_N倍)	重量/kg
Y280M－4	90	164	1480	93.5	0.89	1.9	7.0	2.2	667
Y315S－4	110	201	1480	93.5	0.89	1.8	6.8	2.2	1000
Y315M－4	13	241	1490	94.0	0.89	1.8	6.8	2.2	1100
Y315L1－4	160	291	1490	94.5	0.89	1.8	6.8	2.2	1160
Y315L2－4	200	254	1490	94.5	0.89	1.8	6.8	2.2	1270

表 4.3　Y 系列三相交流异步电动机选型数据

型 号	P_N/kW	I_N/A	n_N/rpm	η/%	$\cos\varphi$	堵转 转矩 (T_N倍)	堵转 电流 (T_N倍)	T_m/ (T_N倍)	重量/ kg
同步转速 n_0＝1000rpm									
Y80M－6	0.55	1.8	910	71.5	0.70	2.0	5.5	2.2	19
Y90S－6	0.75	2.3	910	72.5	0.70	2.0	5.5	2.2	23
Y90	1.1	3.2	910	73.5	0.72	2.0	5.5	2.2	25
Y100L－6	1.5	4.0	940	77.5	0.74	2.0	6.0	2.2	33
Y112M－6	2.2	5.6	940	80.5	0.74	2.0	6.0	2.2	45
Y132S－6	3	7.2	960	83.0	0.76	2.0	6.5	2.2	63
Y160M－6	4	9.4	960	84.0	0.77	2.0	6.5	2.2	119
Y160L－6	5.5	13	960	85.3	0.81	2.0	6.5	2.2	147
Y180L－6	15	31	970	89.5	0.81	1.8	6.5	2.0	195
Y200L1－6	18.5	38	970	89.8	0.83	1.8	6.5	2.0	220
Y200L2－6	22	45	970	90.2	0.83	1.8	6.5	2.0	250
Y225M－6	30	60	980	90.2	0.85	1.7	6.5	2.0	292
Y250M－6	37	72	980	90.8	0.86	1.8	6.5	2.0	408
Y280S－6	45	85	980	92.0	0.87	1.8	6.5	2.0	536
Y280M－6	55	104	980	92.0	0.87	1.8	6.5	2.0	596
Y315S－6	75	141	990	92.8	0.87	1.6	6.5	2.0	990
Y315M－6	90	168	990	93.2	0.87	0.87	6.5	2.0	1080
Y315L1－6	110	204	990	93.5	0.87	0.87	6.5	2.0	1150
Y315L2－6	132	245	990	93.8	0.87	0.87	6.5	2.0	1210

续　表

型　号	P_N/kW	I_N/A	n_N/rpm	η/%	$\cos\varphi$	堵转转矩(T_N倍)	堵转电流(T_N倍)	T_m/(T_N倍)	重量/kg
					同步转速 $n_0=750$rpm				
Y132S-8	2.2	5.6	710	80.5	0.71	2.0	5.5	2.0	63
Y132M-8	3	7.3	710	82.0	0.72	2.0	5.5	2.0	79
Y160M1-8	4	9.5	715	84.0	0.73	2.0	6.0	2.0	118
Y160M2-8	5.5	12.7	715	85.0	0.74	2.0	6.0	2.0	119
Y160L-8	7.5	17.0	715	86.0	0.75	2.0	5.5	2.0	145
Y180L-8	11	24.4	730	87.5	0.77	1.7	6.0	2.0	184
Y200L-8	15	32.9	730	88.0	0.76	1.8	6.0	2.0	250
Y225S-8	18.5	39.7	735	89.0	0.76	1.7	6.0	2.0	266
Y225M-8	22	46.4	735	90.0	0.78	1.8	6.0	2.0	292
Y250M-8	30	61.6	735	90.5	0.80	1.8	6.0	2.0	405
Y280S-8	37	76.1	740	91.0	0.79	1.8	6.0	2.0	520
Y280M-8	45	90.8	740	91.7	0.80	1.8	6.0	2.0	592
Y315S-8	55	111	740	92.0	0.80	1.6	6.5	2.0	1000
Y315M-8	75	150	740	92.5	0.81	1.6	6.5	2.0	1100
Y315L1-8	90	179	740	93.0	0.82	1.6	6.5	2.0	1160
Y315L2-8	110	219	740	93.3	0.82	1.6	6.3	2.0	1230

2. 典型三相交流异步电动机设计选型步骤

以上一节三相交流异步电动机产品为例,其具体选型指南如表4.4所示。

关于电动机工作制的说明如下。

电动机工作制是指电动机能承受负载的情况。根据电动机的运行情况,分为多种工作制,其中连续工作制、短时工作制和断续周期工作制是基本的三种工作制,是用户选择电动机的重要方面。

(1) 连续工作制。其代号为 S_1,是指该电动机在铭牌上规定的额定值条件下,能够长时间连续运行,适用于水泵、鼓风机等恒定负载的设备。

(2) 短时工作制。其代号 S_2,是指该电动机在铭牌上规定的额定值下,能在限定时间内短时运行。规定的标准短时持续时间定额有 10 分钟、30 分钟、60 分钟和 90 分钟四种,适用于转炉倾炉装置及闸门等的驱动。

(3) 断续周期工作制。其代号 S_3,是指该电动机在铭牌上规定的额定值下,只能断续周期性地运行。一个工作周期时间为电动机恒定负载运行时间加停机和断续时间。规定为 10

分钟、负载持续率（额定负载持续时间与一个工作周期时间之比,用百分数表示）规定的标准有 15％、25％、40％及 60％四种,适用于升降机、起重机等负载设备。

表 4.4　三相交流异步电动机选型步骤

步骤 1	确定电动机防护等级:如 IP44 确定电动机绝缘等级:A,E,D,F,H 种
步骤 2	确定电动机电源电压 U_N
步骤 3	确定安装方式（底脚安装、法兰安装、底脚/法兰安装）
步骤 4	绘制折算到电动机轴上的转动速度和负载扭矩周期 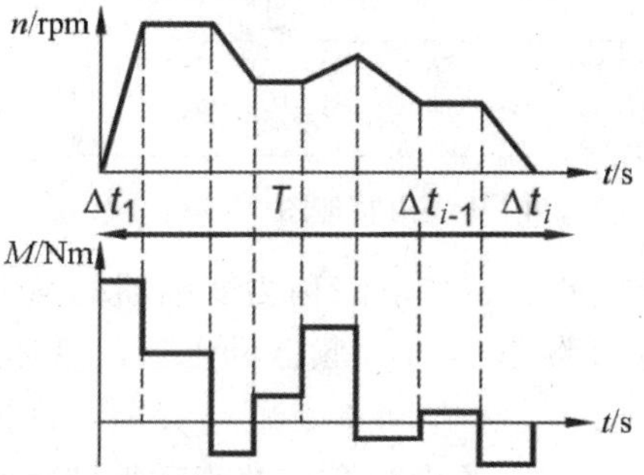
步骤 5	从负载周期曲线图确定最大转矩 T_{max}
步骤 6	从速度周期曲线图确定最大转速 n_{max}
步骤 7	确定所需电动机工作制 S_1 连续工作;S_2 短时工作;S_3 断续周期工作
步骤 8	从对应厂家数据表中选择满足 $n_{max} < n_N$、$T_{max} < T_N$ 的电动机
步骤 9	确定连接方法:Y 形或者 △ 形
步骤 10	选型所需电动机控制方式:变频或者断续控制
步骤 11	根据厂家订货数据编写电动机订单号

4.8.2　变频器工作原理与应用

1. 变频器工作原理简介

变频器是通过改变电动机工作电源频率方式来控制交流电动机的电力控制设备,如图 4.28 所示,主要由整流、滤波、逆变、制动单元、驱动单元、检测单元微处理单元等组成。变频器靠内部功率开关（如 IGBT 等）的开断来调整输出电源的电压和频率,根据电动机的实际需要来提供其所需的电源电压,进而达到节能、调速的目的。另外,变频器还有很多的保护功能,如过流、过压、过载保护等。随着工业自动化程度的不断提高,变频器也得到了非常广泛的应用。

变频器的主要工作原理:交流 AC—直流 DC—交流 AC。这个工作主要由整流（AC/DC）电路、逆变（DC/AC）电路和控制电路（主控板、驱动保护电路、故障检测电路等）完成。

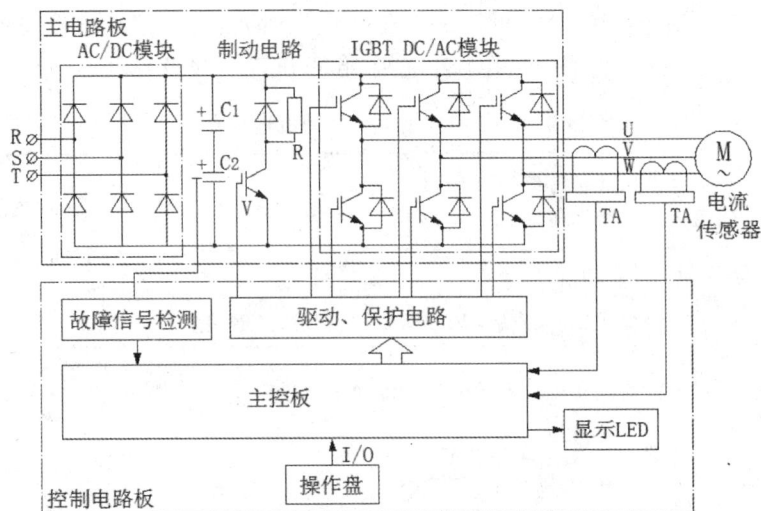

图 4.28 变频器内部结构原理图

三电路分两层两块电路板设计,其中整流电路和逆变电路称为变频器的强电回路,安放在变频器的下层;控制电路称为变频器的弱电回路,安排在变频器的上层。具体每个电路的功能说明如下:

(1) 整流电路:主要作用是对电网的交流电源进行全波整流后得到直流电。

(2) 逆变电路:由逆变管(IGBT 等)组成逆变桥,主要作用是把整流所得的直流电再"逆变"成频率可调的交流电。这是变频器实现变频的具体执行环节,因而是变频器的强电核心部分。

(3) 控制电路:主要作用是对逆变管进行周期导通控制,实现输出电压频率可调。这是变频器的控制环节,因而是变频器的弱电核心部分。

2. 变频器型号简介

下面罗列了国内台达 VFD - M 变频器的实物图,如图 4.29 所示,其常用变频器的型号具体信息如表 4.4 所示。

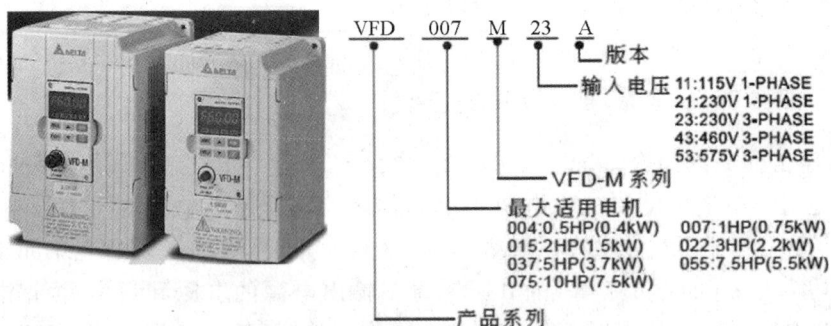

图 4.29 变频器实物与型号参数说明

表 4.4 常用变频器的型号具体说明

230V 系列规格							
型号 VFD-×××M		004	007	015	022	037	055
电动机功率(kW)		0.4	0.75	1.5	2.2	3.7	5.5
电动机功率(HP)		0.5	1.0	2.0	3.0	5.0	7.5
输出	额定容量(kVA)	1.0	1.9	2.7	3.8	6.5	9.5
	额定电流(A)	2.5	5.0	7.0	10	17	25
	最大电压(V)	三相对应输入电压					
	最高频率(Hz)	0.1—400Hz					
	载波频率范围(kHz)	1—15					
电源	额定输入电流(A)	单/三相电源				三相电源	
		6.3 2.9	11.5 7.5	15.7 8.8	27 12.5	19.6	28
	额定电压、频率	单/三相电源,200—400VAC,50/60Hz				三相电源 200—240VAC 50/60Hz	
	容许电压范围	±10%(180—264VAC)					
	容许频率范围	±5%(47—63Hz)					
冷却系统		强制风冷					
机型质量 kg		2.2	2.2	2.2	2.2	3.2	3.2
460V 系列规格							
型号 VFD-×××M		007	015	022	037	055	075
电动机功率(kW)		0.75	1.5	2.2	3.7	5.5	7.5
电动机功率(HP)		1.0	2.0	3.0	5.0	7.5	10
输出	额定容量(kVA)	1.0	3.1	3.8	6.2	9.9	13.7
	额定电流(A)	2.5	4.0	5.0	8.2	13	18
	最大电压(V)	三相对应输入电压					
	最高频率(Hz)	0.1—400Hz					
	载波频率(kHz)	1—15					
	额定输入电流(A)	4.2	5.7	6.0	8.5	14	23
	额定电压、频率	三相电源 380—480VAC,50/60Hz					
	容许电压变动	±10%(342—528VAC)					
	容许频率变动	±5%(47—63Hz)					
冷却系统		强制风冷					
机型质量(kg)		1.5	1.5	2.0	3.2	3.2	3.3

3. 变频器选型与应用

(1) 变频器的选型相关计算

① 一台变频器驱动一台电动机时,变频器的容量 P 的计算公式可以描述为:

$$\frac{KP_N}{\eta\cos\varphi} \leqslant 1.5P \tag{4.49}$$

式中:K 是电流波形补偿系数,一般取 $1.05\sim1.1$;P_N 是电动机额定功率;η 为电动机效率;$\cos\varphi$ 为电动机功率因素。

② 一台变频器驱动多台电动机时,变频器的容量 P 的计算公式可以描述为:

$$\frac{KP_N}{\eta\cos\varphi}\left[1+\frac{n_s}{n_T}\left(\frac{I_{st}}{I_N}-1\right)\right] \leqslant 1.5P \tag{4.50}$$

式中:n_T 是并联电动机台数;n_s 是同时启动的电动机台数;I_{st} 为电动机启动电流;I_N 为电动机额定电流。

以上是变频器容量选型的基本原则,但是在实际选型过程中,最常用的方法是:一对一驱动时,选取大于等于电动机功率;一对多驱动时,选取大于等于同时工作的电动机功率。

(2) 变频器控制三相交流异步电动机具体接线方式

具体变频器与三相交流异步电动机的应用接线如图 4.30 所示,详细接线注意事项还请参阅台达 VFD - M 变频器的产品技术手册。这里需要注意的是,变频器可以实现 7 段速调速,由 3 个端子 M_3—M_5 复选确定;也可以通过 VR 进行模拟量 0—10VDC 无极调速。详细调速参数与设定还请参阅台达 VFD - M 变频器的产品技术手册,具体调速控制实现可以参见第 7 章 PLC 与变频器部分内容。

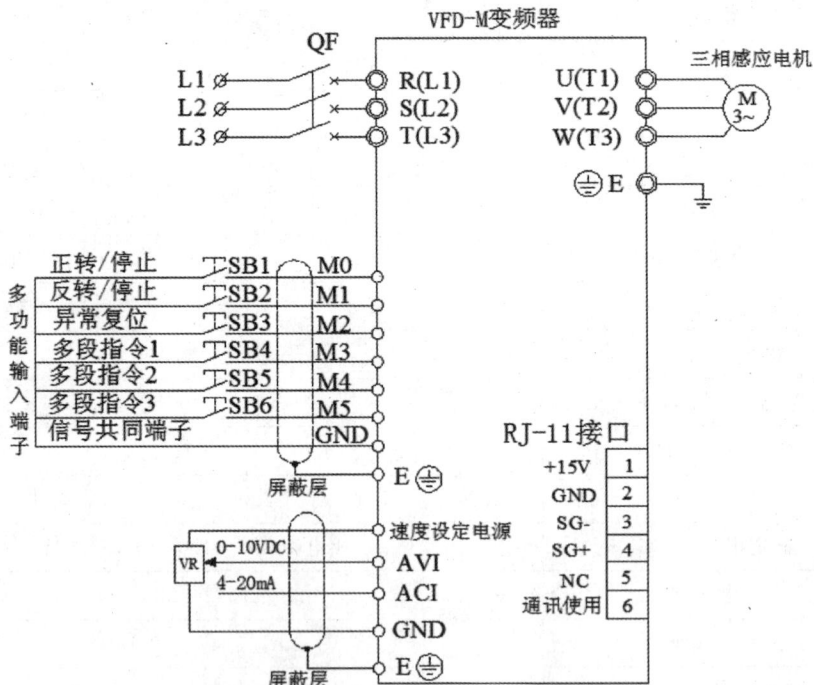

图 4.30 台达 VFD—M 变频器的接线原理图

课后习题和动手实践题

课后习题

习题 4-1 有一台四极三相异步电动机,电源电压的频率 50Hz,满载时电动机的转差率为 0.02,求电动机的同步转速、转子转速和转子电流频率。

习题 4-2 将三相异步电动机接三相电源的三根引线中的两根对调,此电动机是否会反转? 为什么?

习题 4-3 有一台三相异步电动机,其 $n_N = 1470$rpm,电源频率为 50Hz。设在额定负载下运行,试求:

(1) 定子旋转磁场相对于定子的转速;

(2) 定子旋转磁场相对于转子的转速。

习题 4-4 当三相异步电动机的负载增加时,为什么定子电流会随转子电流的增加而增加?

习题 4-5 当三相异步电动机带动一定的负载运行时,若电源电压降低了,此时电动机的转矩、电流及转速有无变化? 如何变化?

习题 4-6 有一台三相异步电动机,其技术数据如表所示。

(1) 线电压为 380V 时,三相定子绕组应如何接?

(2) 求 n_0、p、s_N、T_N、T_{st}、T_m、I_{st}、R_2、K 和 X_{20}。

(3) 额定负载时电动机的输入功率是多少?

习题 4-6 表

| 型号 | P_N /kW | U_N /V | 满载时 | | | | I_{st}/I_N | T_{st}/T_N | T_m/T_N |
			n_N /rpm	I_N /A	η_N /%	$\cos\varphi$			
Y132S-6	3	220/380	960	12.8/7.2	83	0.75	6.5	2.0	3.0

习题 4-7 三相异步电动机正在运行时,转子突然被卡住,这时电动机的电流如何变化? 对电动机有何影响?

习题 4-8 三相异步电动机断了一根电源线后,为什么不能立即启动? 而在运行时断了一线,为什么仍能继续转动? 这两种情况对电动机将产生什么影响?

习题 4-9 三相异步电动机在相同电源下,满载和空载启动时,启动电流是否相同? 启动转矩是否相同?

习题 4-10 三相异步电动机为什么不能运行在最大转矩 T_m 或接近 T_m 的情况下?

习题 4-11 绕线异步电动机采用转子串接附加电阻启动时,所串接的电阻越大,启动转矩是否也越大?

习题 4－12 为什么绕线异步电动机在转子串接附加电阻启动时,启动电流减小而启动转矩反而增大?

习题 4－13 异步电动机有哪几种调速方法?这些调速方法各有什么优缺点?

习题 4－14 什么是恒功率调速?什么是恒转矩调速?

习题 4－15 简述异步电动机在下面三种不同的电压－频率协调控制时的机械特性,并进行比较:

(1) 恒压恒频正弦波供电时异步电动机的机械特性;

(2) 基频以下电压－频率协调控制异步电动机时的机械特性;

(3) 基频以上恒压变频控制时异步电动机的机械特性。

习题 4－16 试分析交流电动机与直流电动机在调速方法上的异同点。

习题 4－17 异步电动机有哪几种制动状态?各有何特点?

动手实践题

(1) 想一想,三相交流异步电动机可以认为是一种特殊的变压器吗?

(2) 试一试,你能制造一台简易型三相交流异步电动机吗?都需要哪些元器件,大概多少费用?

(3) 试一试,你能用三相交流异步电动机制造一台微型电动小车吗?都需要哪些元器件,大概多少费用?

(4) 想一想,你能制造一台简易型三相交流异步电动机变频调速器吗?都需要哪些理论知识,需要哪些元器件,大概多少费用?

(5) 想一想,你可以用三相交流异步电动机来解决日常生活中的实际难题吗?

第5章 控制电动机工作特性及应用

![本章导读]

控制电动机是人类最近发明和使用的电动执行器,是基于直流电动机和交流电动机特性基础上发展而来的,是数控系统的基石所在,因其具有闭环控制性能、调速性能好和控制精度高等优点,被广泛应用于火炮雷达随动跟踪、航空航天飞机控制、航模飞行控制和精密机械加工等各个领域应用。因此,学习控制电动机工作特性和应用的基本知识是非常必要的。

通过本章的学习,可以知晓控制电动机的结构、工作特性和具体应用等问题。

![学习思考]

(1) 控制电动机如何分类?

(2) 步进电动机的内部结构如何? 是如何旋转起来的? 有哪些重要的特性? 如何应用?

(3) 交流伺服电动机内部结构如何? 是如何旋转起来的? 有哪些重要的特性? 如何应用?

(4) 舵机内部结构如何? 是如何旋转起来的? 有哪些重要的特性? 如何应用?

5.1 控制电动机的分类

控制电动机与直流和交流电动机一样,本质还是基于安培力原理(通电导线在磁场中受到力的作用)工作的电动执行器。其具体分类可以描述如下:

(1) 按其有无转子位置反馈的不同,可以分为伺服电动机和步进电动机两大类。两者的主要区别在于:伺服电动机是有转子位置反馈的,可以实现高精度定位;步进电动机一般没有转子位置反馈,因而定位精度较低。

(2) 步进电动机是一种将输入的脉冲信号转换成阶跃的角位移或者直线位移的电动执行器,即每输入一个脉冲信号,电动机就转动一个角度,一般没有位置的闭环反馈调节功能。根据结构形式的不同,步进电动机又可分为反应式步进电动机、永磁式步进电动机、混合式步进电动机。这三类步进电动机的根本区别在于:反应式步进电动机的定子上有若干个大极齿,每个大极齿上又有若干个小极齿及控制线圈,转子是一个环形齿槽但没有绕组;永磁式步进电动机的定子上有两相或者多相绕组,转子是有若干对极的星形永磁体;混合式步进电动机既有永磁式步进电动机转子为永磁体的特点,又有反应式步进电动机定子上开有若干小齿的特点。步进电动机由于具有转速不受负载影响、无累积误差、结构简单等优点而广泛应用于自动控制系统,尤其是开环控制系统。

(3)伺服电动机是一种将输入的位置信号(脉冲)、速度信号(电压模拟量)和扭矩信号(电压模拟量)变成转轴角位移、角速度和角加速度的电动执行器,具有控制量的闭环反馈调节功能。根据电动机输出轴能否整圈转动,又可分为普通伺服电动机和舵机两大类。两者的根本区别在于:舵机不能转动一整圈,只能转动一定角度;而普通的控制电动机则可以整圈转动,甚至一分钟能转动数千圈。

(4)舵机是一种直流电动机、减速齿轮组、传感器(电位计)和控制电路组成的一套自动控制系统。它根据输入信号形式可以分为数字式和模拟式;根据扭矩大小可以分为塑料型和金属型。

(5)普通伺服电动机根据供电电源性质的不同,可分为直流伺服电动机和交流伺服电动机。两者的主要区别在于:驱动器供电方式不同。

(6)直流伺服电动机根据转子励磁方式的不同可以分为无刷直流伺服电动机和有刷直流伺服电动机。两者的主要区别在于:有刷直流电动机采用碳刷预压接触的方式机械实现电动机转子绕组的电流换向;无刷直流电动机的转子为永磁体,采用转子位置检测电控实现电流换向。

(7)交流伺服电动机根据转子励磁方式的不同进一步细分为交流永磁伺服电动机和交流感应伺服电动机。两者的主要区别在于:转子为永磁体励磁的称为永磁伺服电动机,该类电动机由于转子转速与电枢旋转磁场转速相同,故又被称为同步伺服电动机;转子绕组不通电才有感应励磁的称为交流感应伺服电动机,由于该类电动机的转子转速恒比旋转磁场的转速低,故又称为异步伺服电动机。

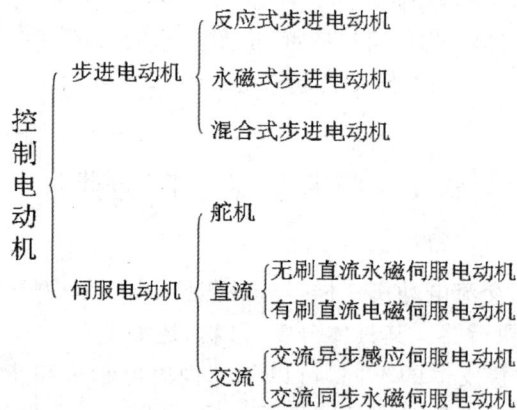

图 5.1　控制电动机分类

5.2　交流伺服电动机工作特性与应用

5.2.1　交流伺服电动机工作原理

由于两相交流感应式伺服电动机具有较为简单的结构与控制方式,本节以两相交流感应式伺服电动机为例,说明交流伺服电动机的相关工作原理。

1. 两相交流感应式伺服电动机的结构

两相交流感应式伺服电动机的基本结构和工作原理与图 4.1 的三相交流异步电动机相似。电动机也由定子和转子两大部分构成。如图 5.2 所示,它的定子上装有空间互差 90°的两个绕组,即励磁绕组和控制绕组;其转子制成具有较小惯量的细长形,有鼠笼转子和杯形转子两种结构形式,图示为鼠笼式转子结构。

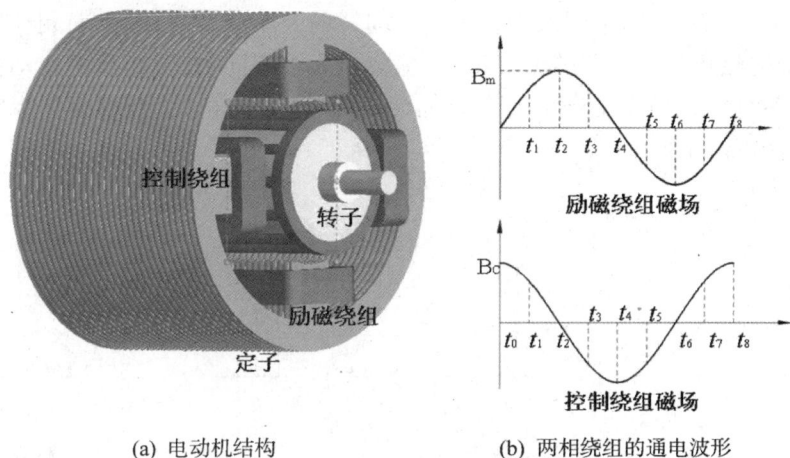

(a) 电动机结构　　　　　(b) 两相绕组的通电波形

图 5.2　两相交流伺服电动机结构

2. 两相交流感应式伺服电动机的工作原理

两相交流感应式伺服电动机的转子旋转原理与三相交流异步电动机相似,本质同样是基于通电导线安培力原理,实际是通电线框楞次定律(磁场中通电线圈内感应电流的磁场总要阻碍引起感应电流的磁通量的变化)的特殊表现。也就说,两相交流感应式伺服电动机的工作原理:定子的励磁绕组和控制绕组通入交流电,在定子、转子绕组和气隙间形成空间旋转磁场;转子绕组根据楞次定律也产生旋转,以阻碍穿过转子绕组磁通量的变化。或者说,转子绕组切割定子旋转磁场磁力线,产生转子感应电动势;转子感应电动势在闭合的转子绕组上产生感应电流;定子磁场对转子感生电流形成电磁转矩而使得电动机的转子旋转。同时作为伺服电动机,其特殊之处还在于:当电动机控制绕组无信号(仅励磁绕组通电)时,能克服"自转"马上停止。下面具体分析两相交流感应式伺服电动机的工作原理。

(1) 定子旋转磁场的产生

两相交流感应式伺服电动机的定子旋转磁场是由励磁绕组激发的磁场和控制绕组激发的磁场相作用而形成的。

当电动机处于静止状态时,控制绕组 W_c 不加控制电压 U_c,只有励磁绕组 W_f 通交流电 U_f 时,才会产生脉动磁场 B_f,该磁场在空间并不旋转,只是磁通或磁感应强度的大小随时间改变,即可以表示为:

$$B_f = B_{fm}\sin\omega t \tag{5.1}$$

式中:B_{fm} 是励磁绕组激发磁场的磁感应强度幅值;ω 是励磁电压 U_f 的角频率。

式(5.1)表示的励磁绕组激发磁场,可以分解成两个转速相等而方向相反的圆形磁场

机电传动系统与控制

B_{f1} 和 B_{f2},其表达式为:

$$B_{f1} = \frac{B_{fm}}{2}\sin(-\omega t + 180°)$$

$$B_{f2} = \frac{B_{fm}}{2}\sin\omega t \tag{5.2}$$

根据式(5.2),可以得到如图 5.3 所示的励磁绕组脉动磁场情况:当脉动磁场变化一个周期,对应的两个旋转磁场正好各转一周;磁感应强度幅值的大小为 $B_{fm1} = B_{fm2} = B_{fm}/2$。

正是由于 B_{f1} 和 B_{f2} 这两个圆形旋转磁场以同样的大小和转速,分别向相反方向旋转,所建立的正、反旋转磁场分别切割笼型绕组,并感应出大小相同、相位相反的电动势和电流,这些电流分别与各自的磁场作用产生的力矩也大小相等、方向相反,合成力矩为零。此时,伺服电动机转子转不起来。

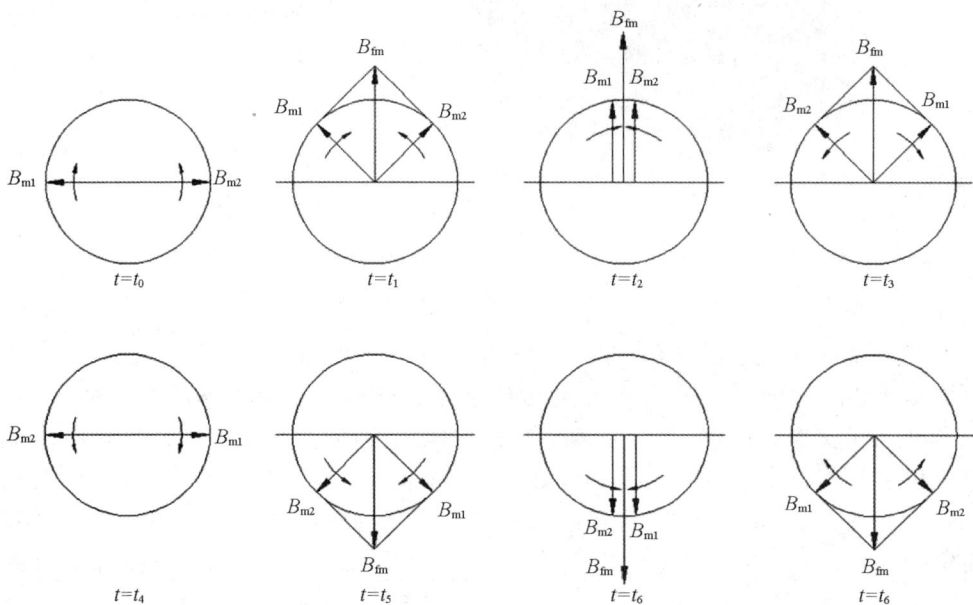

图 5.3 励磁绕组激发的脉动磁场分解

(2)定子合成旋转磁场形成

当控制绕组有电压信号,即控制绕组 W_c 接上控制电压 U_c,且控制电压 U_c 与励磁电压 U_f 的频率相同时,通电的控制绕组 W_c 也会产生脉动磁场 B_c,当励磁绕组与控制绕组所产生的磁势幅值不相等,即 $\alpha = B_{cm}/B_{fm}(0<\alpha<1)$。此时,若两绕组电流相位差为 90°,正好补偿了励磁绕组和控制绕组的空间相位差。这样,励磁绕组和控制绕组即可以合成产生椭圆形的旋转磁场。具体励磁绕组和控制绕组磁场可以描述为:

$$B_f = B_{fm}\sin\omega t$$

$$B_c = \alpha B_{fm}\sin(\omega t - 90°) \tag{5.3}$$

根据式(5.3),结合励磁绕组和控制绕组在空间上的 90° 相位差,可以得到如下的四个脉冲磁场:

84

$$B_{f1} = \frac{B_{fm}}{2}\sin(-\omega t + 180°)$$

$$B_{f2} = \frac{B_{fm}}{2}\sin\omega t$$

$$B_{c1} = \frac{\alpha B_{fm}}{2}\sin(-\omega t + 180°) \tag{5.4}$$

$$B_{c2} = \frac{\alpha B_{fm}}{2}\sin\omega t$$

于是,将这四个脉冲磁场合成,可以得到一个如图 5.4 所示的椭圆形旋转磁场。该椭圆形旋转磁场可以看成是由两个圆形旋转磁场合起来的。这两个圆形旋转磁场幅值不等,一个为 $(1-\alpha)B_{fm}/2$,一个为 $(1+\alpha)B_{fm}/2$。但它们以相同的速度,向相反的方向旋转。它们切割转子绕组感应的电势和电流以及产生的电磁力矩也方向相反、大小不等(正转者大、反转者小),合成力矩不为零,所以伺服电动机就朝着正转磁场的旋转方向转动起来,随着信号的增强,即 α 趋近于 1 时,磁场接近圆形,此时正转磁场及其力矩增大,反转磁场及其力矩减小,合成力矩变大,若负载力矩不变,转子的速度就增加。

如果改变控制电压的相位,即移相 180°,旋转磁场的转向相反,因而产生的合成力矩方向也相反,伺服电动机将反转。

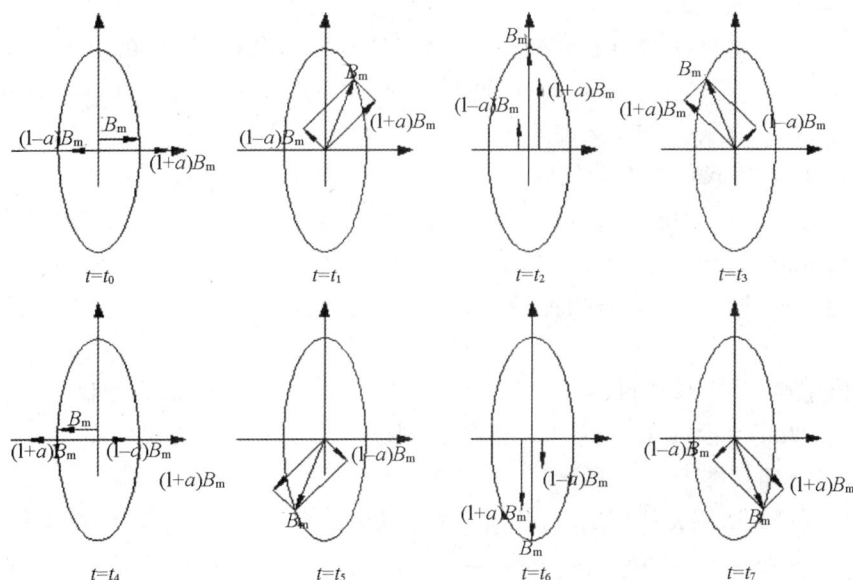

图 5.4　合成后的椭圆旋转磁场

（3）电动机特性与克服"自转"现象

交流伺服电动机与普通交流电动机的区别在于:在控制信号消失时能立即停止转动,这也就是所谓的"克服自转"功能。这个功能是通过增大它的转子电阻实现的。具体说明如下:如图 5.5 所示为转子具有不同电阻时伺服电动机的机械特性曲线,曲线 1、2、3、4 分别是转子电阻为 R_1、R_2、R_3、R_4 的机械特性,$R_1 < R_2 < R_3 < R_4$。此外,若转子电阻足够大,可使伺服电动机的临界转差率 $s_m > 1$,即出现图 5.5(a)中的曲线 3、4 的特性。在这种特性曲线下,可使只有励磁信号运行时电动机的合成电磁转矩 T_e 在电动机运行范围内均为负值,即 $T_e < 0$,如

图 5.5(b)所示 T_e 曲线,曲线 $T_e{}'$ 为添加控制电压后的伺服电动机合成机械特性。

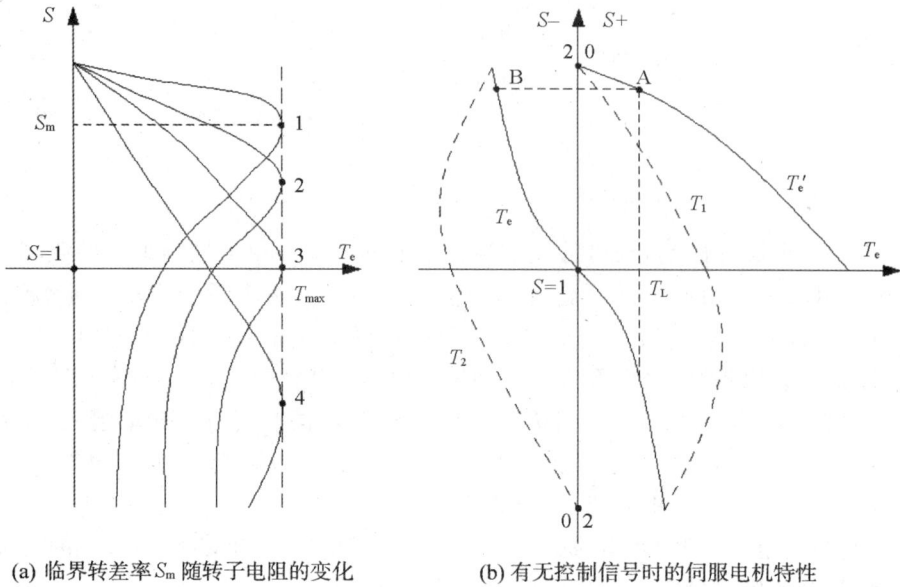

(a) 临界转差率 S_m 随转子电阻的变化   (b) 有无控制信号时的伺服电机特性

图 5.5 感应式伺服电动机"自转"克服原理图

这样,当伺服电动机在控制电压消失后,由于转子的惯性,运行点由 A 点移到 B 点,此时电动机产生了一个与转子原来转动方向相反的制动力矩。在负载力矩和制动力矩的作用下使转子迅速停止,克服了"自转"现象。

3. 两相交流感应式伺服电动机调速方式

两相交流感应式伺服电动机运行时,其励磁绕组接到电压为 U_f 的交流电源上,通过改变控制绕组电压 U_c 的大小或相位来控制伺服电动机的起、停及运行转速。因此,两相交流感应式伺服电动机的控制方式有幅值控制、相位控制和幅值—相位控制。各种控制方式简要描述如下。

(1) 幅值调速。采用幅值控制时,励磁绕组电压始终为额定励磁电压 U_f,通过调节控制绕组电压 U_c 的大小来改变电动机的转速,而控制电压与励磁电压之间的相位角 β 始终保持90°电角度。其电路如图 5.6(a)所示。

(2) 相位调速。采用相位控制时,控制绕组和励磁绕组的电压大小均保持额定值不变,通

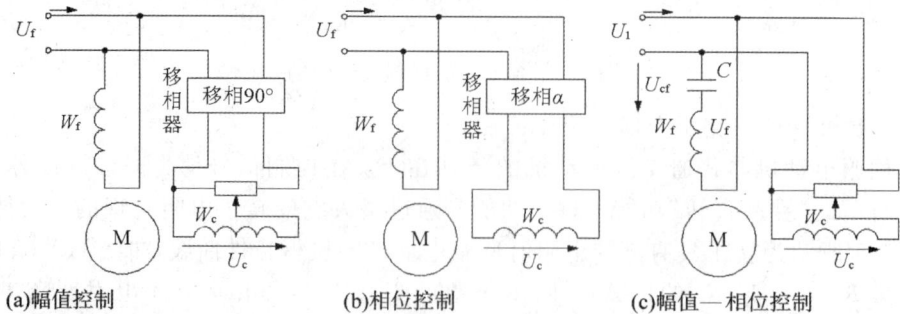

(a)幅值控制   (b)相位控制   (c)幅值—相位控制

图 5.6 交流伺服电动机控制方式接线

过调节控制电压的相位,即改变控制电压与励磁电压之间的相位角 β,实现对电动机的控制。当 β ＝0°时,两相绕组产生的气隙合成磁场为脉动磁场,电动机停转。其原理电路图如图5.6(b)所示。

（3）幅值—相位调速(电容控制)。其原理电路如图 5.6(c)所示。这种控制方式是将励磁绕组串联电容 C 以后,接到交流电源 U_1 上,这时施加在励磁绕组上的电压 $U_f = U_1 - U_{cf}$,U_{cf} 为在电容 C 上的压降。施加在控制绕组电压 U_c 的相位始终与 U_1 相同,利用调节控制绕组电压 U_c 的幅值来改变电动机的转速。由于转子绕组的耦合作用,励磁绕组电流 I_f 会发生变化,使励磁绕组电压 U_f 及串联电容上的电压 U_{cf} 也随之改变,因此控制绕组电压 U_c 和励磁绕组电压 U_f 的大小及它们之间的相位角 β 都随之改变,故称为幅值—相位控制,也称为电容控制。

5.2.2　交流伺服电动机选型和应用实例

1. 典型交流伺服电动机与驱动器

如图 5.7 所示,罗列了国内应用较为广泛的交流伺服系统——台达 ADSA－B2 系列的交流伺服驱动产品与具体型号说明。

图 5.7　交流伺服驱动产品与选型说明

2. 交流伺服驱动器结构

交流伺服电动机工作时需要使用专用的伺服驱动器对其进行驱动,下面以台达 ASDA B2 系列驱动器为例,介绍伺服驱动器的结构及工作原理。如图 5.8 所示为 B2 系列 400W 级交流伺服驱动器的结构。伺服驱动器内部电路主要分为主回路部分和控制回路部分两部分。

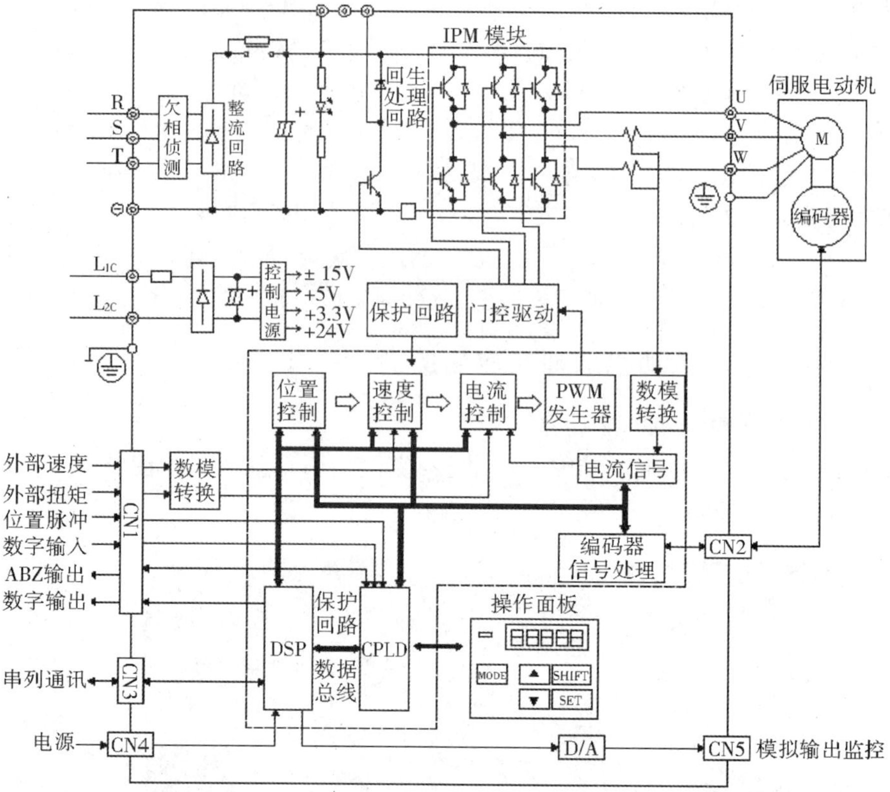

图 5.8 台达 ASDA - B2 伺服驱动器结构

（1）交流伺服驱动器主回路部分

伺服驱动器的主回路部分如图 5.8 所示，与变频器主回路部分相似，即"交流—直流—交流"，主要功能是将输入的三相交流电经过整流电路转换成直流电，然后将直流电再通过逆变电路转换成交流电，供给伺服电动机。另外，还有一些辅助控制电路，详细原理可以参考台达 ASDA - B2 系列伺服驱动器的硬件手册。

（2）交流伺服驱动器的控制回路部分

伺服驱动器的控制回路是对主电路进行控制及安全检测。伺服驱动器的控制回路如图 5.9 所示，主要有电流、速度和位置三个环控制。三环就是指 3 个闭环负反馈 PID 调节系

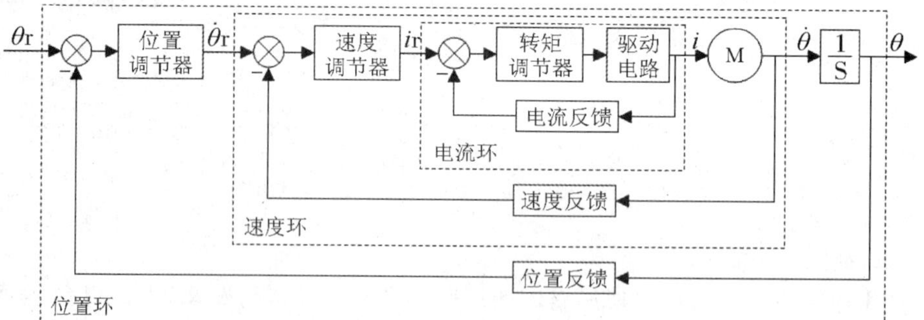

图 5.9 伺服驱动系统的三环控制结构

统。依靠三环结构,可以实现伺服系统的三种工作方式:转矩控制方式(电流环)、速度控制方式(速度环)和位置控制方式(位置环)。下面简要介绍一下三环结构。

① 电流环:是伺服驱动系统最内部的一个PID控制环,此环完全在伺服驱动器内部进行,通过霍尔装置检测驱动器供给电动机的各相输出电流,负反馈给电流的指令值进行PID调节,从而达到输出电流尽量接近或等于设定电流。电流环直接控制电动机的转矩,所以在转矩模式下驱动器的运算最小,动态响应最快。

② 速度环:是伺服驱动系统中间的一个PID控制环,此环通过编码器检测的电动机转速信号来进行负反馈PID调节。此环的PID输出直接就是电流环的指令输入,所以速度环控制时包含了速度环和电流环。也就是说,任何运行模式都必须使用电流环,电流环是控制的根本。即便是在速度和位置同时控制系统中,也在进行电流环(转矩)的控制以达到对速度和位置的相应控制。

③ 位置环:是伺服驱动系统最外面的一个PID控制环,此环可以在驱动器和电动机编码器间构建,也可以在外部控制器和电动机编码器或最终负载间构建,要根据实际情况来定。由于位置控制环的输出就是速度控制环的指令输入,所以,位置控制系统进行了所有3个环的运算,此时系统运算量最大,动态响应速度最慢。

3. 交流伺服驱动器的工作模式

交流伺服驱动器的工作模式一般分为三大类,分别是转矩控制方式、速度控制方式和位置控制方式。

(1) 转矩控制方式

转矩控制方式是通过外部模拟量的输入或直接地址的赋值来设定电动机轴对外的输出转矩的大小,也可以通过即时改变模拟量的设定来改变设定的力矩大小,还可以通过通信方式改变对应的地址的数值来实现。其具体表现为:如10V对应电动机5N·m转矩的话,当外部模拟量设定为5V时则电动机轴输出为2.5N·m;如果电动机轴负载低于2.5N·m时电动机正转,外部负载等于2.5N·m时电动机不转,外部负载大于2.5N·m时电动机反转(通常在有重力负载情况下产生)。转矩控制方式主要应用在对材质的受力有严格要求的缠绕和放卷的装置中,如绕线装置或拉光纤设备,转矩的设定要根据缠绕的半径的变化随时更改以确保材质的受力不会随着缠绕半径的变化而改变。

(2) 速度控制方式

通过模拟量的输入或脉冲的频率对电动机的转速进行控制,在有上位控制装置的外环PID控制时,速度模式也可以进行定位,但必须把电动机的位置信号或直接负载的位置信号给上位反馈以做运算处理。位置模式也支持直接负载外环检测位置信号,此时电动机轴端的编码器只检测电动机转速,位置信号就由最终负载端的检测装置来提供,这样做可以减少中间传动过程中的误差,增加整个系统的定位精度。

(3) 位置控制方式

位置控制方式一般是通过外部输入脉冲的频率来控制转速的大小,通过脉冲的个数来确定转动的角度。有些伺服驱动器也可以通过通信方式直接对速度和位移进行赋值。由于位置模式对速度和位置都有很严格的控制,所以一般应用于定位装置。应用领域如数控机床、印刷机械等。

以上三种运行控制模式,具体采用什么控制方式要根据系统要求满足何种运动功能来选择。

如果对电动机的速度、位置都没有要求,只要输出一个恒转矩,当然是用转矩控制方式。如果对位置和速度有一定的精度要求,而对实时转矩不是很关心,用该方式不太方便,用速度或位置控制方式比较好。如果上位控制器有比较好的闭环控制功能,用速度控制效果会好一点。如果本身要求不是很高,或者基本没有实时性的要求,位置控制方式对上位控制器要求较低。

就伺服驱动器的响应速度来看,转矩模式运算量最小,驱动器对控制信号的响应最快;位置模式运算量最大,驱动器对控制信号的响应最慢。

对运动中的动态性能有比较高的要求时,需要实时对电动机进行调整。那么如果控制器本身的运算速度很慢(比如 PLC 或低端运动控制器),就使用位置控制方式。如果控制器运算速度比较快,可以使用速度方式,把位置环从伺服驱动器移到控制器上,减少驱动器的工作量,提高效率(比如大部分中高端运动控制器);如果有更好的上位控制器,还可以用转矩方式控制,把速度环也从驱动器上移开,这一般只是高端专用控制器才这么做。

4. 伺服驱动器接线原理说明

下面以台达 ASDA - B2 伺服驱动器为例,针对上述 3 种伺服系统的工作方式,说明其具体应用时伺服驱动器与伺服电动机及上位控制器之间的接线关系和工作原理。详细调速控制实现请参见第 7 章 PLC 与伺服驱动器部分内容。

(1)位置控制方式的接线原理

位置控制方式(PT)下伺服驱动器和伺服电动机的接线原理如图 5.10 所示,主要包括强电回路和控制回路两部分。

① 强电部分接线原理如图 5.10 所示,该部分主要包括驱动器输入供电回路(端子 R,S,T)、驱动器控制电源输入回路(端子 L_{1C}、L_{2C})和输出供电回路(端子 U、V、W)。这里需要注意的是,每个供电回路都应配置熔断器(如 FU1 和 FU2)进行过流保护。

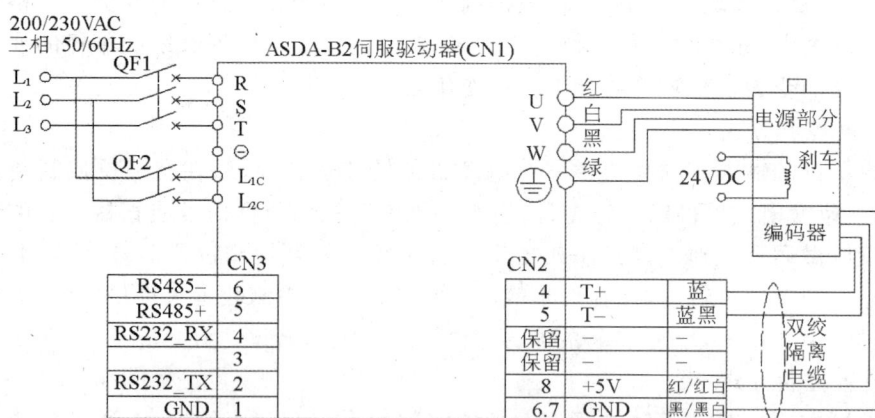

图 5.10 位置控制方式的接线原理图

② 控制部分接线原理如图 5.11 所示,主要包括接口 CN1(控制信号)、CN2(编码器信号)和 CN3(串口通信)。其中接口 CN2 为编码器信号反馈,CN3 为串口通信信号,其针脚定义如图 5.10 所示;最重要的接口为 CN1,其为 44 针标准母接头,其接线原理如图 5.11 所

示,具体说明如下。

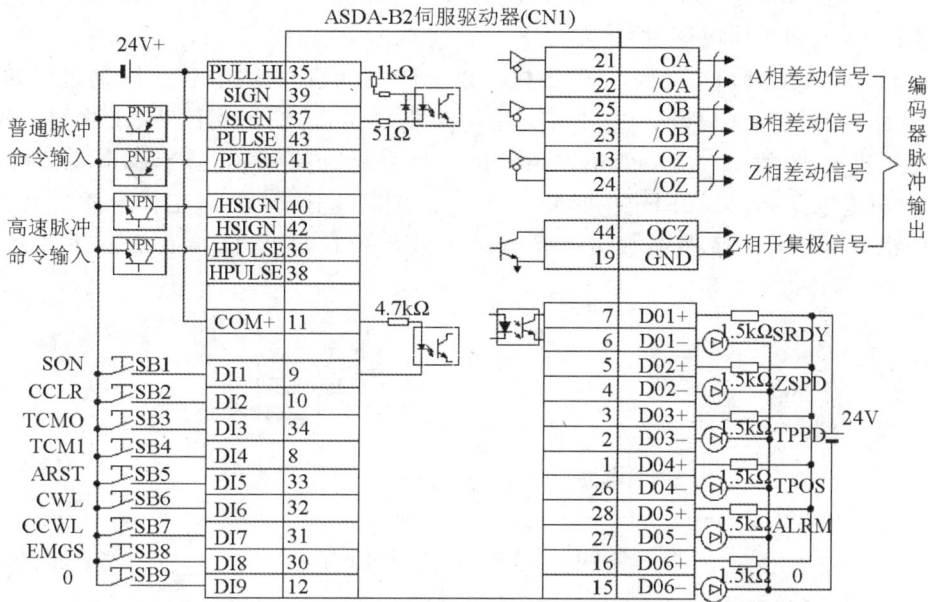

图 5.11　脉冲指令输入接线原理图

　　CN1 接口提供了普通脉冲位置指令输入(端子 PULSE 和/PULSE、SIGN 和/SIGN)、高速脉冲位置指令输入(端子 HPULSE 和/HPULSE、HSIGN 和/HSIGN)、位置编码器的差动输出信号(端子 OA 和/OA、OB 和/OB、OC 和/OC、OZ 和/OZ),此外还有 9 组数字量输入(端子 DI1～DI9,分别控制"伺服使能 SON"、"脉冲清除 CCLR"、"扭矩指令选择 TCM0"、扭矩指令选择 TCM1 等 6 项功能),6 组数字量输出(端子 DO1～DO6,分别给出"伺服正常 SRDY"、"零速检出 ZSPD"、"目标扭矩到达 TSPD"、"目标位置到达 TPOS"等 6 项状态),详细说明可以参考 ASDA – B2 伺服驱动器使用手册。

　　(2) 速度控制方式的接线原理

　　速度控制方式下伺服驱动器和伺服电动机的接线原理如图 5.12 所示,与位置控制方式基本相似,主要区别在于:控制回路中应用了模拟速度/位置指令输入(端子 V_REF 和 GND)。

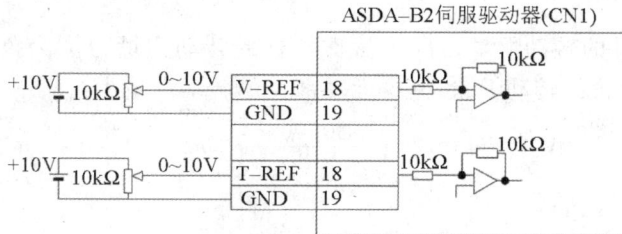

图 5.12　速度控制方式的接线原理图

　　(3) 转矩控制方式的接线原理

　　转矩控制方式下伺服驱动器和伺服电动机的接线原理如图 5.12 所示,与位置控制方式基本相似,主要区别在于:控制回路中应用了模拟转矩指令输入(端子 T_REF 和 GND)。

4. 交流伺服驱动系统应用实例

下面以台达 ASDA - B2 系列交流伺服系统在数控机床的应用为例,说明交流伺服驱动系统的计算、选型和具体应用过程。

实例 5 - 1   如图 5.13 所示,一数控机床以伺服电动机作为执行元件,通过滚珠丝杠传动,驱动工作台进行直线移动。试对该交流伺服驱动系统进行设计。系统主要工况参数:工作台快速进给速度 $v_m = 30000\text{mm/min}$,每个指令脉冲进给值 $\Delta l = 1\mu\text{m}$,驱动行程 $l = 400\text{mm}$,丝杆总长 $L = 500\text{mm}$,定位时间 $t_p = 1\text{s}$,齿轮减速比 $i = 8/5$,工作台质量 $W = 60\text{kg}$,驱动系统效率 $\eta = 0.8$,摩擦系数 $\mu = 0.2$,单头滚珠丝杠导程 $P_b = 16\text{mm}$,滚珠丝杠直径 $D = 20\text{mm}$。

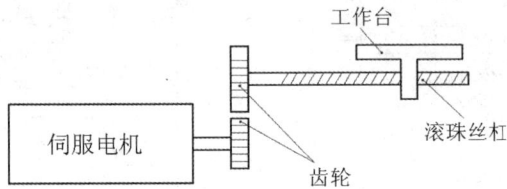

图 5.13   伺服电动机驱动工作台

(1) 伺服电动机最高转速 n_m 计算

$$n_m = \frac{v_m}{P_b}i = \frac{30000}{16} \cdot \frac{8}{5} = 3000(\text{r/min})$$

(2) 加 / 减速时间常数 t_a/t_r 计算

$$t_a = t_d = t_p - \frac{l}{v_m} - t_s = 1 - \frac{400}{30000/60} - 0.15 = 0.05(\text{s})$$

式中:t_s 为调整时间,此处取 0.15s。

(3) 伺服电动机轴上的等效负载转矩 T_L 计算

$$T_L = \frac{FP_b}{2\pi} \cdot \frac{1}{i\eta} = \frac{\mu WgP_b}{2\pi i\eta} = \frac{0.2 \times 60 \times 9.8 \times 16 \times 10^{-3}}{2 \times 3.14 \times 1.6 \times 0.8} = 0.234(\text{N} \cdot \text{m})$$

(4) 伺服电动机轴上的等效负载转动惯量 J_L 计算

根据第 2 章的等效转动惯量计算公式(2 - 18),有

$$J_L = \frac{(J_{L1} + J_{L2} + J_{L3})}{i^2} + J_{L4}$$

式中:J_{L1} 为运动部件的转动惯量;J_{L2} 为滚珠丝杆的转动惯量;J_{L3} 为负载侧齿轮的转动惯量;J_{L4} 为电动机侧齿轮的转动惯量。其中运动部件的转动惯量为:

$$J_{L1} = W\frac{v_m^2}{\omega_m^2} = 60 \times \left(\frac{30000}{2\pi \times 3000}\right)^2 = 1.52(\text{kg} \cdot \text{cm}^2)$$

滚珠丝杠的转动惯量为:

$$J_{L2} = \frac{1}{2}\pi\left(\frac{D}{2}\right)^2 L\left(\frac{D}{2}\right)^2 = \frac{\pi\rho L \cdot D^4}{32} = \frac{3.14 \times 7.8 \times 10^{-3} \times 50 \times 2^4}{32} = 0.612(\text{kg} \cdot \text{cm}^2)$$

式中:ρ 为铁的密度,取 $\rho = 7.8 \times 10^{-3}\text{kg} \cdot \text{cm}^3$。

负载侧齿转动惯量为:

$$J_{L3} = \frac{\pi\rho L \cdot D^4}{32} = 2.05(\text{kg} \cdot \text{cm}^2)$$

电动机侧齿轮转动惯量为：

$$J_{L4} = \frac{\pi \rho L \cdot D^4}{32} = 0.08(\mathrm{kg \cdot cm^2})$$

于是有

$$J_L = \frac{J_{L1} + J_{L2} + J_{L3}}{i^2} + J_{L4} = 2.59(\mathrm{kg \cdot cm^2})$$

（5）初选伺服电动机

选择伺服电动机的条件：

① 负载转矩 $T_L \leqslant$ 电动机额定转矩 T_M。

② 满负载惯量 $J_L \leqslant 30 \times$ 伺服电动机惯量 $J_M \approx 90(\mathrm{kg \cdot cm^2})$。

根据上述两个条件与台达 ASDA-B2 系列伺服驱动系统样本，可初选伺服电动机 ECMA-C206 02 200W。但是考虑到 ECMA-C206 04 400W 与 ECMA-C206 02 200W 价格没有区别，因此这里初选了 400W 型伺服电动机。

（6）伺服电动机转矩校核

① 加减速期间伺服电动机要求的转矩 T_{Ma} 校核：

$$T_{Ma} = (J_L + J_M) \cdot \frac{2\pi n_m}{t_a} + T_L = (2.59 + 0.277) \times 10^{-4} \times \frac{2\pi \times 3000}{0.05 \times 60} + 0.234 = 2.0(\mathrm{N \cdot m})$$

根据台达伺服电动机的样本数据，$T_{Ma} < T_{Mm} = 3.82(\mathrm{N \cdot m})$，这里 T_{Mm} 为伺服电动机最大转矩。

② 连续有效负载转矩 T_e 校核：

$$T_e = \sqrt{\frac{T_{Ma}^2 t_a + T_L^2 t_c + T_{Mr}^2 t_r}{t_a + t_c + t_r}} = \sqrt{\frac{2^2 \times 0.05 + 0.234^2 \times 1^2 + 2^2 \times 0.05}{0.05 + 1 + 0.05}} = 0.643(\mathrm{N \cdot m})$$

根据台达伺服电动机的样本数据，$T_e < T_{MN} = 1.27(\mathrm{N \cdot m})$，这里 T_{MN} 为伺服电动机额定转矩。

（7）具体选型结果

根据台达伺服电动机的样本数据，具体选型结果为：

① 伺服电动机型号：ECMA-C206 04 额定功率 400W，额定转速 3000rpm。

② 伺服驱动器型号：ASD-B2-0421-B。

（8）电子齿轮减速比（电子齿轮比）设置

各种伺服驱动系统应用中，非常重要的一个环节是设置伺服驱动器的"电子齿轮比"，它直接决定着伺服电动机的定位精度，也可以让伺服系统产生比较简单易用的效果，如实现每个控制脉冲，工作台运动 $1\mu m$。

根据台达伺服驱动系统样本数据，ASDA-B2 系列伺服电动机的编码器解析数（每转等效脉冲数）为 17 位，即 160000pulse/rev；伺服电动机电子齿轮减速比 $i_e = j_N/j_M$ 由驱动器参数 P1-44 和 P1-45 设定得到，其出厂制分别为 P1-44=16，P1-45=10，即电子齿轮减速比为 1.6。于是，伺服系统定位精度（每个脉冲工作台运动距离）δ 可以由下式计算：

$$\delta = \frac{P_b/i}{n_p} = \frac{16/1.6}{10000} = 1(\mu m)$$

式中：n_p 为伺服电动机转一转所需的脉冲数，$n_p = 160000/1.6 = 10000(\mathrm{pulse/rev})$。

根据以上分析,要得到每个指令脉冲进给值 $\Delta l = 1um$,只要保持出厂电子齿轮减速比即可。如果没有满足要求,就要通过调整驱动器参数 P1 - 44 和 P1 - 45 来完成了。

5.3 步进电动机工作原理与应用

5.3.1 步进电动机工作原理

步进电动机是一种利用电磁感应原理,将电脉冲信号转化为直线或角位移的执行机构。当步进驱动器接收到一个脉冲信号,它就驱动步进电动机按设定的方向转动一个固定的角度,它的旋转是以固定的角度一步一步运行的,故称为步进电动机。由于其输入的是脉冲电压,所以又称脉冲电动机或阶跃电动机。

1. 步进电动机的部件结构与功能

步进电动机的结构形式很多,但都大同小异。以最常用的三相反应式步进电动机为例,如图 5.14 所示,与普通旋转电动机一样,步进电动机的结构主要由定子和转子两大部分组成。

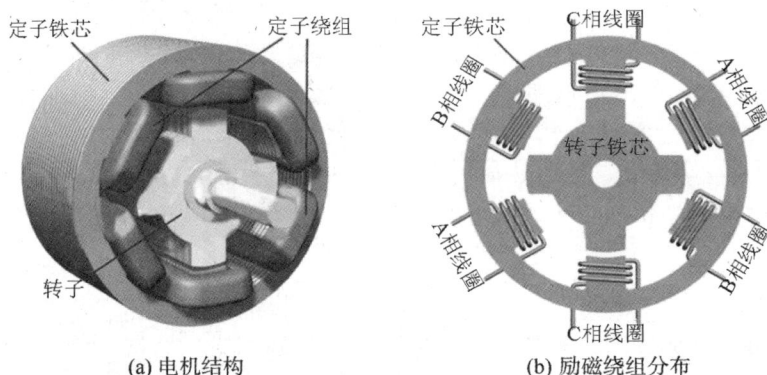

(a) 电机结构   (b) 励磁绕组分布

图 5.14 三相反应式步进电动机结构原理图

定子由定子铁芯和装在铁芯上的定子励磁绕组组成,定子铁芯由冲制的硅钢片叠加而成。输入电脉冲对各个定子绕组轮流进行励磁而产生磁场。定子绕组的个数称为相数。定子有 6 个磁极,每两个相对的磁极上绕有一相绕组,一共有 A、B、C 三个绕组。

转子也是由冲制的硅钢片叠成或用软磁性材料做成的凸极结构。凸极的个数称为齿数。转子本身没有励磁绕组的叫做“反应式步进电动机”,用永久磁铁做转子的叫做“永磁式步进电动机”。转子是永磁体,其上有 4 个均匀分布的齿,上面没有绕组。

2. 步进电动机工作原理

步进电动机的工作原理,其实就是电磁铁的工作原理。利用磁阻最小原理,也就是磁通总是沿磁阻最小的路径闭合,利用齿极间的吸引力拉动转子旋转。转子齿与定子齿的错位是步进电动机旋转的根本原因。下面结合图 5.15,详细叙述如下。

在图 5.15 中,A、B、C 相线圈由开关控制电流通断,约定转子启动前的转角为 0°。

从图 5.15(a)起,A 相线圈接通电源产生磁通,磁力线从最近的转子齿极通过转子铁芯,

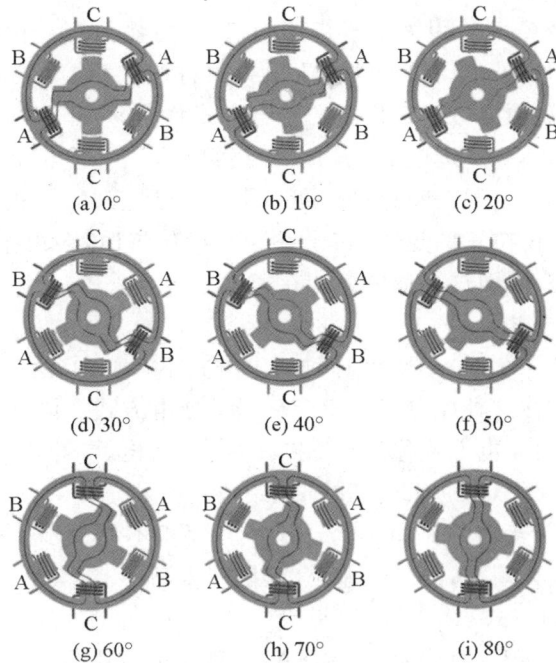

图 5.15 反应式步进电动机工作原理图

磁力线可看成极有弹力的线,在磁力的牵引下转子开始逆时针转动;图 5.15(b)是转子转了 10°的图,图 5.15(c)是转到 20°的图,磁力一直牵引转子转到 30°为止,到了 30°转子不再转动,此时磁路最短。

为了使转子继续转动,在转子转到 30°前已切断 A 相电源在 30°时接通 B 相电源,磁通从最近的转子齿极通过转子铁芯,如图 5.15(d)所示,于是转子继续转动。图 5.15(e)是转子转到 40°的图,图 5.15(f)是转到 50°的图,磁力一直牵引转子转到 60°为止。

在转子转到 60°前切断 B 相电源在 60°时接通 C 相电源,磁通从最近的转子齿极通过转子铁芯,如图 5.15(g)所示。转子继续转动,图 5.15(h)是转子转到 70°的图,图 5.15(i)是转子转到 80°的图,磁力一直牵引转子转到 90°为止。

当转子转到 90°前切断 U 相电源,转子在 90°的状态与前面 0°开始时一样,重复前面过程,接通 A 相电源,转子继续转动,这样不停地重复下去,转子就会不停地旋转。这就是反应式步进电动机的工作原理。

通电状态每换接一次,转子便转动一步,每步转过的角度称为步距角(此例步距角为 30°)。步进电动机转子齿与齿之间的角度称为齿距角(此例中齿距角为 90°)。改变定子各绕组的通电顺序时,将改变转子的转向。

3. 步进电动机通电方式

步进电动机的转速不仅取决于控制绕组通电的频率,也取决于绕组通电的方式。步进电动机的通电方式一般有单相轮流通电方式、双相轮流通电方式以及单、双相轮流通电方式三种。"单"是指每次切换前后只有一相绕组通电,"双"是指每次切换前后有两相绕组通电。定子绕组每改变一次通电状态,称为一拍。

现以三相步进电动机为例说明步进电动机的通电方式。

（1）单相轮流通电方式

通电相序为 A→B→C→A，因为定子绕组为三相，每次只有一相绕组通电，即一个循环内有三次通断电，故三相步进电动机的这种配电方式称为三相"单三拍"通电方式。同理，m 相步进电动机以单相轮流通电方式工作时的配电方式称为 m 相"单 m 拍"通电。

在单相轮流通电方式下，步进电动机的定子绕组在断电、通电期间，转子因定子"失磁"而不能保持"自锁"状态，易出现失步；另外，在一相绕组断电到另一相绕组通电期间，转子经历启动加速、减速至新平衡位置的过程，转子在新平衡位置时，会由于惯性而在平衡点产生振荡现象，运行稳定性差，因而这种通电方式在实际中很少采用。

（2）双相轮流通电方式

通电相序为 AB→BC→CA→AB，在这种通电方式下，每次有两相绕组同时通电，一个循环内仍有三次通断电，故称这种配电为三相"双三拍"通电方式。同理，m 相步进电动机以双相轮流通电方式工作时的配电方式称为 m 相"双 m 拍"通电。

在双相轮流通电方式下，在通断电切换时，始终有一相通电，且该相绕组产生的磁拉力起到了阻止转子继续向前转动的作用，使转子转动平稳，不易失步。另外，每次两相绕组同时通电，转子受到的感应力矩大，静态误差小，定位精度高。

（3）单双相轮流通电方式

通电相序为 A→AB→B→BC→C→CA→A，这种通电方式是上述两种通电方式的组合，每一个循环有六次通断电，故称为三相"单双六拍"通电方式。

从图 5.16 可以看出，三相步进电动机在三相"单双六拍"通电方式下的运行状况。当单相绕组通电时转子齿与通电相对齐处于稳定位置；双相通电时，转子将稳定停留在通电的 AB 两相绕组对称的中心位置。在三相"单双六拍"通电方式下，转子六步转过一个齿距角，在三相单（双）三拍通电方式下，转子三步转过一个齿距角，因此，三相六拍通电方式的步距角减小一半。

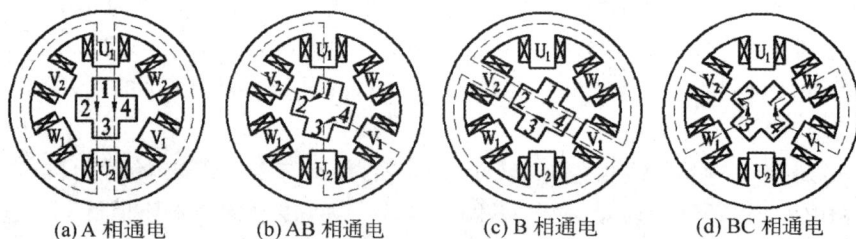

(a) A 相通电　　　(b) AB 相通电　　　(c) B 相通电　　　(d) BC 相通电

图 5.16　三相"单双六拍"通电方式电动机工作原理图

4. 实际应用步进电动机的结构

上述步进电动机的结构是为了讨论工作原理而进行了简化，实际的步进电动机步距角比较小，如图 5.17 所示。它的定子内圆和转子外圆上均有齿和槽，而且定子和转子的齿宽和齿距相等。定子小齿与转子小齿的相对位置有以下关系：当某一相磁极上的定子齿与转子小齿对齐时，下一相磁极上的齿刚好超前（或滞后）转子小齿 $1/m$ 齿距角，其中 m 为相数；再下一相磁极上的齿刚好超前（或滞后）转子小齿 $2/m$ 齿距角；以此类推。当定子绕组轮流通电时，转子就一步一步地转动，各相绕组轮流通电一次，则转子就转过一个齿距。

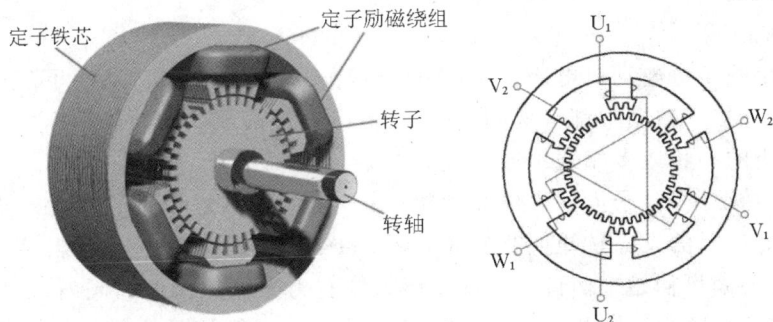

图 5.17 实际三相反应式步进电动机结构

这样,假设转子的齿数为 z,则齿距角 τ 为:

$$\tau = \frac{360°}{z} \tag{5.5}$$

因为每通电一次(即运行一拍),转子就转一步,故步距角 θ_b 为:

$$\theta_b = \frac{360°}{Kmz} \tag{5.6}$$

式中:K 为状态系数,相邻两次通电状态一致时 $K=1$,如单相或者双相轮流通电方式;若相邻两次通电状态一致时 $K=2$,如单双相轮流通电方式。

由式(5.2)可以看出,增加步进电动机的定子相数 m 和转子的齿数 z 可以减小步距角,有利于提高控制精度。但相数越多,电源及电动机的结构越复杂,造价越高昂。反应式步进电动机一般能做到六相,个别的也有八相或者更多相。增加转子齿数是减小步进电动机步距角的一个有效途径。对相同相数的步进电动机既可以采用单相或双相通电方式,又可以采用单双相通电方式控制驱动。所以,同一台电动机可有多个步距角。

如果控制步进电动机定子各相绕组轮流通电的脉冲频率为 f,步距角 θ_b 的单位为度,则步进电动机的转速 n 为

$$n = \frac{\theta_b f}{360°} \times 60 = \frac{60}{Kmz} f \tag{5.7}$$

式中:n 的单位为 rpm。

可见,步进电动机定子绕组通电状态的改变速度越快,其转子旋转的速度越快。

5.3.2 步进电动机工作特性

在负载能力范围内,步进电动机转子的旋转速度正比于脉冲信号的频率,总位移量取决于总的脉冲个数,即控制输入脉冲的个数、频率和定子绕组的通电方式,就可控制步进电动机的角位移量、旋转速度和旋转方向。

步进电动机具有快速启停、高精度、可以不需要位移传感器就可达到较精确定位等优点,因而在需要精确定位的场合得到了广泛的应用。

步进电动机的主要缺点是效率低,高频时易出现失步(电动机运转的步数不等于理论上的步数称为失步,失步包括丢步和越步)现象,不适用于需高速运行的场合,并且需要专用的电脉冲信号,在运行中会出现共振和振荡问题。

步进电动机的主要工作特性说明如下。

1. 矩角特性

矩角特性反映步进电动机电磁转矩 T 随偏转角 θ 的变化关系,反映了步进电动机带负载的能力,通常在技术数据中都有说明,它是步进电动机最主要的性能指标之一。

步进电动机的一相或多相绕组通入直流电流,且不改变通电状态,这时转子将固定在某一位置,在空载情况下,转子齿和通电相磁极上的小齿对齐,这个位置称为步进电动机的初始平衡位置。静态时的反应转矩叫静转距,在理想空载时静转距为零。当转子上有负载作用时,转子齿就要偏离初始平衡位置。由于磁力线有力图缩短偏差的倾向,从而产生电磁转矩,直到这个转矩与负载转矩相平衡。转子齿偏离初始平衡位置的角度叫做偏转角 θ(空间角),若用电角度 θ_e 表示偏转角,则定子每相绕组循环通电一周(360°电角度),对应转子在空间转过一个齿距角($\tau = 360°/z$),故电角度是空间角度的 z 倍,即 $\theta_e = z\theta$。可以证明,此曲线可近似地用一条正弦曲线来表示,如图 5.18 所示。从图中可以看出,θ_e 达到 $\pm\pi/2$ 时,即在定子齿与转子齿错过1/4个齿距时,转矩 T 达到最大值,称为最大静转距 T_{sm}。步进电动机的负载转矩必须小于最大静转距,否则,根本带不动负载。为了能稳定运行负载,转矩一般只能是最大静转距的 30%~50%。

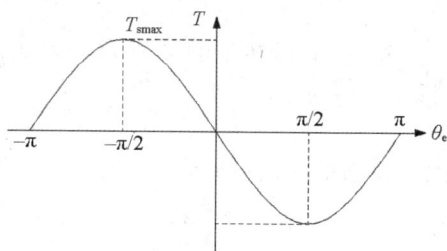

图 5.18　步进电动机的矩角特性

2. 启动特性

步进电动机的启动特性反映了步进电动机启动时带负载的能力,它也是步进电动机最主要的性能指标之一,其可以用启动矩频特性、启动惯频特性和启动频率来描述。

(1) 启动矩频特性

启动矩频特性在给定驱动电源的条件下,负载转动惯量一定时,启动频率 f_{st} 与负载转矩 T_L 的函数关系为 $f_{st} = f(T_L)$,称作启动矩频特性。如图 5.19 所示,转动惯量一定时,随着负载转矩的增加,其启动频率是下降的。

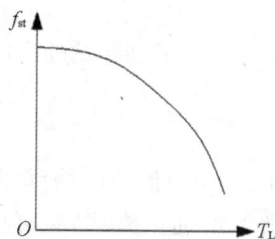

图 5.19　启动矩频特性

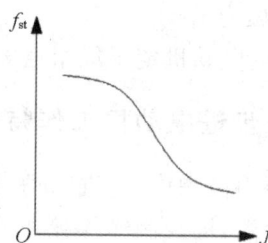

图 5.20　启动惯频特性

(2) 启动惯频特性

在给定驱动电源的条件下,负载转矩不变时,启动频率 f_{st} 与负载转动惯量 J 的函数关系为 $f_{st} = f(J)$,称作启动惯频特性。如图 5.20 所示,负载转矩不变时,随着转动惯量的增加,启动频率也是下降的。

（3）步进电动机由静止突然启动时，不失步地进入正常运行状态，所能加的最高控制频率称为启动频率或突跳频率。启动频率与负载大小有关，因而指标分空载启动频率 f_{st0} 和负载启动频率 f_{stL}。负载启动频率 f_{stL} 比空载启动频率 f_{st0} 低得多，例如 70BF03 步进电动机，$f_{st0}=2000\text{Hz}$，在 $0.1176\text{N}\cdot\text{m}$ 的负载下启动频率 $f_{stL}=1000\text{Hz}$。提高启动频率的方法主要有：增大步进电动机的最大静转矩；减小转动部分的转动惯量；增加拍数，减小步距角。

3. 运行频率特性

运行频率特性反映了步进电动机在最高转速时的带负载能力，它也是步进电动机最主要的性能指标之一。

步进电动机启动后，当控制电源的脉冲频率连续提高时，在一定性质和大小的负载下，步进电动机能正常连续运行时（不丢步、不越步）所能加到的最高频率称为最高连续运行频率或最高跟踪频率 f_r。最高连续运行频率与负载的大小有关，一般分空载运行频率 f_{r0} 和额定负载运行频率 f_{rL}。空载运行频率 f_{r0} 远大于额定负载运行频率 f_{rL}，例如，步进电动机 70BF03，其空载运行频率为 $f_{r0}=16000\text{Hz}$，额定负载运行频率为 $f_{rL}=4000\text{Hz}$。最高连续运行频率是步进电动机的重要技术指标。

4. 矩频特性

矩频特性描述的是步进电动机在负载转动惯量一定且稳定运行时的最大输出转矩与脉冲信号频率的关系，反映了步进电动机稳定运行时的带负载能力，也是步进电动机最主要的性能指标之一。

当脉冲信号频率很低时，控制脉冲以矩形波输入，定子绕组中的电流波形比较接近于理想的矩形波，如图 5.21（a）所示。如果脉冲信号频率增加，由于定子绕组中的电感有阻止电流变化的作用，因此电流波形发生畸形，变成图 5.21（b）所示波形。在通电开始时，电流上升缓慢，使转矩下

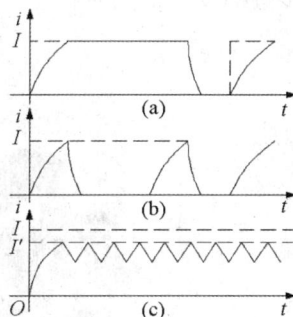

图 5.21 不同频率脉冲信号的畸变

降，启动转矩减小，有可能动不起来。在断电时，电流不能迅速下降，而产生的反转矩使输出转矩变小。当脉冲频率高到一定频率时，则电流还来不及上升到稳定值 I 就开始下降，于是电流的幅值降到了 I'，变成如图 5.21（c）所示波形，进一步使电动机输出转矩减小。故频率越高，平均电流越小，输出的转矩就越小。

步进电动机绕组的电感和驱动电源的电压对矩频特性影响很大，低电感和高电压时将获得下降缓慢的矩频特性。如图 5.22 所示，在低频区，矩频曲线比较平坦，步进电动机保持额定转矩；在高频区，矩频曲线急剧下降，表明步进电动机高频特性很差。故步进电动机无论从静止状态到高速旋转状态，还是从高速旋转状态到静止状态都需要一个过程。没有加、减速过程或加、减速不当，步进电动机都会出现失步状态。

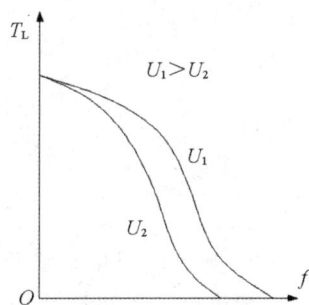

图 5.22 连续运行矩频特性

5. 定位精度

步进电动机精度有两种表示方法：

（1）最大步距误差：指电动机旋转一周，相邻两步之间最大步距角和理想步距角的差值。

（2）最大累积误差：指在旋转一周内从任意位置开始经过任意步之后,角位移误差的最大值。步进电动机步距的误差不会无限累加,只会在一周的范围内存在一个最大累加误差。因为转子转过一周后,会回到上一周的稳定位置。

步距误差和累积误差是两个概念,在数值上也就不一样,也就是说,精度的定义没有完全统一。大多数情况来说,使用累积误差来衡量精度比较方便。

对于所选用的步进电动机,其步距精度为：

$$\Delta\theta = i(\Delta\theta_L) \tag{5.8}$$

式中：$\Delta\theta_L$ 为负载轴上所允许的角度误差；$i = 0, 1, 2\cdots, n_b$, n_b 是旋转一周对应的步数。

影响步距误差的主要因素有转子齿的分度精度、定子磁极与齿的分度精度、铁芯叠压及装配精度、气隙的不均匀程度、各相激磁电流的不对称度等。

5.3.3 步进电动机选型和应用实例

1. 典型步进电动机产品与步进驱动器

如图 5.23 所示,罗列了应用较为广泛的步进驱动系统——日本山社电动机 MA2202 系列的步进驱动产品与具体型号说明。

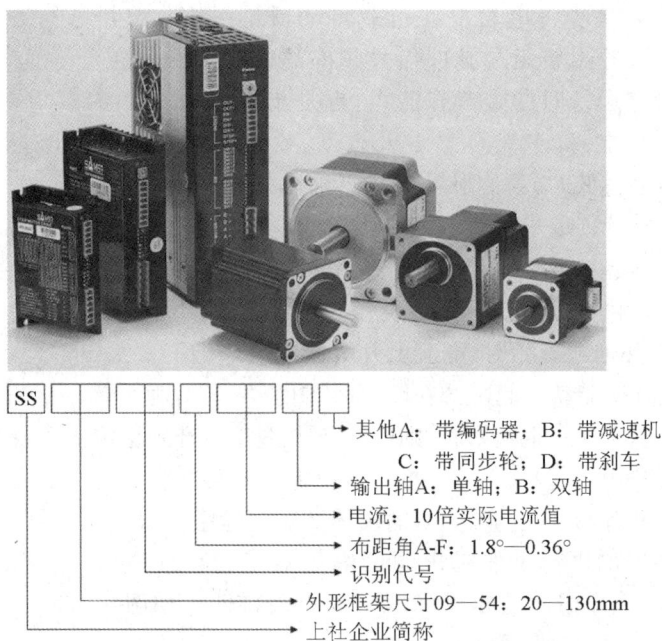

图 5.23 典型步进驱动产品及选型

2. 典型步进电动机驱动器的结构原理

步进电动机驱动器是一种将电脉冲转化为角位移的执行机构。当步进驱动器接收到一个脉冲信号,它就驱动步进电动机按设定的方向转动一个固定的角度（称为"步距角"）,它的旋转是以固定的角度一步一步运行的。可以通过控制脉冲个数来控制角位移量,从而达到准确定位的目的；同时可以通过控制脉冲频率来控制电动机转动的速度和加速度,从而达到调速和定位的目的。

如图 5.24 所示是步进电动机的驱动系统。驱动器中又包括脉冲分配器和功率放大区两大部分。脉冲分配器的功能是将脉冲按规定的方式分配给步进电动机;功率放大器的功能是将脉冲分配器的输出信号进行功率放大,以驱动步进电动机运行。

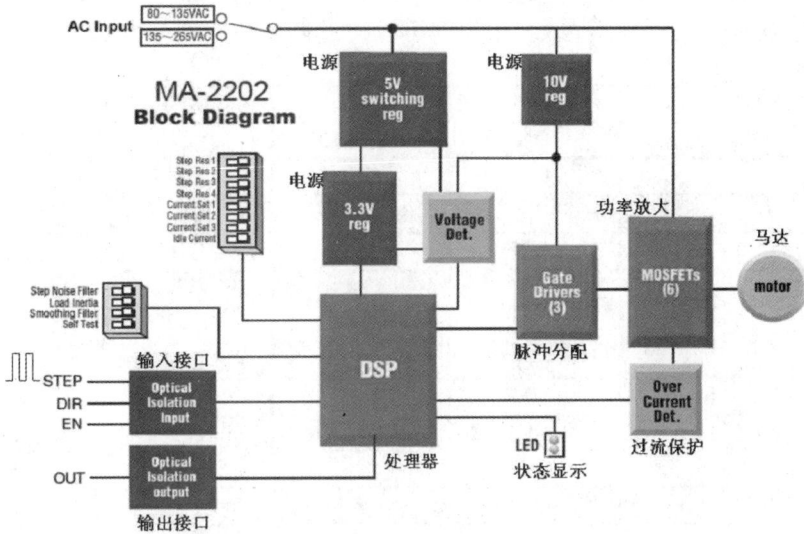

图 5.24 典型步进驱动器结构原理图

2. 步进电动机应用接线原理说明

下面以常用的 MA2202 型两相步进电动机及其专用驱动器为例,说明它们之间的连线及其使用方法。如图 5.25 所示为步进电动机与驱动器的连线。

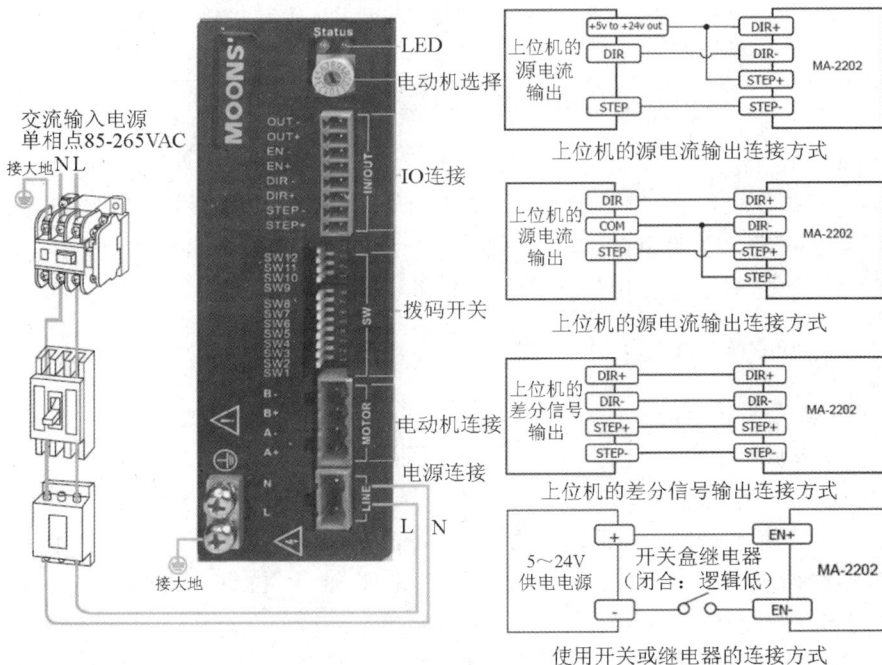

图 5.25 步进电动机与驱动器的连线

另外,一般驱动器面板上还会有一些拨码开关,可以进一步对驱动器进行设置。如图5.26 所示的步距角细分功能,即通过调节一组拨码开关可以设定步进电动机每转一圈所需走的步数,步数越多,步距角越小,电动机运行越平稳,精度越高。还有比如输出电流控制、空闲电流、数字滤波和抗共振等参数,用户都可以通过调节一组拨码开关来进行设置。

细分(步/转)	SW1	SW2	SW3	SW4
200	ON	ON	ON	ON
400	OFF	ON	ON	ON
800	ON	OFF	ON	ON
1600	OFF	OFF	ON	ON
3200	ON	ON	OFF	ON
6400	OFF	ON	OFF	ON
12800	ON	OFF	OFF	ON
25000	OFF	OFF	OFF	ON
1000	ON	ON	ON	OFF
2000	OFF	ON	ON	OFF
4000	ON	OFF	ON	OFF
5000	OFF	OFF	ON	OFF
8000	ON	ON	OFF	OFF
10000	OFF	ON	OFF	OFF
20000	ON	OFF	OFF	OFF
25000	OFF	OFF	OFF	OFF

图 5.26 步进驱动器的步距角细分设置

5.4 舵机工作原理与应用

舵机也称伺服舵机,是由直流电动机、减速齿轮组、位置传感器和控制电路组成的一种微型直流伺服电动机。一般而言,舵机只能在一定角度内转动,不能连续转动,也就是说都有最大旋转角度。它的主要应用是机器人关节和航模方向舵等。

5.4.1 舵机的结构与工作原理

1. 舵机的结构部件与功能

如图 5.27 所示,舵机内部包括一个小型空心杯直流电动机、一组变速齿轮组、一个反馈可调电位器、一块电路控制板及外壳。其内部各部件的功能说明如下:

(1)空心杯直流电动机:舵机的动力元件,为输出轴转动提供原始动力。具体空心杯直流电动机的结构原理如图 5.27 所示,主要由轴、机壳、轴承、拉管、永磁体、空心绕组、骨架、换向片、电刷和后盖组成。

(2)减速齿轮组:舵机的减速和增力元件,对直流电动机的输出转速进行减速,对输出扭矩进行放大,从而得到舵机的较大扭矩的输出。

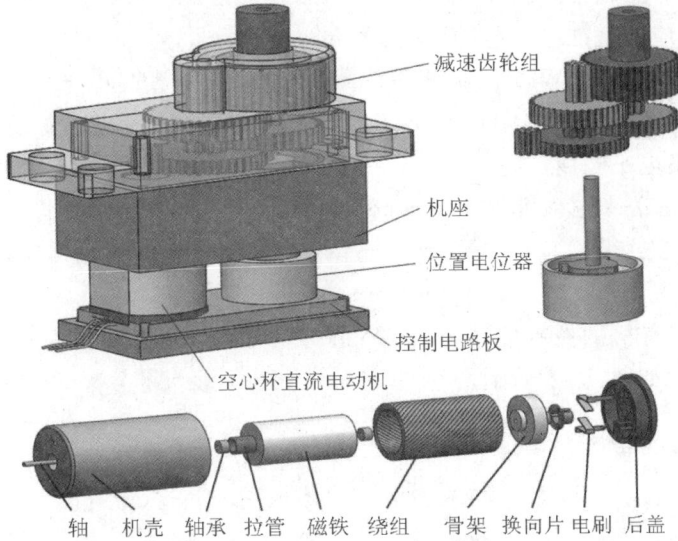

图 5.27 舵机结构原理图

（3）位置电位器：舵机的位置反馈元件，具有三个引出端的电阻元件，其阻值可随输出轴转角的变化而有规律地变化。电位器通常由电阻体和可移动的电刷组成，当电刷沿电阻体移动时，在输出端即获得与位移量成一定关系的电阻值或电压。

（4）控制电路：舵机的控制元件，主要根据电位器反馈回来的转轴位置判断当前位置并决定电动机转动的方向和速度，从而达到目标角度。

2. 舵机的工作原理

舵机的电路结构主要由位置电位器 R_{w1}、解调电路芯片 BA6688L（脉冲发生器）和电动机驱动集成电路 BA6686 组成。具体工作原理可以描述为：

（1）舵机的位置指令是一组脉冲，其脉冲宽度对应舵机具体转角位置。

（2）舵机的输出反馈（转角位置）为电位器 R_{w1} 的分压，是一个直流量。

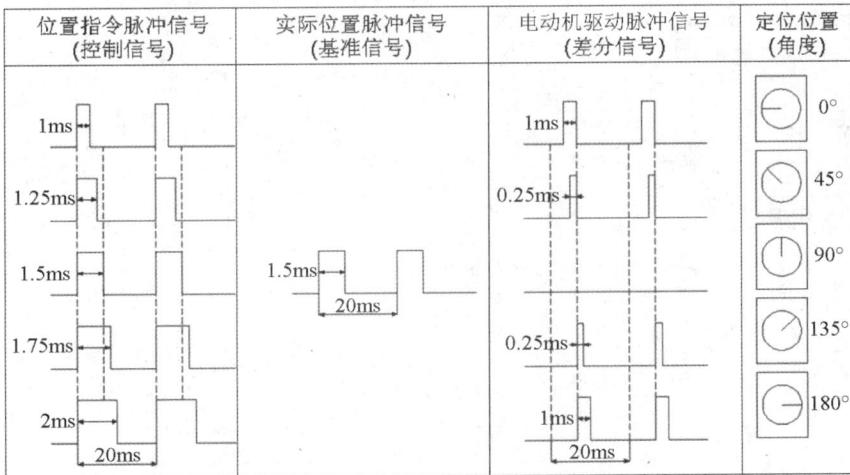

图 5.28 舵机输出转角与输入控制脉冲的关系

（3）舵机的转角位置反馈（电位器 R_{w1} 的分压）由 10、8 和 6 脚进入 BA6688L 芯片，获得一个与实际位置对应的基准电压脉冲（周期 20ms）。

（4）舵机的位置指令（PWM 控制脉冲信号，周期 20ms，其高电平脉冲宽度从 1～2ms）由针脚 12 进入信号解调电路芯片 BA6688L，与基准电压脉冲相比较，获得电压差（差分脉冲信号，周期 20ms，高电平宽度－0.5～0.5ms），并由 BA6688L 的针脚 3 输出。

（5）输出电压差送入电动机驱动 BA6686 芯片，以驱动电动机正反转。

（6）当电动机通过级联减速齿轮带动电位器 R_{w1} 旋转，直到电压差为 0，电动机停止转动。

根据上述表述，舵机的控制信号为 PWM 脉冲信号，其脉冲信号的占空比对应电动机的具体位置，具体表述如图 5.28 所示。

5.4.2　舵机选型和应用

1. 舵机的接线原理

典型的伺服舵机产品与接线原理如图 5.29 所示。舵机有三条控制线，分别为电源 V_{cc}、地线 GND 及控制信号线 IN。电源与地线用于提供内部的直流马达及控制线路所需的能源，控制信号线用于控制舵机输出臂转过的角度。

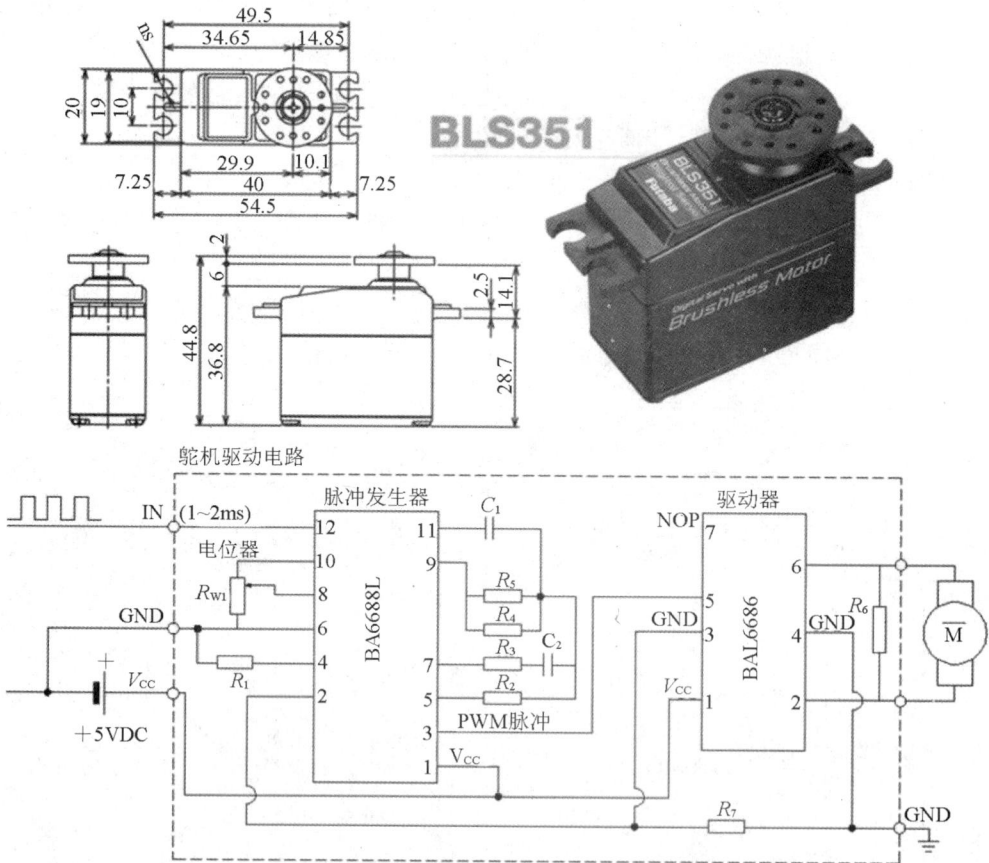

图 5.29　伺服舵机产品与接线原理图

2. 舵机的规格和选型

目前使用的舵机有模拟舵机和数字舵机之分,不过数字舵机还是相对较少。常见的舵机厂家有:日本的 Futaba、JR、SANWA 等,国产的有北京的新幻想、吉林的振华等。对舵机进行选型时要对以下几个方面进行综合考虑。

(1) 工作转速:舵机工作转速的选择由机构运动最大速度决定。由于工作转速是由舵机无负载的情况下转过 60°角所需时间来进行衡量的,常见舵机的工作转速一般在 $0.11s/60°\sim0.21s/60°$。

(2) 工作扭力:舵机工作扭力的选择由机构运动的最大负载力矩决定。一般情况下选型要有 150% 左右甚至更大的扭矩余量。

(3) 工作电压:舵机的工作电压对性能有重大的影响。舵机的工作转速、扭矩数据和工作电压有关,在 4.8V 和 6V 两种测试电压下这两个参数有比较大的差别。如 Futaba S-9001 在 4.8V 时扭力为 3.9kg、速度为 0.22s,在 6.0V 时扭力为 5.2kg、速度为 0.18s/60°。若无特别注明,JR 的舵机都是以 4.8V 为测试电压,Futaba 则是以 6.0V 作为测试电压。

(4) 尺寸、重量和材质:舵机的功率(速度×转矩)和尺寸比值可以理解为该舵机的功率密度。一般同样品牌的舵机,功率密度大的价格高。塑料齿轮的舵机在超出极限负荷的条件下使用可能会崩齿,金属齿轮的舵机则可能会因电动机过热损毁或外壳变形。所以,材质的选择并没有绝对的倾向,关键是将舵机使用在设计规格之内。

课后习题和动手实践题

课后习题

习题 5-1 通过分析步进电动机的工作原理和通电方式,可得出哪几点结论?

习题 5-2 一台五相反应式步进电动机,采用五相十拍运行方式时,步距角为 1.5°,若脉冲电源的频率为 3000Hz,试问转速是多少?

习题 5-3 一台五相反应式步进电动机,其步距角为 1.5°/0.75°,该电动机的转子齿数是多少?

习题 5-4 步进电动机有哪些主要性能指标? 了解这些性能指标有何实际意义?

习题 5-5 步进电动机的运行特性与输入脉冲频率有什么关系?

习题 5-6 为什么多数数控机床的进给系统宜采用大惯量直流电动机?

习题 5-7 伺服电动机有哪几种控制方式?

习题 5-8 伺服电动机内部存在几个控制环?

习题 5-9 有刷和无刷直流伺服电动机的工作原理如何?

习题 5-10 交流异步式和同步式伺服电动机的工作原理如何?

习题 5-11 伺服舵机的工作原理如何?

动手实践题

（1）试一试，你能制造一台简易型伺服驱动器和伺服电动机吗？都需要哪些方面的知识？需要哪些元器件，大概多少费用？

（2）试一试，你能制造一台简易型步进驱动器和步进电动机吗？都需要哪些方面的知识？需要哪些元器件，大概多少费用？

（3）试一试，你能制造一台简易型舵机吗？都需要哪些方面的知识？需要哪些元器件，大概多少费用？

（4）试一试，你能用舵机来制造一个玩具机器人吗？需要哪些元器件，大概多少费用？

第6章　机电传动系统断续控制技术与应用

本章导读

机电传动系统的断续控制技术是指仅借助于简单的继电器与接触器等控制元件，实现对机电传动系统的起动、正反转、调速以及停车等控制。尽管这类控制技术速度较慢、控制精度较差，但它仍然是机电传动系统的主要控制方法之一，并且是可编程逻辑控制和计算机控制的基础。因此，学习机电传动系统断续控制技术与应用是非常必要的。

通过本章的学习，可以知晓如开关电源、断路器与熔断器、继电器与接触器、接近开关、位移传感器（光电旋转编码器、电涡流位移传感器和磁致伸缩位移传感器）等典型机电传动系统元件的结构、工作原理、接线原理和应用选型问题；可以了解到机电传动系统电气图纸识图规范；可以领会采用典型的电动机起动、正反转和调速控制回路设计原理。

学习思考

（1）机电传动系统主要包含哪些电气元件？

（2）开关电源的功能和工作原理如何？如何选型？

（3）断路器和熔断器的功能与工作原理如何？如何选型？

（4）继电器的功能与工作原理如何？如何选型？

（5）接触器的功能与工作原理如何？如何选型？和继电器有何区别？

（6）接近开关的功能与工作原理如何？如何选型？

（7）三种位移传感器的功能与工作原理如何？如何选型？

（8）如何对断续控制电路进行识图？

（9）如何进行电动机的起动控制电路设计？

（10）如何进行电动机的点动/连续运行控制电路设计？

（11）如何进行电动机的间歇运行控制电路设计？

（12）如何进行电动机的调速控制电路设计？

6.1 机电传动系统元件功能特点与应用

6.1.1 机电传动系统元件分类

正如绪论中所描述的,机电传动系统除了机械传动装置和能量转换装置(电动机)外,还有供能装置、传感器与检测装置和信息处理及控制装置。本章将要涉及的供能装置和传感器与检测装置、信息处理及控制装置(可编程逻辑控制技术)将在第 7 章叙述。

机电传动系统元件按用途,可以分为以下几种。

1. 供能电气元件

供能电气元件主要有开关电源、线性电源和变压器等。这类电气元件用来实现将三相交流电 380VAC 或两相交流电 220VAC 变换成各类控制电气元件和传感器的供电,如 24VDC、12VDC、±15VDC 等。

2. 控制电气元件

控制电气元件如按钮开关、信号灯、行程开关、继电器和接触器等。这类电气元件用来实现中间逻辑或远程逻辑,实现电动机的起动、反转、调速和制动等控制动作。

3. 保护电气元件

保护电气元件如熔断器、电流继电器和热继电器等。这类电器元件用来保护机电传动系统中的执行元器件(直流电动机和交流电动机等),使其在安全的电流、电压或者负载下稳定运行,以保护生产机械不被损坏。

4. 传感器与检测元件

传感器与检测元件如行程开关、接近开关、光电旋转编码器、电涡流位移传感器和磁致伸缩位移传感器等。这类电气元件用来定义生产机械的极限位置、到位检测、精确位置测量和工件位置测量等。

6.1.2 开关电源功能特点与应用

1. 开关电源功能简介

开关电源的实物和结构原理如图 6.1 所示,又称高频开关电源,是利用现代电力电子技术,由高频脉冲宽度调制(PWM)控制 IC 和 MOSFET 开通与关断的时间比率,维持稳定输出电压的一种电源。有关开关电源的详细工作原理请参考相关专业的书籍。

开关电源已广泛应用于工业自动化控制、军工设备、科研设备、LED 照明、工控设备、通信设备、电力设备、仪器仪表、医疗设备、半导体制冷制热、空气净化器、电子冰箱、液晶显示器、视听产品、安防监控等领域。

2. 开关电源应用选型说明

开关电源的生产商非常多,国内技术也已经比较成熟,其中较为经济常用的品牌有:日本欧姆龙(OMRON)、国产品牌等。鉴于开关电源种类繁多,本书以工程实际中常用的欧姆龙(OMRON)开关电源产品为例说明具体选型。图 6.1 给出了 OMRON S8JX - G 型开关电源选型参数,主要包括产品型号标识、额定功率、输出电压、结构标识和安装方式等。

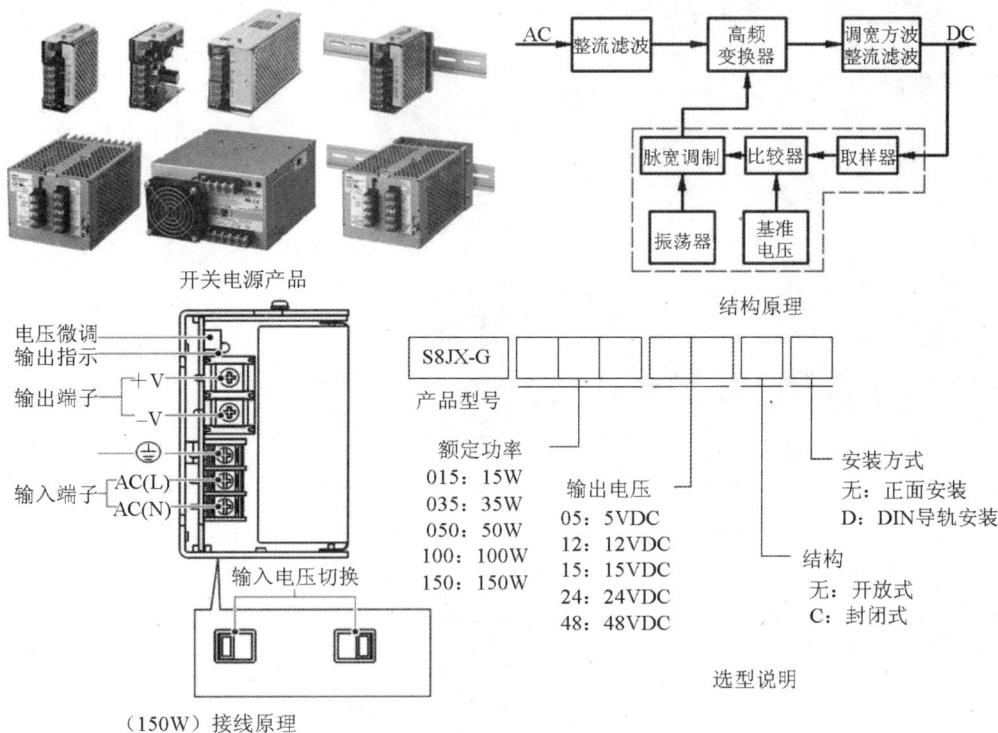

图 6.1 开关电源功能特点与选型说明

需要注意的是：实际应用选型时应综合考虑成本和具体性能要求，并以相关生产商的产品样本数据为准。

6.1.3 断路器和熔断器功能特点与应用

1. 断路器功能特点与应用

断路器是能够接通和断开主电路的开关电器，能够在主电路过载、短路和欠电压时自动断开电路。低压断路器俗称自动开关或空气开关，用于低压配电电路中不频繁的通断控制。

（1）断路器分类和电气符号

低压断路器的种类很多，其实物与电气符号如图 6.2 所示，主要有以下几种分类方法。

① 按性能分为普通式和限流式两种。限流式断路器一般具有特殊结构的触头系统，当短路电流通过时，触头在电动力作用下斥开而提前呈现电弧，利用电弧电阻来快速限制短路电流的增长。限流式断路器比普通式断路器有较大的开断能力，并能快速限制短路电流对被保护线路的电动力和热效应的作用。例如，额定电流为 100A 的普通式塑料外壳式断路器，短路通断能力约为 12kA，而限流式断路器则可达 30kA。

② 按用途分为导线保护型、配电用型、电动机保护型和漏电断路型。如表 6.1 所示，导线保护用断路器主要用于照明线路和保护家用电器，额定电流在 6～125A 范围内；配电用断路器主要用于低压配电系统中的过载、短路和欠电压保护，也可用作额定电流为 200～4000A，不频繁操作的电路保护；电动机保护用断路器主要用于不频繁操作场合电动机的保护，额定电流一般为 6～63A；漏电保护断路器主要用于防止漏电，保护人身安全，额定电流多在 63A 以下。

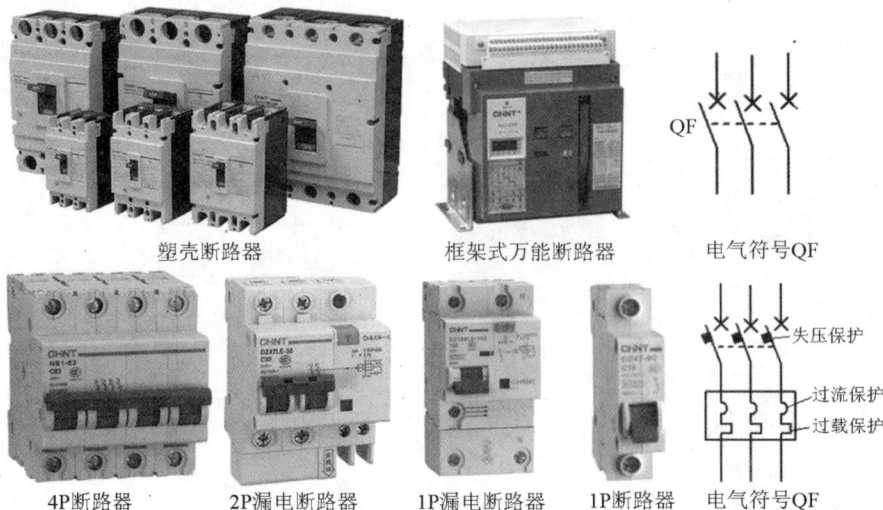

图 6.2 各种类型的断路器实物和电气符号

表 6.1 断路器按用途分类

断路器类型	电流范围	保护特性			主要用途
配电保护	交流 200～400A	选择型 B 类	二段保护	瞬时 短延时	电源总开关 支路近电源端开关
			三段保护	瞬时 短延时 长延时	
		非选择型 A 类	限流型	长延时	支路近电源端开关 支路电源末端开关
			一般型	瞬时	
	直流 600～5000A	快速型	有极性，无极性		保护晶闸管变流设备
		一般型	瞬时，长延时		保护一般直流设备
电动机保护	交流 60～600A	直接启动	一般型	$(8\sim15)I_N$	保护笼型电动机
			限流型	$12I_N$	保护笼型电动机，近变压器端
		间接启动	$(3\sim8)I_N$		保护笼型和绕线型电动机
照明保护	交流 5～50A	过载长延时，短路瞬时			单极，照明保护，建筑电气设备 与信号二次回路
导线保护					
漏电保护	交流 20～200A	15mA，30mA，50mA，75mA，100mA，0.1s 内分断			确保人生安全，防止火灾

③ 按照结构分为框架式和塑料外壳式两种。框架式断路器所有结构元件都装在同一框架或底板上，可有较多结构变化方式和较多类型脱扣器，一般大容量断路器多采用框架式结构；塑料外壳式断路器所有结构元件都装在一个塑料外壳内，结构紧凑、体积小，一般小容量断路器多采用塑料外壳式结构。

（2）工作原理

如图 6.3 所示为低压断路器工作原理,主要由触点系统、操作机构、脱扣器和灭弧装置等组成。图中 1 为主触点,2 为锁键,3 为搭构(自由脱扣机构),4 为转轴,5 为杠杆,6 为复位弹簧,7 为过电流脱扣器,8 为欠电压脱扣器,9 和 10 为衔铁,11 为弹簧,12 为热脱扣器,13 为热脱器元件,14 为分励脱扣器,15 为按钮,16 为电磁铁。其各部分结构作用与功能说明如下。

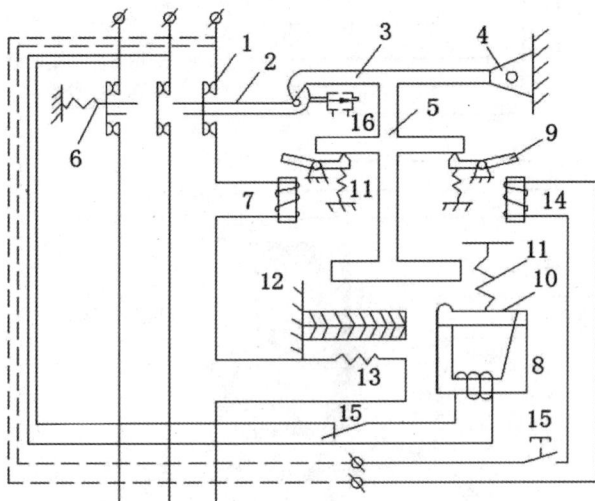

图 6.3　断路器工作原理示意(闭合位置)

① 主开关触头:也称主闸,由元件 1、2、3、4、5 和 6 组成,靠操作机构手动或电动操作闭合,主开关触头闭合后,自由脱扣机构将触头锁在合闸位置上。

② 过电流脱扣器:用于线路的短路和过电流保护,由元件 7、9、11 和 5 组成。当线路的电流大于整定电流值时,过电流脱扣器的电磁线圈产生电磁力使主开关触头脱扣,实现断路器的跳闸功能。

③ 热脱扣器:用于线路的过负荷保护,工作原理和热继电器相同,主要由元件 12、13 和 5 组成。

④ 失压(欠电压)脱扣器:用于失压保护,主要由元件 8、10、11 和 5 组成。失压脱扣器的线圈直接接在电源上,处于吸合状态,断路器可以正常合闸。当停电或电压很低时,失压脱扣器的吸力小于弹簧的反力,弹簧使动铁芯向上使挂钩脱扣,实现短路器的跳闸功能。

⑤ 分励脱扣器:用于远方跳闸,主要由元件 9、11、14、15 和 5 组成。当在远方按下按钮时,分励脱扣器得电产生电磁力,使其脱扣跳闸。

（3）断路器的选型应用及注意事项

低压断路器的型号种类很多,参考目前国内较为常用的"正泰电器 CHNT"及其相关产品,其产品选型型号含义如图 6.4 所示。图中,企业特征代码"N"代表企业标准,"D"代表国家标准;断路器型号"M"和"Z"代表塑料壳断路器,"W"和"A"代表万能断路器,"B"代表小型断路器;设计序号是企业产品的设计系列序号;壳架额定电流等级表示该系列断路器的最大额定电流数值,实际产品中会有补充说明,如图中"C32"表示整定电流 32A;

脱扣器方式有欠电压脱扣、分励脱扣、电磁脱口和热磁脱扣方式,具体说明详见选型说明书。

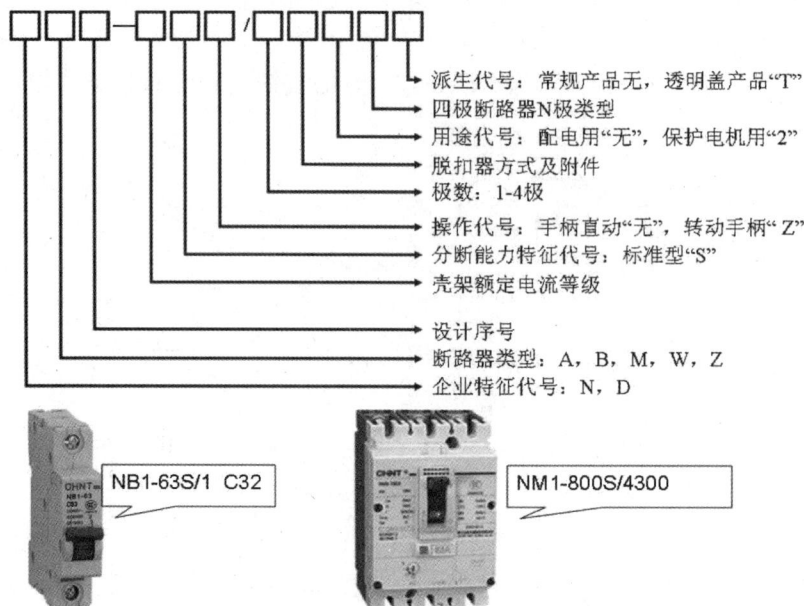

图 6.4　断路器产品选型及说明

低压断路器的选用应注意以下几个问题:

① 断路器类型的选择:应根据使用场合和保护要求来选择。短路电流不大的场合,一般选用塑料外壳式断路器;额定电流比较大,则选用万能式断路器;短路电流很大,则选用限流式断路器;有漏电保护要求时,还应选择漏电保护式断路器。控制和保护含有半导体器件的直流电路时应选用直流快速断路器等。

② 断路器额定电压、额定电流应大于或等于线路、设备的正常工作电压和工作电流。

③ 断路器极限通断能力大于或等于电路最大短路电流。

④ 欠电压脱扣器额定电压等于线路额定电压。

⑤ 过电流脱扣器的额定电流大于或等于线路的最大负载电流。

2. 熔断器工作原理与应用

熔断器主要由熔体、外壳和支座三部分组成,其中熔体是控制熔断特性的关键元件。熔体的材料、尺寸和形状决定了熔断特性。熔体材料分为低熔点和高熔点两类。低熔点材料如铅和铅合金,其熔点低,容易熔断,由于其电阻率较大,故制成熔体的截面尺寸较大,熔断时产生的金属蒸气较多,只适用于低分断能力的熔断器。高熔点材料如铜、银,其熔点高,不容易熔断,但由于其电阻率较低,可制成比低熔点熔体较小的截面尺寸,熔断时产生的金属蒸气少,适用于高分断能力的熔断器。熔体的形状分为丝状和带状两种。改变截面的形状可显著改变熔断器的熔断特性。

(1) 熔断器的分类与电气符号

熔断器的种类很多,其实物与电气符号如图 6.5 所示,主要有以下几种类型。

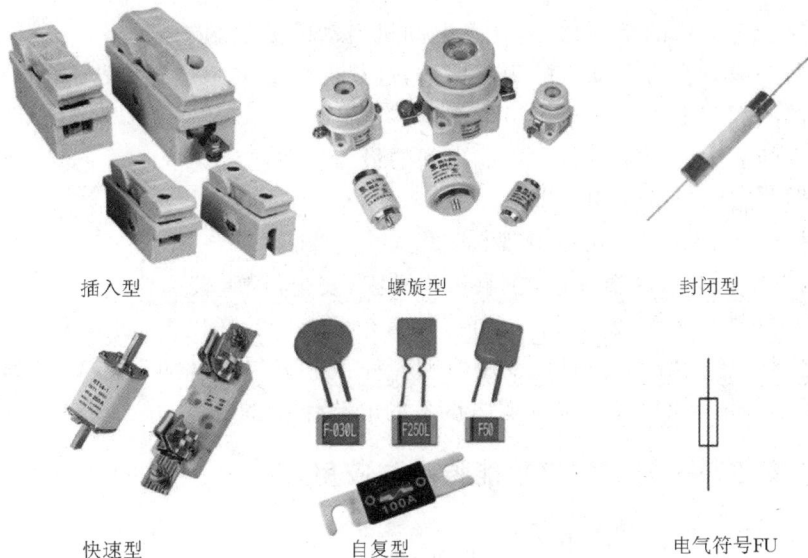

插入型　　　　　　　螺旋型　　　　　　封闭型

快速型　　　　　　　自复型　　　　　　电气符号FU

图 6.5　熔断器实物和图形符号

① 插入式熔断器：它常用于 380V 及以下电压等级的线路末端，作为配电支线或电气设备的短路保护作用。

② 螺旋式熔断器：熔体的上端盖有一熔断指示器，一旦熔体熔断，指示器马上弹出，可透过瓷帽上的玻璃孔观察到，它常用于机床电气控制设备中。螺旋式熔断器分断电流较大，可用于电压等级 500V 及其以下、电流等级 200A 以下的电路中，作短路保护。

③ 封闭式熔断器：分为有填料熔断器和无填料熔断器两种。有填料熔断器一般用方形瓷管，内装石英砂及熔体，分断能力强，用于电压等级 500V 以下、电流等级 1kA 以下的电路中。无填料密闭式熔断器将熔体装入密闭式圆筒中，分断能力稍小，用于电压等级 500V 以下、电流等级 600A 以下的电力网或配电设备中。

④ 快速熔断器：主要用于半导体整流元件或整流装置的短路保护。由于半导体元件的过载能力很低，只能在极短时间内承受较大的过载电流，因此要求短路保护具有快速熔断的能力。快速熔断器的结构和有填料封闭式熔断器基本相同，但熔体材料和形状不同，它是以银片冲制的有 V 形深槽的变截面熔体。

⑤ 自复熔断器：采用金属钠作熔体，在常温下具有高电导率。当电路发生短路故障时，短路电流产生高温使钠迅速汽化，汽态钠呈现高阻态，从而限制了短路电流。当短路电流消失后，温度下降，金属钠恢复原来的良好导电性能。自复熔断器只能限制短路电流，不能真正分断电路。其优点是不必更换熔体，能重复使用。

（2）熔断器选型及注意事项

熔断器选用的一般原则主要有：

① 应根据使用条件确定熔断器的类型，根据不同厂家确定不同型号。

② 应先选定熔体的规格，然后再根据熔体去选择熔断器的规格。

③ 熔断器的保护特性应与被保护对象的过载特性有良好的配合。

④ 在配电系统中各级熔断器应相互匹配，一般上一级熔体的额定电流要比下一级熔体

的额定电流大 2~3 倍。

⑤ 对于保护电动机的熔断器,应注意电动机启动电流的影响。

⑥ 熔断器一般只作为电动机的短路保护,过载保护应采用热继电器。

⑦ 熔断器的额定电流应不小于熔体的额定电流。

⑧ 额定分断能力应大于电路中可能出现的最大短路电流。

3. 断路器与熔断器的应用区别

根据上述的分析与对比,可以发现:

(1) 断路器结构较熔断器复杂,主触头不外露,安全可靠,较适合强电(大于 220V 场合)回路保护;熔断器结构体积较小,易于集成,较适合弱电(220V 以下)回路保护。

(2) 断路器广泛应用于电动机、变压器和各种强电电气设备的电路保护,熔断器则广泛应用于控制器、驱动器和集成电路等弱电设备的电路保护。

6.1.4 按钮开关与信号灯功能特点与应用

1. 按钮开关功能简介与应用

(1) 按钮开关功能简介

按钮开关是指利用按钮推动传动机构,使动触点与静触点按接通或断开的方式实现电路切换的开关。在自动控制电路中,属于起发号施令作用的电器,即是一种主令电器。虽然按钮开关外观各异,但主要有自锁式和点动式两种按钮,其实物、结构和工作原理如图 6.6 所示。

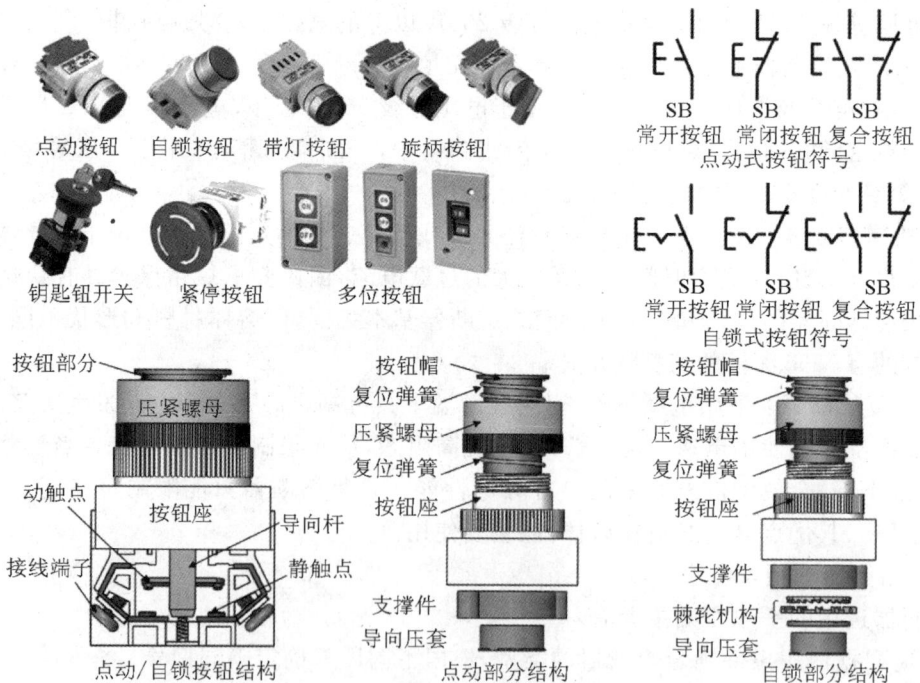

图 6.6 按钮开关实物、图形符号、结构和工作原理图

如图 6.6 所示,按钮开关主要由按钮部分、压紧螺母,按钮座等组成。按钮座上装有动静触点装置,以实现触点的断开和闭合。按钮部分又可以分为点动和自锁两种机构,其中点动机构比较简单,自锁机构比较复杂(主要采用了类似圆珠笔芯的棘轮式往返机构)。按钮开关的主要功能是可以完成启动、停止等基本控制。通常每一个按钮开关有两对触点,每对触点由一个常开触点和一个常闭触点组成。当按下按钮,两对触点同时动作,常闭触点(动断触点)断开,常开触点(动合触点)闭合。复合按钮开关是将常开与常闭按钮开关组合为一体的按钮开关,即具有常闭触头和常开触头,可用于联锁控制电路中。

(2) 按钮开关应用选型说明

鉴于开关按钮种类繁多,依据相关国家标准,图 6.7 给出了按钮开关的型号含义,主要包括的参数有常开触头数、常闭触头数及结构形式等。此外,为了标明各个按钮的作用,避免误操作,通常将按钮帽做成不同的颜色,以示区别,其颜色有红、绿、黑、黄、蓝、白等。如红色表示停止按钮,绿色表示启动按钮等。

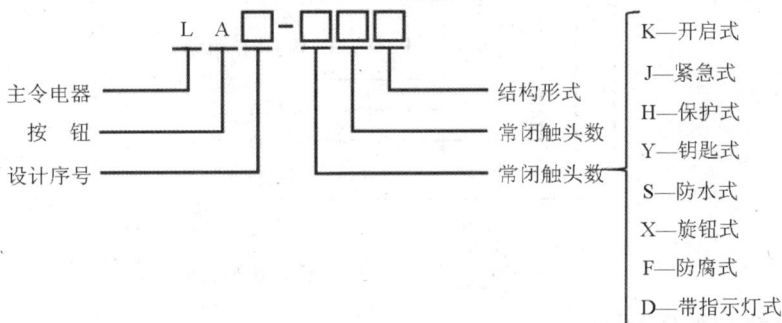

图 6.7　按钮开关的型号含义

按钮开关的选型原则一般有下面几点:

① 根据使用场合和具体用途选择按钮的类型。如控制台和操作面板上的按钮一般可用开启式;若需要显示工作状态,则用带信号灯;在有腐蚀的场所一般使用防腐式;在重要场所,为防止无关人员误操作,一般使用钥匙式。

② 按工作状态指示和工作情况要求选择按钮和信号灯的颜色。如停止或断开用红色;启动或接通用绿色;应急或干预用黄色。

③ 根据控制回路需要选择按钮的数量。根据具体的使用要求选择触点数量及触点形式。

需要注意的是:实际应用选型时应综合考虑成本和具体性能要求,并以相关生产商的产品样本数据为准。

2. 信号灯功能简介与应用

(1) 信号灯功能简介

信号灯又称指示灯,其实物和电气符号如图 6.8 所示,是通过电灯的亮灭指示机器及回路状态的电器元件。信号灯由灯座、灯罩、灯泡和外壳组成。信号灯通过亮灯时灯罩颜色的不同来显示电路中相关电器的开/关状态。灯罩用有色玻璃或塑料制成,通常有红、黄、蓝、绿、白、等多种颜色。灯泡的额定电压一般有 24VDC、220VAC 等。

(2) 信号灯应用选型说明

鉴于开关按钮种类繁多,依据相关国家标准,图 6.8 给出了按钮开关的型号含义,主要包括的参数有指示灯标识"XD"、结构特征"J"、设计序号、安装孔径（最为常用的是Φ22.5mm、Φ10mm 等）、灯泡形状代号和灯泡颜色代号。

需要注意的是：实际应用选型时应综合考虑成本和具体性能要求，并以相关生产商的产品样本数据为准。

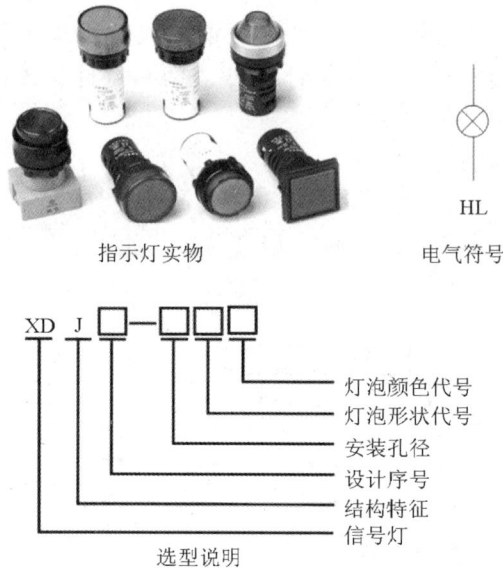

指示灯实物   电气符号

HL

XD J □—□□□

灯泡颜色代号
灯泡形状代号
安装孔径
设计序号
结构特征
信号灯

选型说明

图 6.8   指示灯实物、图形符号和选型说明

3. 行程开关功能简介与应用

（1）行程开关功能简介

行程开关，又称位置开关或限位开关，其实物、电气符号和选型说明如图 6.9 所示，是一种常用的小电流主令电器，其作用与按钮相似，只是不需手工按动其触点，而是利用生产机械运动部件的碰撞使其触头（见图 6.9 中的滚轮摆臂和推杆）动作来实现接通或分断控制电路，将机械信号转换为电信号，实现运动部件行程、方向和位置的控制。常见的行程开关有：机械式和电子式，机械式又可以分为直动式和滚轮摆臂式。

（2）行程开关应用选型说明

鉴于开关按钮种类繁多，依据相关国家标准，图 6.9 给出了按钮开关的型号含义，主要包括的型号参数有行程开关标识"LX"、设计序号、滚轮数目、滚轮位置和复位形式等。具体选型以各自生产商提供的产品样本为准。行程开关的主要技术参数有额定电压、额定电流、结构形式、常开触点对数、常闭触点对数、工作行程、超行程等。其中，由于机械的惯性运动，行程开关一般有一定的"超行程"以保护开关不受损坏。

行程开关的一般选型原则为：

① 根据使用场合和控制对象确定行程开关的种类。

② 根据使用环境，选择开启式或保护式等防护形式。

③ 根据控制电路的电压和电流选择系列。

④ 根据生产机械的运动特征，选择行程开关的结构形式，即操作方式。

⑤ 根据控制要求确定触点数量及其形式。

行程开关产品

常开 常闭 复合

电气符号 SQ

摆臂式　　　　直动式　　　　选型说明

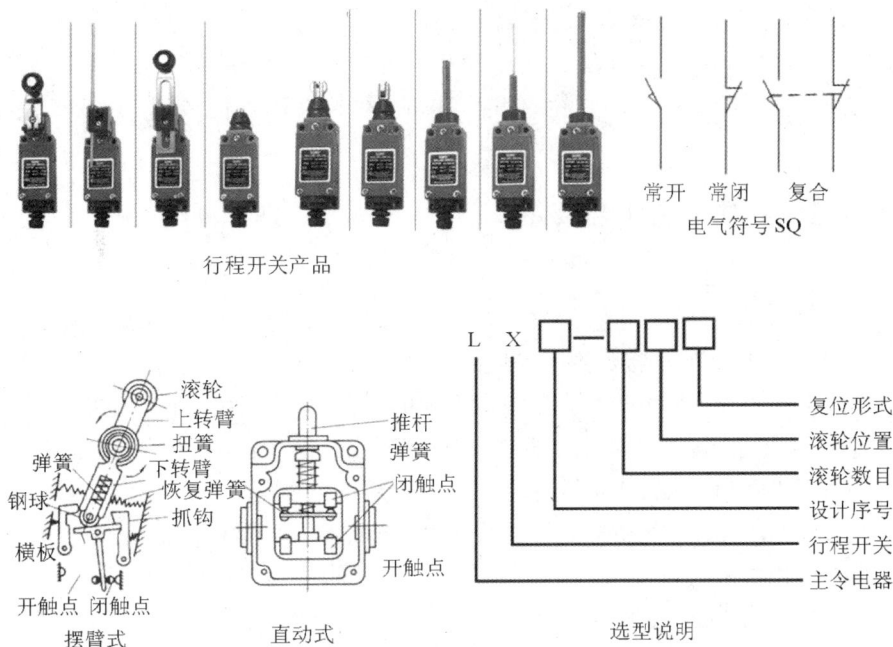

图 6.9　行程开关产品、电气符号和选型说明

需要注意的是：实际应用选型时应综合考虑成本和具体性能要求，并以相关生产商的产品样本数据为准。

4. 万能转换开关功能简介与应用

(1) 万能转换开关功能简介

万能转换开关是一种多档位且能对电路进行多种转换的主令电器，如图 6.10 所示，是由多组相同结构的触点组件叠装而成的多回路控制电器，主要用于各种配电装置和远距离控制，也可以作为电气测量仪表的转换开关或小容量电动机启动、制动、调速和换向控制。由于触点档次多，换接的线路多，用途广泛，故称为万能转换开关。

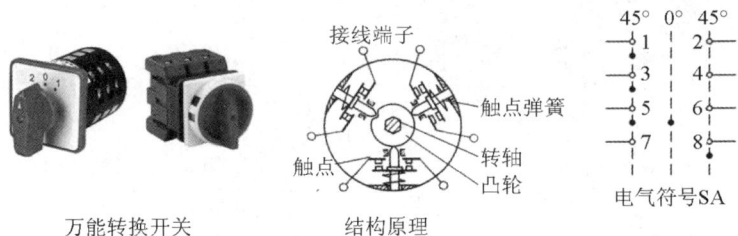

万能转换开关　　　结构原理

电气符号 SA

图 6.10　万能转换开关产品和结构原理图

(2) 万能转换开关应用选型说明

万能转换开关的主要技术参数有额定电压、额定电流、操作频率、每小时操作次数、电寿命、机械寿命等。其具体选型原则为：

① 根据额定电压和工作电流等参数选择合适的万能转换开关的系列。

② 按操作需要选择手柄形式及定位特征。

③ 选择面板形式及标志。

④ 按控制要求,确定触点数量和接线图编号。

⑤ 选择与万能转换开关相互配合使用的保护电器。

需要注意的是:实际应用选型时应综合考虑成本和具体性能要求,并以相关生产商的产品样本数据为准。

6.1.5 继电器功能特点与应用

1. 继电器功能与分类

继电器是一种电子控制器件,它具有输入回路(感应元件)和输出回路(执行元件),通常应用于自动控制电路中,当感应元件接收到系统某种变化时,执行元件动作接通或断开控制电路的电器。继电器实际上是用较小的电流去控制较大电流的一种"自动开关",在电路中起着自动调节、安全保护、转换电路等作用。继电器种类很多,应用也十分广泛,其分类形式说明如下:

(1) 按工作原理分为电磁继电器、感应继电器、热继电器等。

(2) 按控制的物理信号分为电流继电器、电压继电器、温度继电器、压力继电器、时间继电器、速度继电器和功率继电器等。

(3) 按用途分为控制用继电器、保护用继电器和中间继电器。

(4) 按动作时间分为瞬时继电器和延时继电器。

(5) 按照触点类型分为有触点继电器、无触点继电器和混合继电器。

下面按照工程实际应用中的常用程度,介绍各种继电器的功能与应用选型。

2. 中间继电器功能特点与应用

(1) 中间继电器功能简介

中间继电器的实物、结构原理、接线原理和电气符号如图 6.11 所示,是能够将一个输入

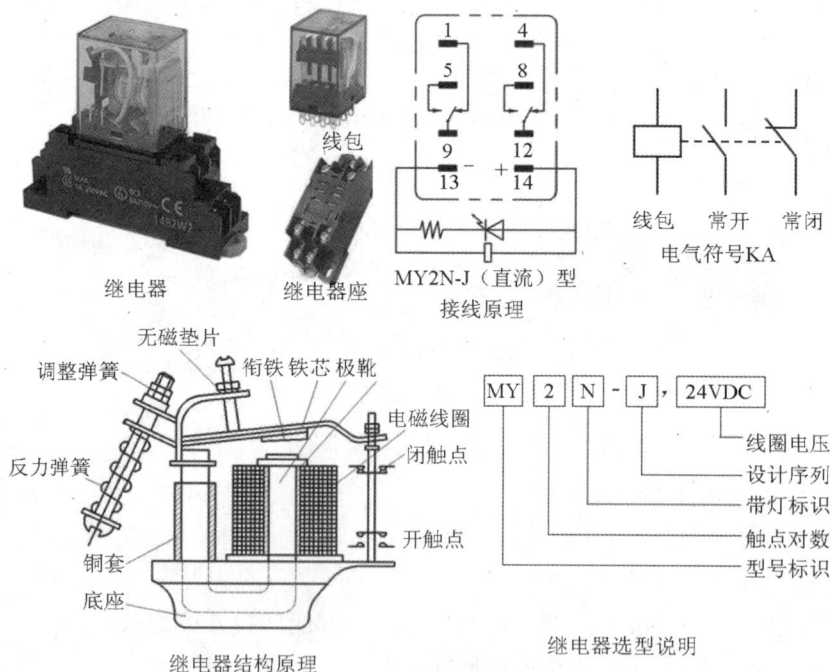

图 6.11　中间继电器功能特点和选型说明

信号变成多个输出信号或将信号放大的继电器。就结构而言,中间继电器由底座、钢套、弹簧、线圈、铁芯、衔铁和触点等组成。它的工作原理是:通电线圈产生吸力,将衔铁吸引带动触点组实现接触与断开。它实际上是一个电压继电器,但它的触点多、触点容量大,额定电流 5～10A,各触点的额定电流相同,是用来转换控制信号的中间元件。其主要用途是当其他继电器的触点数或触点容量不够时,可借助中间继电器扩大触点数或触点容量。

（2）中间继电器应用选型说明

鉴于中间继电器种类繁多,本书以工程实际中常用的欧姆龙（OMRON）中间继电器产品为例说明具体选型。图 6.11 给出了 OMRON MY2N-J 的型号参数含义,主要包括型号标识、触点对数、带灯标识、设计序列和线圈电压等。这里需要注意的是,MY2N-J,24VDC 仅是继电器线包订货型号参数,继电器座要另行订货,具体订货型号请参考 OMRON 中间继电器产品样本。

具体选用中间继电器时,应注意线圈的电流种类和电压等级应与控制电路一致,同时,触点的数量、种类及容量也要根据控制电路的需要来选定。如果一个中间继电器的触点数量不够用,可以将两个中间继电器并联使用,以增加触点的数量。

3. 热继电器功能特点与应用

（1）热继电器功能简介

热继电器是热过载继电器的简称,其实物、结构原理和电气符号如图 6.12 所示,是依靠电流通过发热元件时所产生的热量而动作的一种电器。热继电器结构简单、体积小、价格低和保护性能好等优点。热继电器常与接触器配合使用,主要用于电动机的过载保护、断相及电流不平衡运行的保护及其他电气设备发热状态的控制。

热继电器按动作方式,可分为以下三种:

① 双金属片型。结构如图 6.12 所示,主要由双金属片、开闭触点、导板和复位机构等组成,通过两种膨胀系数不同的金属片,通常为锰镍、铜板轧制成,受热弯曲去推动执行机构动作。

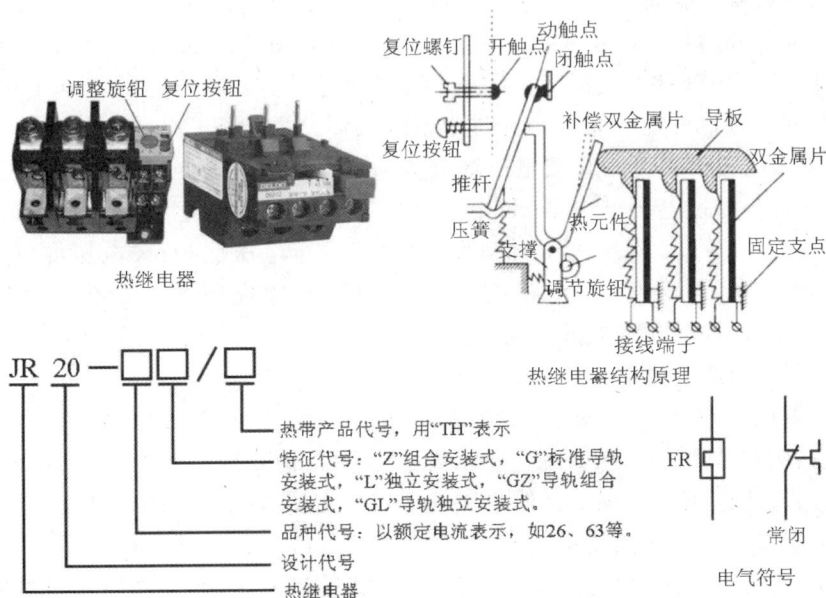

图 6.12 热继电器功能特点和选型说明

② 热敏电阻型。利用电阻随温度变化而变化的特性制成的热继电器。

③ 易熔合金型。利用过载电流发热使易熔合金达到某一温度时,合金熔化而使继电器动作。

上述三种热继电器中,双金属片式由于结构简单、体积较小、成本较低,同时选择适当的热元件可以得到良好的反时限特性,所以应用最广泛。

(2) 热继电器选型说明

鉴于热继电器种类繁多,依据相关国家标准,图6.11给出了热继电器的选型型号含义,主要包括的参数有型号标识"JR"、设计代号"20"、额定电流标识"25A"、特征代号和热带产品标识等。

热继电器的主要技术参数有额定电流、相数、整定电流及调节范围。额定电流是指热元件的最大整定电流值;整定电流是指热元件能够长期通过而不致引起热继电器动作的最大电流;通常热继电器的整定电流是按电动机的额定电流整定的。

热继电器选用时按电动机型式、工作环境、起动情况及负载特性等几方面综合加以考虑。

① 当电动机绕组为 Y 接法时,可选用两相结构的热继电器,如果电网电压严重不平衡、工作环境恶劣,可选用三相结构的热继电器;当电动机绕组为 △ 接法时,则应选用带断相保护装置的三相结构热继电器。

② 对长期正常运行的电动机,热继电器热元件额定电流取为电动机额定电流的 0.95~1.05 倍;对于过载能力较差的电动机,热继电器热元件额定电流取为电动机额定电流的0.6~0.8 倍。

③ 对于不频繁起动的电动机,要保证热继电器在电动机起动过程中不产生误动作,若电动机起动电流为其额定电流的 6 倍,并且起动时间不超过 6 秒时,则可按电动机的额定电流来选择热继电器。

④ 对于重复短时工作制的电动机,首先要确定热继电器的允许操作频率,可根据电动机的起动参数,如起动时间、起动电流等和通电持续率来选择。

4. 电压继电器功能特点与应用

(1) 电压继电器功能简介

电压继电器实物、结构原理、接线原理和电气符号如图 6.13 所示,是根据线圈两端电压大小而接通或断开电路的继电器。为了使得电压继电器不影响电路的正常工作,通常将电压继电器并联在所控制的电路中。电压继电器的具体分类如下:

① 按线圈中电流类型分为交流电压继电器和直流电压继电器。

② 按用途可分为过电压继电器、欠电压继电器和零电压继电器。一般来说,过电压继电器在电压升至 1.1~1.2 额定电压时动作,对电路进行电压保护;欠电压继电器在电压降至 0.4~0.7 额定电压时动作,对电路进行欠电压保护;零电压继电器在电压降至 0.05~0.25 额定电压时动作,对电路进行零电压保护。

(2) 电压继电器选型说明

鉴于电压继电器种类繁多,依据相关国家标准,图 6.13 给出了电压继电器的选型型号含义,主要包括的参数有型号标识"J"、电压型号"Y"、结构系列、功能代号(1—2)、电压整定范围代号、辅助直流电压等级等。具体电压继电器选型请以生产商的产品样本为准。

电压继电器选型原则主要有:

① 过电压继电器选择的主要参数是额定电压和动作电压,其动作电压可按系统电压的 1.1~1.5 倍整定。

② 欠电压继电器常用一般电磁式继电器或小型接触器充任,其选用只要满足一般要求即可,对释放电压值无特殊要求。

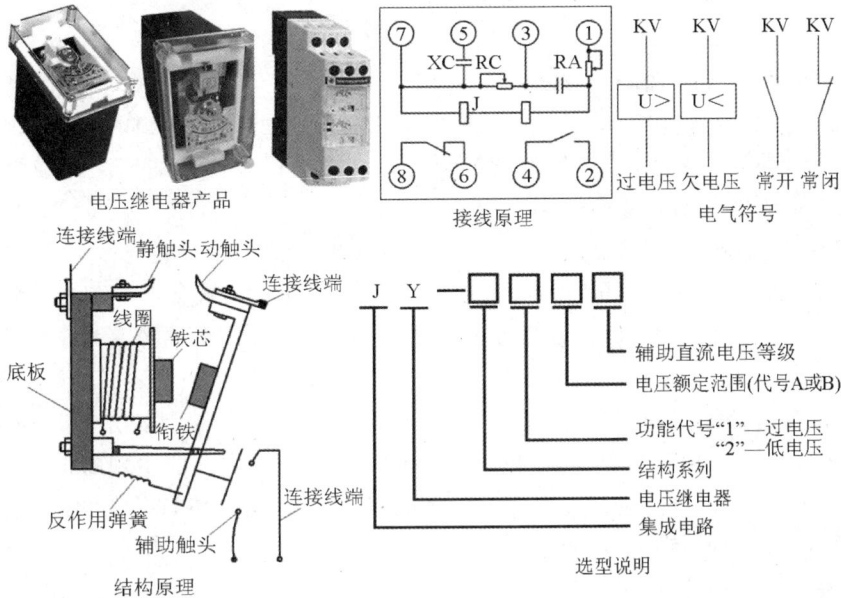

图 6.13　电压继电器功能特点和选型说明

5. 电流继电器功能特点与应用

(1) 电流继电器功能简介

电流继电器实物、结构原理、接线原理和电气符号如图 6.14 所示,是根据输入线圈中电流大小而接通或断开电路的继电器,即电流继电器触点动作与否与输入线圈中电流大小有关。为了不影响电路的正常工作,电流继电器的线圈与被测量电路串联。电流继电器具体分类如下:

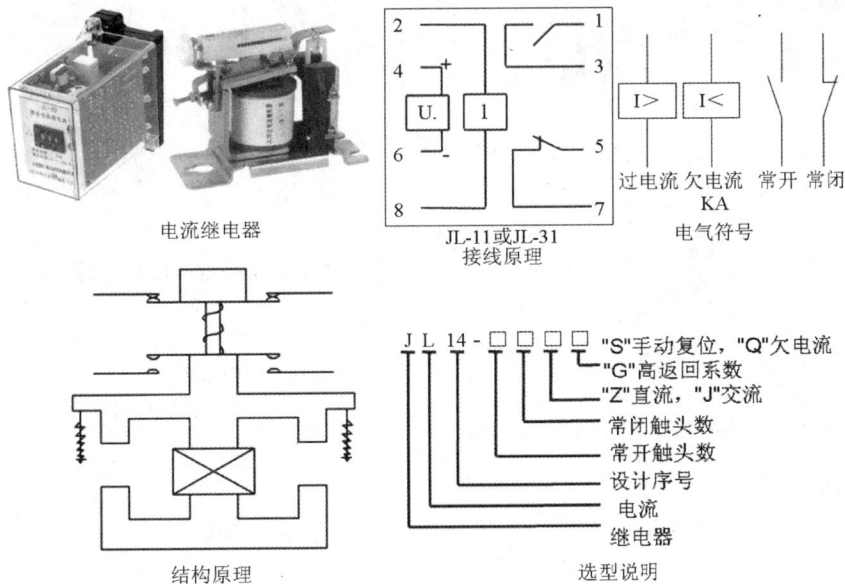

图 6.14　电流继电器功能特点与选型说明

① 按照线圈中电流的种类分为直流电流继电器和交流电流继电器。

② 按用途分为过电流继电器和欠电流继电器。

电流继电器线圈匝数少、导线粗、线圈阻抗小。

（2）电流继电器选型说明

鉴于电流继电器种类繁多，依据相关国家标准，图6.13给出了电压继电器的选型型号含义，主要包括的参数有型号标识"J"、电流型号"L"、结构系列、功能代号（1—2）、电流整定范围代号、辅助直流电压等级等。具体电流继电器选型请以生产商的产品样本为准。

电流继电器选型原则主要有：

① 过电流继电器的额定电流应大于或等于被保护电动机的额定电流，动作电流应根据电动机工作情况及其起动电流的1.1～1.3倍整定。一般绕线式异步电动机的起动电流按2.5倍额定电流考虑，笼型异步电动机的起动电流按5～7倍额定电流考虑。电流继电器动作电流时，应留有一定的调节余地。

② 欠电流继电器一般用于直流电动机及电磁吸盘的弱磁保护，其额定电流应大于或等于额定励磁电流，释放电流整定值应低于励磁电路正常工作范围内可能出现的最小励磁电流，可取最小励磁电流的0.85倍。选择欠电流继电器的释放电流时，应留有一定的调节余地。

6. 时间继电器功能特点与应用

（1）时间继电器功能简介

时间继电器实物、结构原理、接线原理和电气符号如图6.15所示，是指当加入或去掉输入的动作信号后，其输出电路需经过规定的准确时间才产生跳跃式变化或触点动作的一种继电器，是一种使用在较低电压或较小电流的电路上，用来接通或切断较高电压、较大电流的电路的电气元件。时间继电器是一种利用电磁原理或机械原理实现延时控制的控制电器。

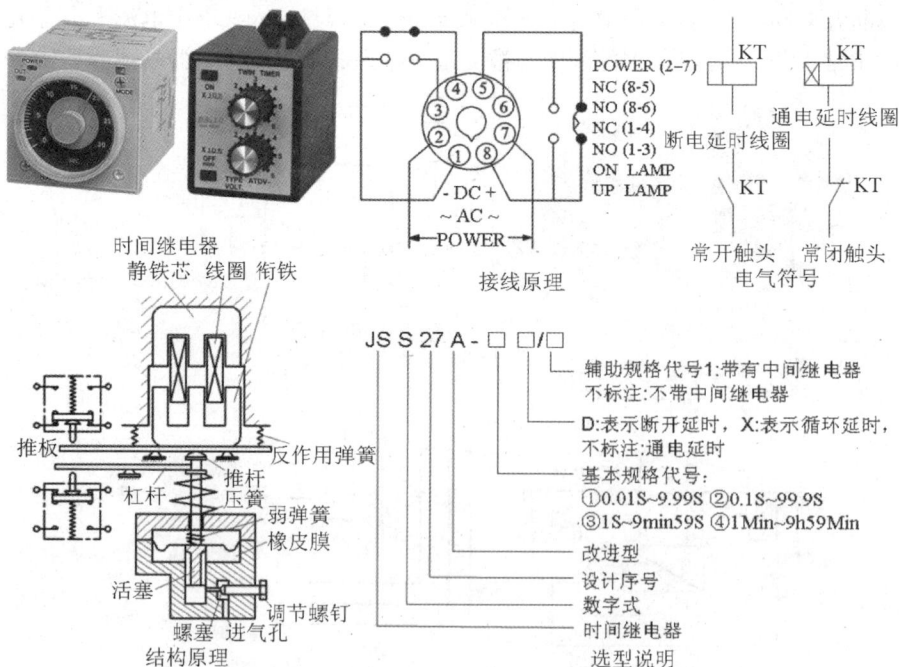

图6.15 时间继电器功能特点与选型说明（缺延时触点符号）

时间继电器按动作原理分,主要有电磁式、同步电动机式、空气阻尼式、晶体管式等。各种时间继电器的功能特点说明如下:

① 电磁式时间继电器结构简单、价格低廉,但延时时间较短且只能用于直流断电延时。

② 同步电动机式时间继电器的延时精度高、延时范围大但价格昂贵。

③ 空气阻尼式时间继电器又称气囊式时间继电器(结构见图 6.15),主要采用通电后推杆带动气囊薄膜驱动活塞阻尼形成的时间滞后原理实现延时触点断开;该形式结构简单、价格低廉、延时范围较大,有通电延时和断电延时两种,但延时精度较低。

④ 晶体管式时间继电器又称电子式时间继电器,体积小、精度高、可靠性好,延时时间范围可达几分钟到几十分钟,比空气阻尼式长,比同步电动机式短。

(2) 时间继电器选型说明

依据相关国家标准,图 6.14 给出了时间继电器的选型型号含义,主要包括的参数有型号标识"J"、时间型号"S"、数显代号"S"、设计序列"27"、改进代号(A -)、电流整定范围代号、功能代号"D,X"、辅助规格代号等。具体时间继电器选型请以生产商的产品样本为准。

时间继电器选型原则主要有:

① 电流种类和电压等级。电磁阻尼式和空气阻尼式时间继电器,其线圈的电流种类和电压等级应与控制电路的相同;同步电动机式和晶体管式时间继电器,其电源的电流种类和电压等级应与控制电路的相同。

② 延时方式。根据控制电路的要求来选择延时方式,即通电延时型还是断电延时型。

③ 触点形式和数量。根据控制电路的要求来选择触点形式,如延时闭合或延时断开以及相应触点的数量。

④ 延时精度。电磁式时间继电器适用于精度要求不高的场合,同步电动机式或电子式时间继电器适用于延时精度要求高的场合。

⑤ 操作频率。不宜过高,否则会影响电寿命,甚至会导致延时动作失调。

7. 其他继电器介绍

除了以上介绍的常用继电器外,还有一些其他继电器,其实物、结构原理和电气符号如表 6.2 所示。

(1) 速度继电器

速度继电器(转速继电器)又称反接制动继电器。它的主要结构由转子、定子及触点三部分组成。速度继电器主要用于三相异步电动机反接制动的控制电路中,它的任务是当三相电源相序改变以后,产生与实际转子转动方向相反的旋转磁场,从而产生制动力矩。因此,能使电动机在制动状态下迅速降低速度。在电动机转速接近零时立即发出信号,切断电源使之停车(否则电动机开始反方向起动)。

(2) 压力继电器

压力继电器是利用液体的压力来启闭电气触点的液压电气转换元件。当系统压力达到压力继电器的调定值时,发出电信号,使电气元件(如电磁铁、电动机、时间继电器、电磁离合器等)动作,使油路卸压、换向,执行元件实现顺序动作,或关闭电动机使系统停止工作,起安全保护作用等。其主要用于控制执行元件的顺序动作、泵的启闭和泵的卸荷等安全保护。

表 6.2　其他继电器功能特点与电气符号

需要注意的是：实际应用选型时应综合考虑成本和具体性能要求，并以相关生产商的产品样本数据为准。

6.1.6　接触器功能特点与应用

1. 接触器功能简介与分类

接触器实物、结构原理、接线原理和电气符号如图 6.16 所示，是一种用于远距离频繁地接通和分断交、直流主电路与大容量控制电路的电器，具有低电压释放保护功能、使用安全方便等优点，主要用于控制交、直流电动机，也可用于控制小型发电动机、电热装置、电焊机

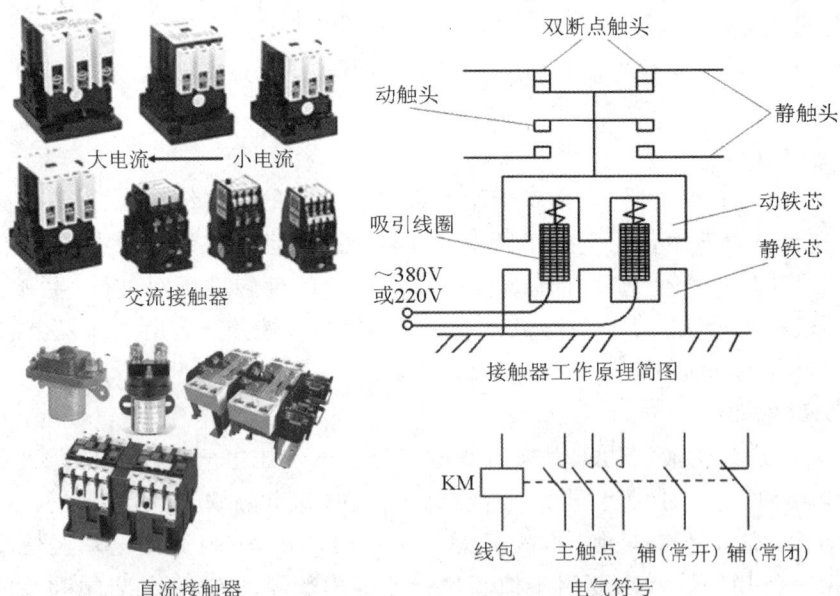

图 6.16　接触器功能特点与电气符号

和电容器组等设备。接触器能接通和断开负载电流,但不能切断短路电流,因此,常与熔断器和热继电器等配合使用。

接触器的具体分类说明如下:

(1)按操作方式,可分为电磁接触器、气动接触器和液压接触器。

(2)按主触点所控制的电流,可分为交流接触器和直流接触器。

(3)按灭弧介质,可分为空气式接触器、油浸式接触器和真空接触器。

(4)按有无触点,可分为有触点式接触器和无触点式接触器。

(5)按主触点的极数,可分为单极、双极、三极、四极和五极等。

2. 接触器应用选型说明

由于接触器产品的种类繁多,为便于选型详细介绍,这里以 ABB 公司接触器产品选型为例,给出接触器的选型说明如图 6.17 所示。具体选型主要包括的参数有型号标识"A"、额定工作电流"9"、功耗形式、主触点数量"30"、辅助触点数量"30"、控制线圈电压"220~230VAC 50Hz"等。具体接触器选型请以生产商的产品样本为准。

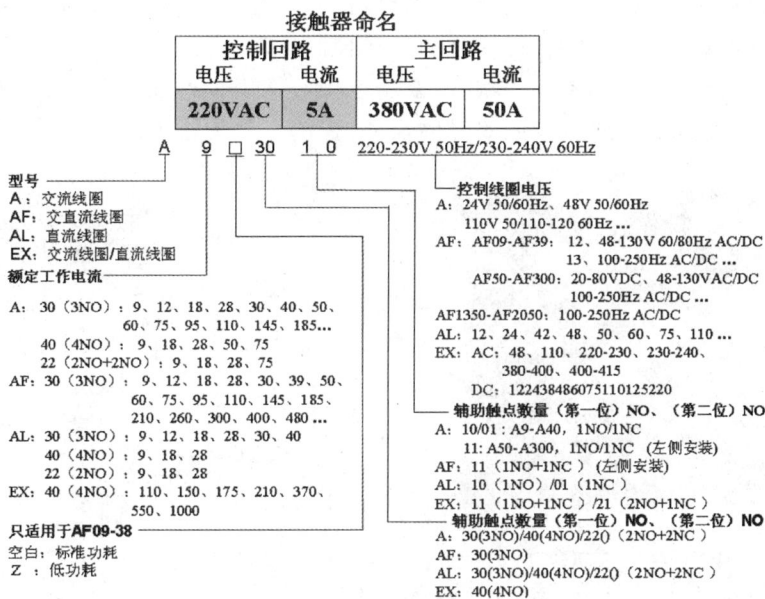

图 6.17 接触器选型说明

具体接触器的选型就是要使所选用的接触器的技术数据能满足控制线路对它提出的要求,其原则说明如下:

(1)根据接触器所控制的负载性质来选择其种类。直流负载用直流接触器,交流负载用交流接触器,对频繁动作的交流负载,可选择带直流电磁线圈的交流接触器。

(2)接触器主触点的额定电压要根据主触点所控制负载电路的额定电压来选择。如所控制的负载为 380V 的三相鼠笼型异步电动机,则应选用额定电压为 380V 以上的交流接触器。

(3)接触器主触点的额定电流应大于或等于负载电动机的额定电流,计算公式为:

$$I_N \geqslant \frac{P_N \times 10^3}{K U_N}$$

式中：I_N 为接触器主触点的额定电流；K 为经验常数，一般取 $1\sim1.4$；P_N 为被控制电动机的额定功率；U_N 为被控制电动机的线电压。

（4）如果接触器用于电动机的频繁起动、制动或正反转的场合，一般可将其额定电流降一个等级来选用，具体电流等级随选用的系列不同而不同。

（5）接触器电磁线圈的额定电压应该等于控制回路的电源电压。其电压等级为：交流线圈 36、110、127、220、380V；直流线圈 24、48、110、220、440V 等。

（6）根据控制线路的要求确定接触器触点数。交流接触器通常有三对常开主触点和四至六对辅助触点，直流接触器通常有两对常开主触点和四对辅助触点。

需要注意的是：实际应用选型时应综合考虑成本和具体性能要求，并以相关生产商的产品样本数据为准。

6.1.7　接近开关功能特点与应用

1. 接近开关功能简介与分类

接近开关又称无触点行程开关，当运动物体在一定范围内与之接近时，接近开关就会发出物体接近而动作的信号，以不直接接触的方式控制运动物体的位置。接近开关实物、结构原理、接线原理和电气符号如图 6.18 和图 6.19 所示，常用于行程控制、液位控制、限位保护等，也可以用于高速计数、测速、检测零件的尺寸、探测金属物体等。

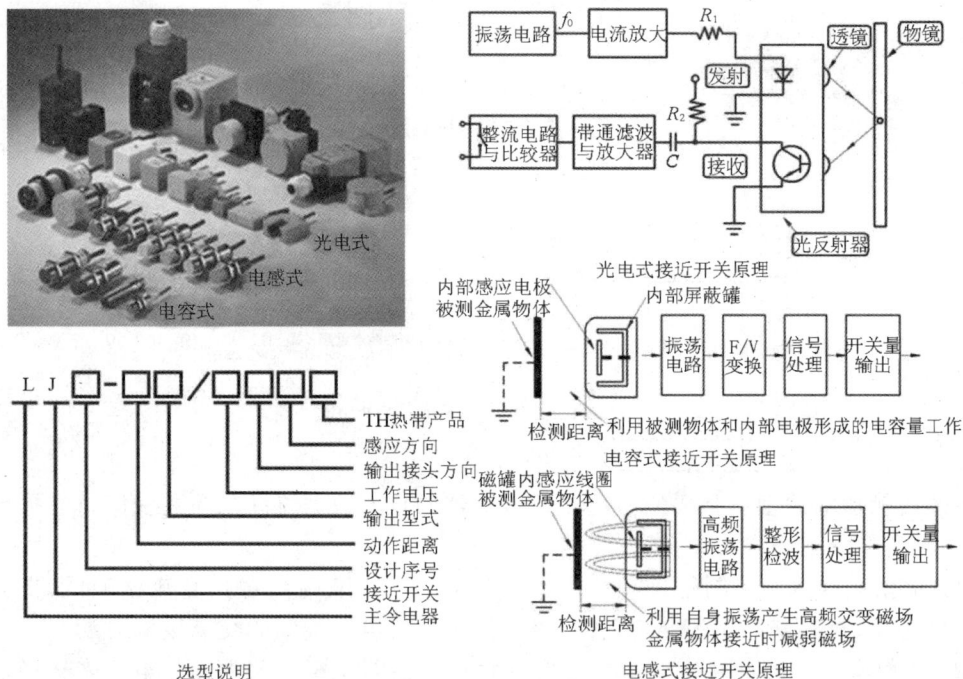

图 6.18　接近功能特点与电气符号

接近开关的种类很多，机电控制中用到的接近开关主要有以下几种。

（1）无源接近开关

无源接近开关不需要电源，通过磁力感应控制开关的闭合状态，具有不需要电源、非接

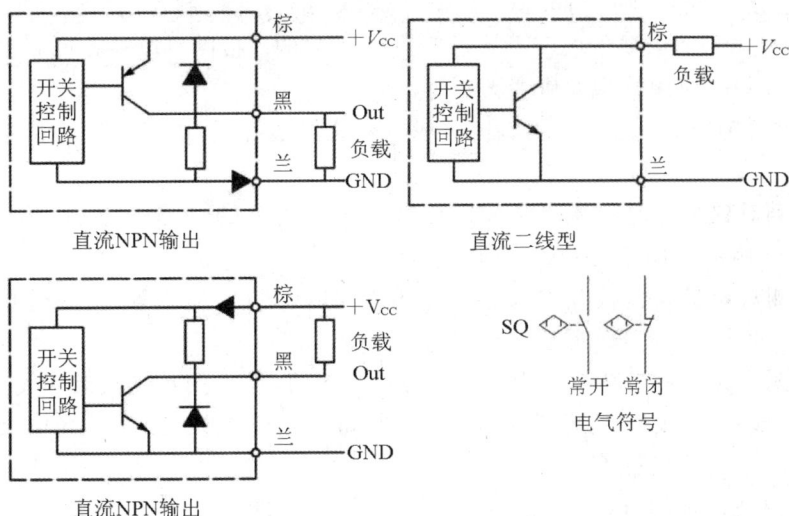

图 6.19 接近开关接线原理图

触式、免维护等优点。

(2) 涡流式接近开关

涡流式接近开关利用导电物体在接近感应头时产生涡流,这个涡流反作用到接近开关,使开关内部电路参数发生变化,由此识别出有无导电物体移近,进而控制开关的通或断。这种接近开关具有抗干扰性能好、开关频率高等优点,但只能感应金属。

(3) 电容式接近开关

电容式接近开关利用被检测物体构成电容器的一个极板,而另一个极板是开关的外壳。当有物体移向接近开关时,不论它是否为导体,由于它的接近使电容的介电常数发生变化,从而使电容量发生变化,使得和测量头相连的电路状态也随之发生变化,由此便可控制开关的接通或断开。这种接近开关检测的对象不限于导体,可以是绝缘的液体或粉状物等。

(4) 霍尔接近开关

霍尔接近开关利用当磁性物件移近霍尔开关时,产生霍尔效应而使开关内部电路状态发生变化,由此识别附近有磁性物体存在,进而控制开关的通或断。这种接近开关的检测对象必须是磁性物体。

(5) 光电式接近开关

光电式接近开关利用将发光器件与光电器件按一定方向装在同一个检测头内,当有反光面(被检测物体)接近时,光电器件接收到反射光后便输出信号,由此感知有物体接近。这种接近开关具有体积小、精度高、响应速度快、检测距离远以及抗光、电、磁干扰能力强等优点。

2. 接近开关的应用选型说明

由于接近开关产品的种类繁多,根据相关产品的国家标准,给出接近开关的选型说明如图 6.18 所示。具体选型主要包括的参数有型号标识"L"、接近开关标识"J"、设计序号、动作距离(距离开关的距离,单位 mm)、输出形式(NPN 和 PNP)、工作电压、输出接头方向、感应方向和热带产品标识等。具体接近开关选型请以生产商的产品样本为准。

特别需要注意的是:如图 6.19 所示,接近开关的应用接线有两线制和三线制,即所谓的

NPN 和 PNP 型接口形式,因此与可编程控制器(PLC)或其他控制器配合使用时,必须谨慎选择接口形式,以免造成不必要的失误。接近开关与 PLC 的连接图可以参考第 7 章内容。

具体接近开关的应用选型原则主要有:

(1) 在一般工业现场,通常选用涡流式或电容式接近开关,因为这两种接近开关对环境要求较低。

(2) 当被测对象是导电物体或可固定在一块金属物上的物体时,一般都选用涡流式接近开关,因为它的响应频率高、抗环境干扰性能好。

(3) 若所测对象是非金属、液位高度、粉状物高度、塑料、烟草等,则应选用电容式接近开关,这种开关的响应频率低,但稳定性好。

(4) 若被测物为导磁材料或者内部埋有磁性材料时,应选用霍尔接近开关。

(5) 在环境条件比较好、无粉尘污染的场合,可采用光电接近开关,光电接近开关工作时对被测对象几乎无任何影响。

有时为了提高识别的可靠性,上述几种接近开关往往被复合使用。

需要注意的是:实际应用选型时应综合考虑成本和具体性能要求,并以相关生产商的产品样本数据为准。

6.1.8 位移传感器功能特点与应用

1. 光电旋转编码器功能特点与应用

(1) 光电旋转编码器功能简介

光电旋转编码器实物、结构原理和接线原理如图 6.20 和图 6.21 所示,是利用光电转换原理,将机械角位移变换成电脉冲信号的装置,是机电控制系统中常用的位置、速度检测元

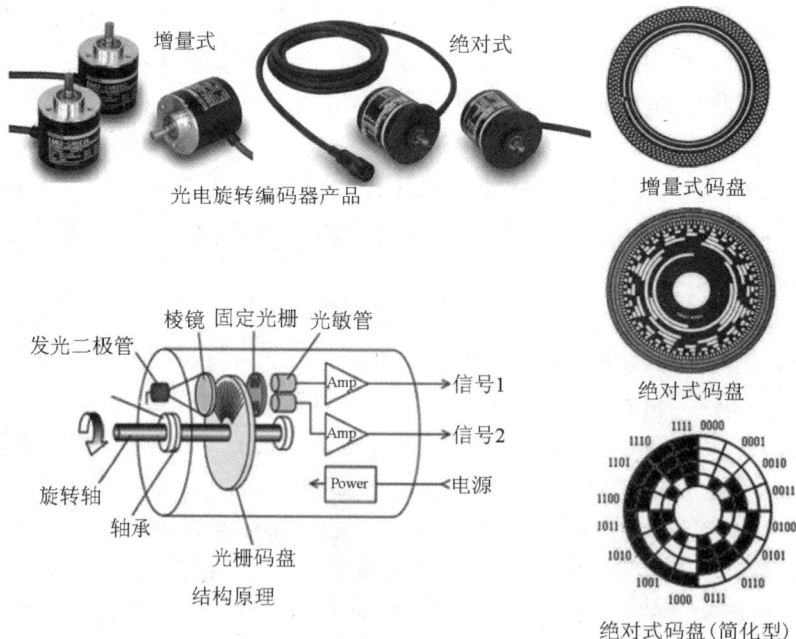

图 6.20 光电旋转编码器功能特点

件。光电旋转编码器按输出信号与对应位置信号的关系,可以分为增量式旋转编码器和绝对式旋转编码器,两者之间的主要区别在于光栅码盘和输出信号类型。

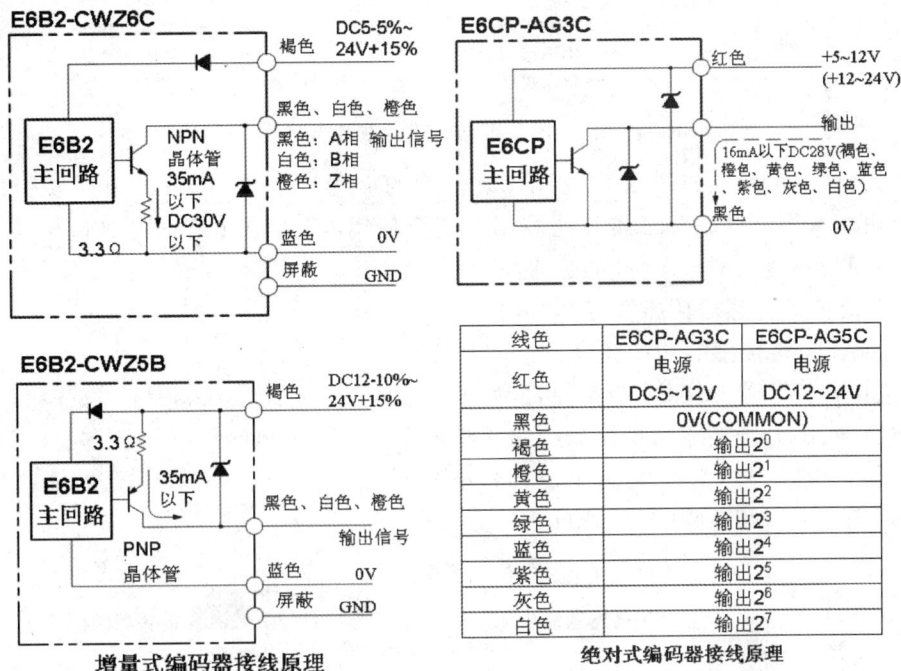

图 6.21 光电旋转编码器功能特点

① 增量式旋转编码器。该编码器是直接利用光电转换原理(其内部光栅码盘如图 6.19 所示,其中码盘上的白点为透光区,其他为不透光区)输出三组方波脉冲 A、B 和 Z 相;A、B 两组脉冲相位差 $90°$,从而可方便地判断出旋转方向,而 Z 相为每转一个脉冲,用于基准点定位。它的优点是原理构造简单,机械平均寿命可在几万小时以上,抗干扰能力强,可靠性高,适合于长距离传输,其缺点是无法输出轴转动的绝对位置信息。

② 绝对式旋转编码器。该编码器是直接输出数字信号的传感器,其光栅码盘(其中码盘上的白点为透光区,其他为不透光区)如图 6.19 所示,在它的圆形码盘上沿径向有若干同心码盘,每条道上有透光和不透光的扇形区相间组成,相邻码道的扇区数目是双倍关系,码盘上的码道数是它的二进制数码的位数,在码盘的一侧是光源,另一侧对应每一码道有一光敏元件,当码盘处于不同位置时,各光敏元件根据受光照与否转换出相应的电平信号,形成二进制数。这种编码器的特点是不要计数器,即在转轴的任意位置都可读出一个固定的、与位置相对应的数字码。

(2) 光电旋转编码器的应用选型说明

由于光电旋转编码器产品的种类繁多,结合相关工程实际应用,以常用的日本欧姆龙公司(OMRON)光电旋转编码器产品为例,给出编码器的选型说明如图 6.22 所示。具体选型主要包括的参数有型号标识"E6B2 - CWZ"、接口输出形式"6C"(NPN 形式)、分辨率"10PR"、标准电缆长度"0.5M"等。具体光电旋转编码器选型请以生产商的产品样本为准。

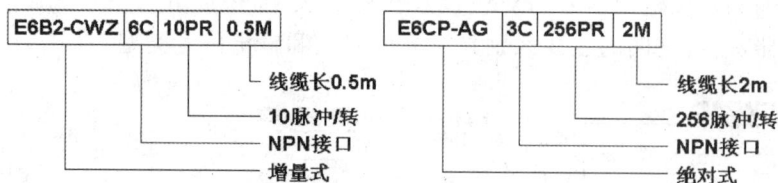

图 6.22 欧姆龙光电旋转编码器选型说明

特别需要注意的是：如图 6.21 所示，编码器的应用接线也有 NPN 和 PNP 型接口形式，因此与可编程控制器(PLC)或其他控制器配合使用时，必须谨慎选择接口形式，以免造成不必要的损失。编码器与 PLC 的连接图可以参考第 7 章内容。

2. 电涡流位移传感器功能特点与应用

(1) 电涡流位移传感器功能简介

电涡流位移传感器的实物、结构原理和选型说明如图 6.23 所示，是能静态和动态地非接触、高线性度、高分辨力地测量被测金属导体距探头表面距离的传感器。它与电涡流式接近开关的工作原理一样，只是电涡流位移传感器集成了信号放大模块，更加精密化（微米级）、线性化（0.02%）和高频响化（6kHz）。

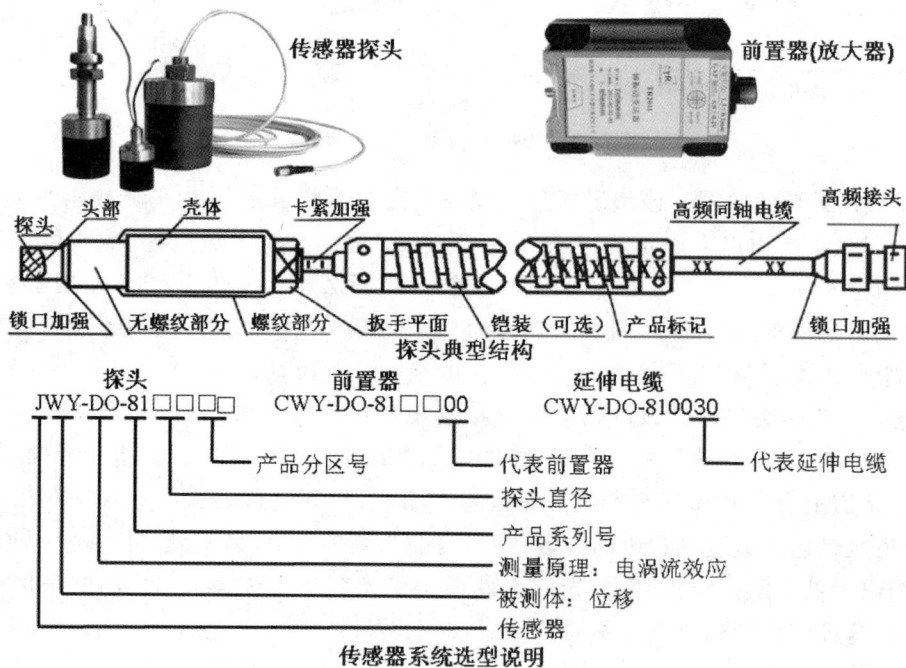

图 6.23 电涡流位移传感器选型说明

电涡流位移传感器能准确测量被测体(必须是金属导体)与探头端面之间静态和动态的相对位移变化，以其长期工作可靠性好、测量范围宽、灵敏度高、分辨率高、响应速度快、抗干扰力强、不受油污等介质的影响、结构简单等优点，在大型旋转机械状态的在线监测与故障诊断中得到广泛应用，如转子的不平衡、不对中、轴承磨损、轴裂纹及发生摩擦等机械问题的早期判定。

（2）电涡流位移传感器应用选型说明

由于电涡流位移传感器的种类繁多,结合相关工程实际应用,以常用的中国航空动力机械研究所的 TR 系列电涡流位移传感器产品为例,给出传感器的选型说明如图 6.23 所示。具体选型主要包括的参数有探头选型参数、前置器选型参数、延伸电缆选型参数和附件参数等。具体电涡流位移传感器选型应用请以生产商的产品样本为准。

3. 磁致伸缩位移传感器功能特点与应用

（1）磁致伸缩位移传感器功能简介

磁致伸缩位移传感器的实物、结构原理和选型说明如图 6.24 和图 6.25 所示,是利用磁致伸缩原理,通过两个不同磁场相交产生一个应变脉冲信号来准确地测量位置的传感器。传感器的行程可达 3 米或更长,标称精度为 0.05% FS,行程 1 米以上传感器精度可达 0.02% FS,重复性可达 0.002% FS。由于采用内部非接触的测量方式,具有使用寿命长、环境适应能力强、可靠性高,安全性好,已在石油化工,航空航天、电力和水利等行业得到广泛的应用,特别适宜于液压缸的位移检测应用。

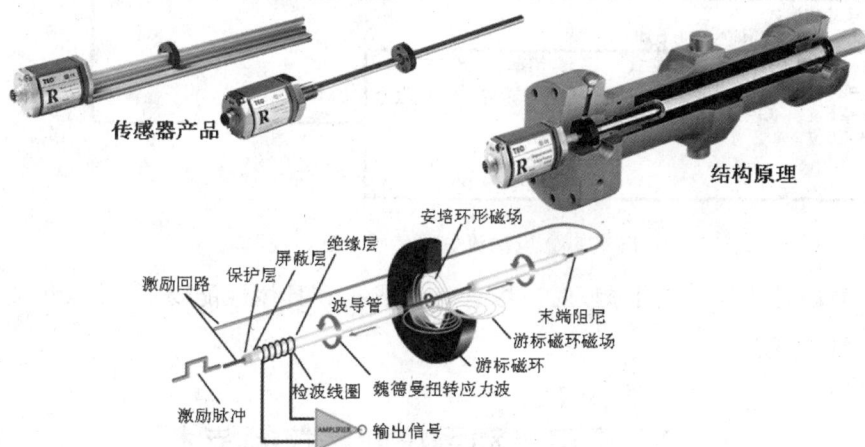

图 6.24 电涡流位移传感器产品和功能特点

磁致伸缩位移传感器的具体工作原理如图 6.24 所示。测量元件是一根波导管,波导管内的敏感元件由特殊的磁致伸缩材料制成;测量过程是由传感器的电子室内产生电流脉冲,该电流脉冲在波导管内传输,从而在波导管外产生一个圆周磁场,当该磁场和套在波导管上作为位置变化的活动磁环产生的磁场相交时,由于磁致伸缩的作用,波导管内会产生一个应变机械波脉冲信号,这个应变机械波脉冲信号以固定的声音速度传输,并很快被电子室所检测到;由于这个应变机械波脉冲信号在波导管内的传输时间和活动磁环与电子室之间的距离成正比,通过测量时间,就可以高度精确地确定这个距离。

（2）磁致伸缩位移传感器应用选型说明

由于磁致伸缩位移传感器产品的种类繁多,结合相关工程实际应用,以常用的浙江大学精益公司（RH）磁致伸缩位移传感器产品为例,给出传感器的选型说明如图 6.25 所示。具体选型主要包括的参数有外壳标识、行程、安装螺纹形式、磁铁类型标识、连接形式、信号形式等。

R□-M□□□□-□□-□□□□-S□□□□

传感器外壳形状
RP=铝成型外壳（只能外置）
RH=耐压圆管（内置或外置）

量程
四位，不足四位前面补零，M表示公制，单位mm

安装螺纹形式
只供RP系列选用
C1=开口磁环；C3=方块磁铁；C2=滑块磁铁
只供RH系列选用
S1=公制螺纹 M18x1.5   S3=英制螺纹3/4-16UNF-3A
S2=公制螺纹 M20x1.5   S4=定制螺纹

连接形式
应填四位：a b c d

a:出线方式	b:电缆性能	cd:电缆长度
D=直出电缆	H=高性能增强型专用电缆	-单位：米
P=航空插头	N=普通电缆	-不足两位前面补零
C=防水型	T=高温电缆	-超过10米的须定制
		-航空插头不包含电缆

信号输出模式
SSI输出时，填4位：a b c d

a：数据长度	b：数据格式	c：分辨率	d方向
1=24位	B=二进制	1=0.1mm	0=正向
2=25位	G=格雷码	2=0.05mm	1=反向
3=26位		3=0.02mm	
		4=0.01mm	
		5=0.005mm	

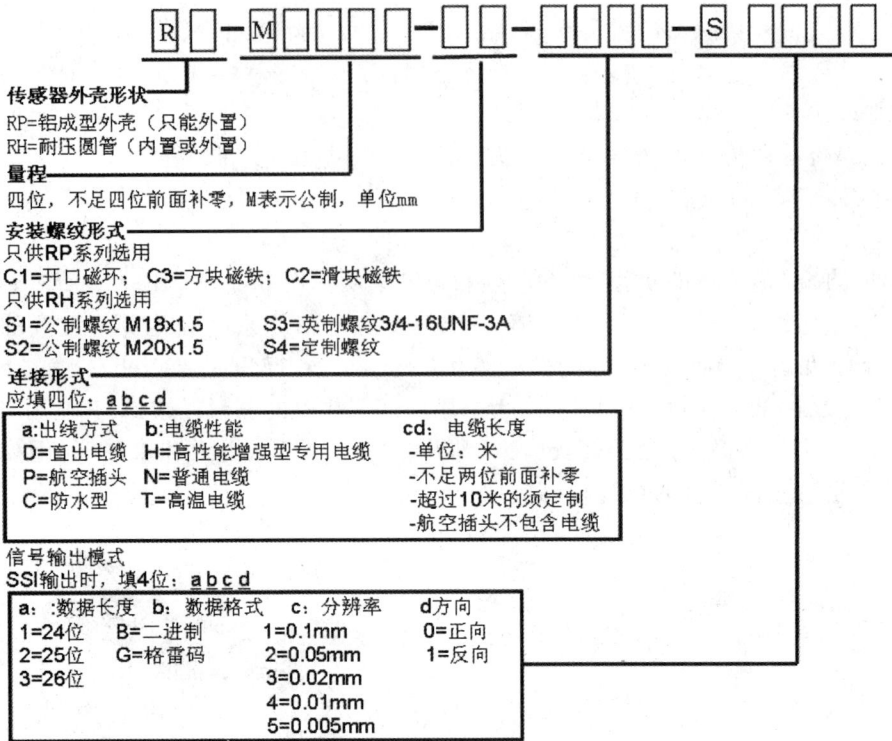

图 6.25　电涡流位移传感器选型说明

需要注意的是：实际应用选型时应综合考虑成本和具体性能要求，并以相关生产商的产品样本数据为准。

6.2　机电传动系统断续控制技术

6.2.1　机电传动系统控制电路识图规范

由继电器和接触器等断续控制电气元件构成的断续控制机电传动系统，其断续控制技术是通过电气原理图形式表现出现的。

电气原理图是为了便于阅读、分析和设计控制线路，根据简单与清晰的原则，采用电气元件展开的形式绘制而成的图样。它表示电气线路的工作原理以及电气元件之间的相互作用和关系，包括所有电器元件发热导电部件和接线端点，但并不按照电器元件的实际布置位置绘制，也不反映电器元件的大小；依据国家电气制图标准，用规定的图形符号、文字符号及规定的画法绘制。

详细机电传动系统的电气图纸设计规范将在第8章给出，本节将简要介绍电气原理图的相关知识。

1. 常用电气元件符号

电气原理图与机械设计图纸类似，有相关的国家制图标准，常用的电器元件符号可以参见附录 A。

2. 电气原理图的设计与识图规范

如图 6.26 所示典型电气原理图。绘制或者阅读电气原理图，一般按照下面的原则。

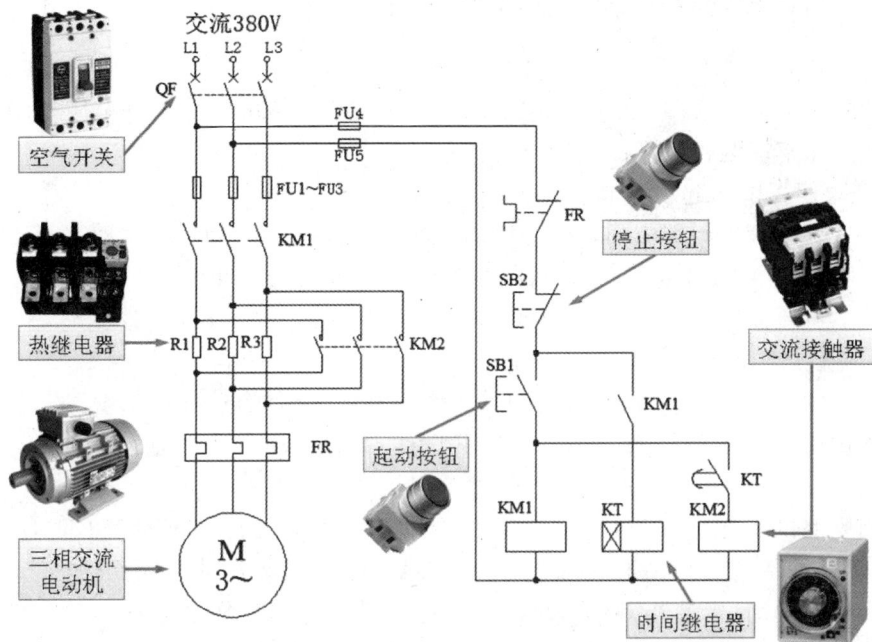

图 6.26　三相交流异步电动机串联电阻器降压起动控制电路

（1）电气原理图中的电器元件是按未通电和没有受外力作用时的状态绘制。

在不同的工作阶段，各个电器的动作不同，触点时闭时开。而在电气原理图中只能表示出一种情况。因此，规定所有电器的触点均表示在原始情况下的位置，即在没有通电或没有发生机械动作时的位置。对接触器来说，是线圈未通电、触点未动作时的位置；对按钮来说，是手指未按下按钮时触点的位置；对热继电器来说，是常闭触点在未发生过载动作时的位置等。

（2）触点的绘制位置。使触点动作的外力方向必须是：当图形垂直放置时为从左到右，即垂线左侧的触点为常开触点，垂线右侧的触点为常闭触点；当图形水平放置时为从下到上，即水平线下方的触点为常开触点，水平线上方的触点为常闭触点。

（3）主电路、控制电路和辅助电路应分开绘制。主电路是设备的驱动电路，是从电源到电动机大电流通过的路径；控制电路是由接触器和继电器线圈、各种电器的触点组成的逻辑电路，实现所要求的控制功能；辅助电路包括信号、照明、保护电路。

（4）动力电路的电源电路绘成水平线，受电的动力装置（电动机）及其保护电器支路应垂直与电源电路。

（5）主电路用垂直线绘制在图的左侧，控制电路用垂直线绘制在图的右侧，控制电路中的耗能元件画在电路的最下端。

（6）图中自左而右或自上而下表示操作顺序，并尽可能减少线条和避免线条交叉。

（7）图中有直接电联系的交叉导线的连接点（即导线交叉处）要用黑圆点表示。无直接电联系的交叉导线,交叉处不能画黑圆点。

(8) 在原理图的上方将图分成若干图区,并标明该区电路的用途与作用;在继电器、接触器线圈下方列有触点表,以说明线圈和触点的从属关系。

6.2.2 机电传动系统降压起动控制电路

根据第3章和第4章有关直流电动机和交流电动机起动特性的分析,降压起动是机电传动系统的常用起动方式。本节将介绍常用的三相交流异步电动机串联电阻器降压起动和星三角转换降压起动两种典型的控制电路。

1. 串联电阻器降压起动控制电路

如图6.26所示,三相交流异步电动机的串联电阻器降压起动控制电路主要由380VAC主回路和380VAC控制回路组成,各回路的主要元器件组成说明如下:

主回路的主要元器件有:空气开关QF、交流接触器KM$_1$和KM$_2$主触点、电阻器R$_1$、热继电器FR主触点和电动机M。

控制回路的主要元器件有:保险丝FU$_1$、热继电器常闭触点FR、常闭式点动按钮SB$_2$、常开式点动按钮SB$_1$、交流接触器KM$_1$和KM$_2$线圈及辅助触点、接通延时时间继电器KT线圈及触点。

该控制电路的工作原理为:主回路中的空气开关QF、接触器KM$_1$和KM$_2$、热继电器FR构成电动机前端的三大保护及控制元件。接触器KM$_2$断开时,将电阻器R$_1$串入电路,实现电动机降压起动;接触器KM$_2$闭合时,将电阻器R$_1$短路,实现电动机全压运行。控制回路中的常闭式点动按钮SB$_2$作为停止按钮;常开式点动按钮SB$_1$作为起动按钮,SB$_1$与接触器KM$_1$辅助触点构成自锁回路,实现可靠的起动控制;串入热继电器常闭触点FR实现电动机过热的控制回路保护;延时时间继电器KT作为串电阻器电动机的运行时间,即降压起动的时间;当时间延时完成时,由KT线圈及触点实现KM$_2$的闭合,从而完成降压起动到全压运行的转换。

2. 星三角转换降压起动控制电路

如图6.27所示,三相交流异步电动机的星三角转换降压起动控制电路主要由380VAC主回路和380VAC控制回路组成,各回路的主要元器件组成说明如下:

主回路的主要元器件有:空气开关QF、交流接触器KM、KM$_1$和KM$_2$主触点、热继电器FR主触点和电动机M。

控制回路的主要元器件有:保险丝FU$_1$、热继电器常闭触点FR、常闭式点动按钮SB$_2$、常开式点动按钮SB$_1$、交流接触器KM、KM$_1$和KM$_2$线圈及辅助触点、接通延时时间继电器KT线圈及触点。

该控制电路的工作原理为:主回路中的空气开关QF,接触器KM、KM$_1$和KM$_2$,热继电器FR构成电动机前端的三大保护及控制元件。接触器KM和KM$_1$闭合时,将电动机M的绕组U$_2$、V$_2$和W$_2$接在一起,即电动机绕组星形接法,实现电动机降压起动;接触器KM和KM$_2$闭合时,将电动机M的绕组U$_2$和V$_1$、V$_2$和W$_1$、W$_2$和U$_1$接在一起,即电动机绕组三角形接法,实现电动机全压运行。控制回路中的常闭式点动按钮SB$_2$作为停止按钮;常开式点动按钮SB$_1$作为起动按钮,SB$_1$与接触器KM辅助触点构成自锁回路,实现可靠的起动控制;在接触器KM$_1$线圈回串入接触器KM$_2$的常闭触点,在接触器KM$_2$

线圈回串入接触器 KM_1 的常闭触点,构成互锁回路,实现接触器 KM_1 和 KM_2 不能同时接通,防止电路短路;串入热继电器常闭触点 FR 实现电动机过热的控制回路保护;延时时间继电器 KT 作为星形接法电动机的运行时间,即降压起动的时间;当时间延时完成时,由 KT 线圈及触点实现 KM_1 断开和 KM_2 的闭合,从而完成降压起动到全压运行的转换。

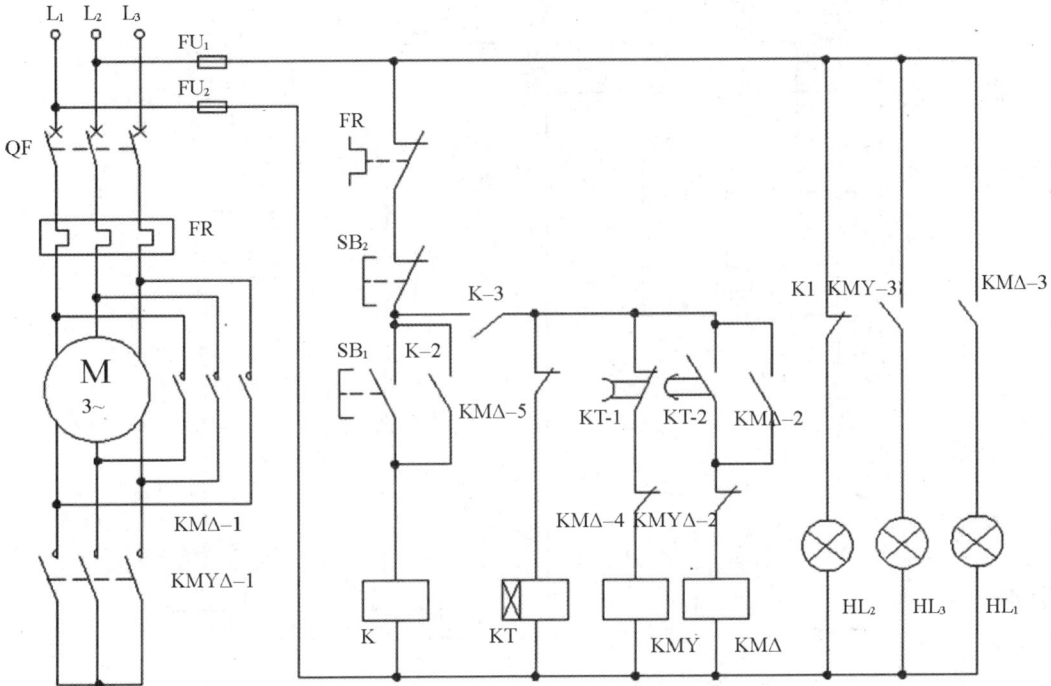

图 6.27　三相交流异步电动机星三角转换降压起动控制电路

6.2.3　机电传动系统正反转控制电路

本节将介绍常用的三相交流异步电动机正反转的典型控制电路。

如图 6.28 所示,带限位正反转运行的三相交流异步电动机控制电路主要由 380VAC 主回路和 380VAC 控制回路组成,各回路的主要元器件组成说明如下:

主回路的主要元器件有:空气开关 QF、交流接触器 KM_1 和 KM_2 主触点、热继电器 FR 主触点和电动机 M。

控制回路的主要元器件有:保险丝 FU_1、热继电器常闭触点 FR、复合式点动按钮 SB_2、复合式点动按钮 SB_1、交流接触器 KM_1 和 KM_2 线圈及辅助触点、行程开关 SQ_1 和 SQ_2 触点。

该控制电路的工作原理为:主回路中的空气开关 QF、接触器 KM_1 和 KM_2,热继电器 FR 构成电动机前端的三大保护及控制元件。接触器 KM_1 闭合时,实现电动机正转;接触器 KM_2 闭合时,实现电动机反转。控制回路中的复合式点动按钮 SB_2 作为反转按钮;复合式点动按钮 SB_1 作为正转按钮,SB_1 与 SB_2 构成互锁回路,实现可靠的正反转控制;KM_1 与 KM_2 构成互锁回路,实现正反转控制回路不会同时接通;串入行程开关 SQ_1 和 SQ_2,实现正转和反转极限位置的无法运行保护;串入热继电器常闭触点 FR 实现电动机过热的控制回路保护。

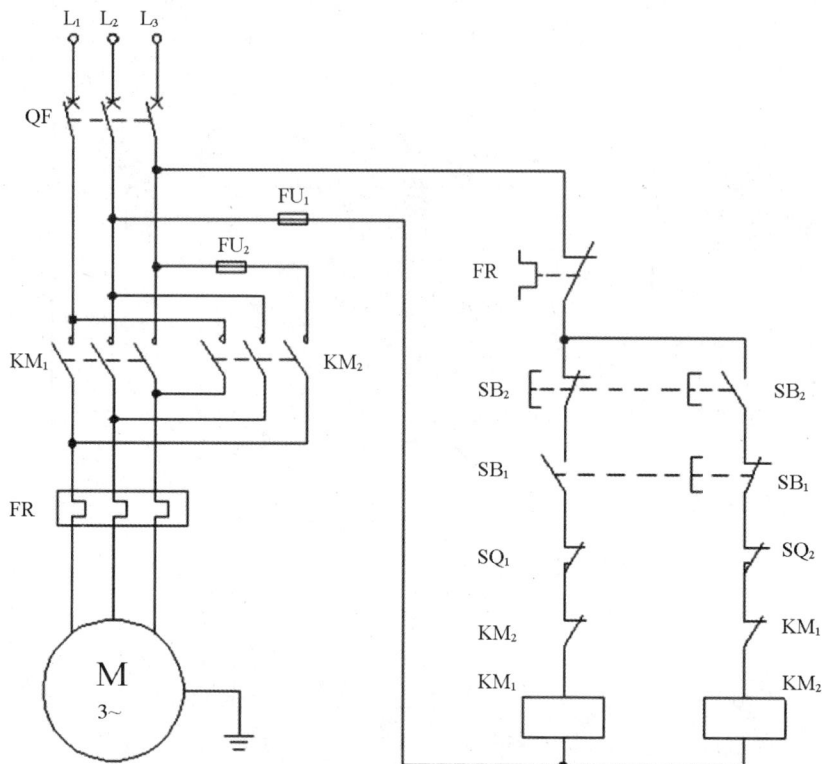

图 6.28 三相交流异步电动机正反转控制电路

6.2.4 机电传动系统点动/连续运行控制电路

本节将介绍常用的三相交流异步电动机点动/连续运行的典型控制电路。

如图 6.29 所示,点动/连续运行的三相交流异步电动机控制电路主要由 380VAC 主回路和 380VAC 控制回路组成,各回路的主要元器件组成说明如下:

主回路的主要元器件有:空气开关 QF、交流接触器 KM_1 主触点、热继电器 FR 主触点和电动机 M。

控制回路的主要元器件有:保险丝 FU_1、热继电器常闭触点 FR、常闭式点动按钮 SB_3、常开式点动按钮 SB_2、复合式点动按钮 SB_1、交流接触器 KM_1 线圈及辅助触点。

该控制电路的工作原理为:主回路中的空气开关 QF、接触器 KM_1、热继电器 FR 构成电动机前端的三大保护及控制元件。接触器 KM_1 闭合时,实现电动机运行;接触器 KM_1 断开时,实现电动机停止。控制回路中的常闭式点动按钮 SB_3 作为停止按钮;常开式点动按钮 SB_2 作为起动按钮,与接触器 KM_1 的辅助触点构成"自锁"回路,实现可靠的连续运行控制;复合式点动按钮 SB_1 作为点动操作按钮,构成单独接通 KM_1 线圈和与 SB_2 联合接通 KM_1 线圈两条控制回路,实现可靠的点动运行操作;串入热继电器常闭触点 FR 实现电动机过热的控制回路保护。

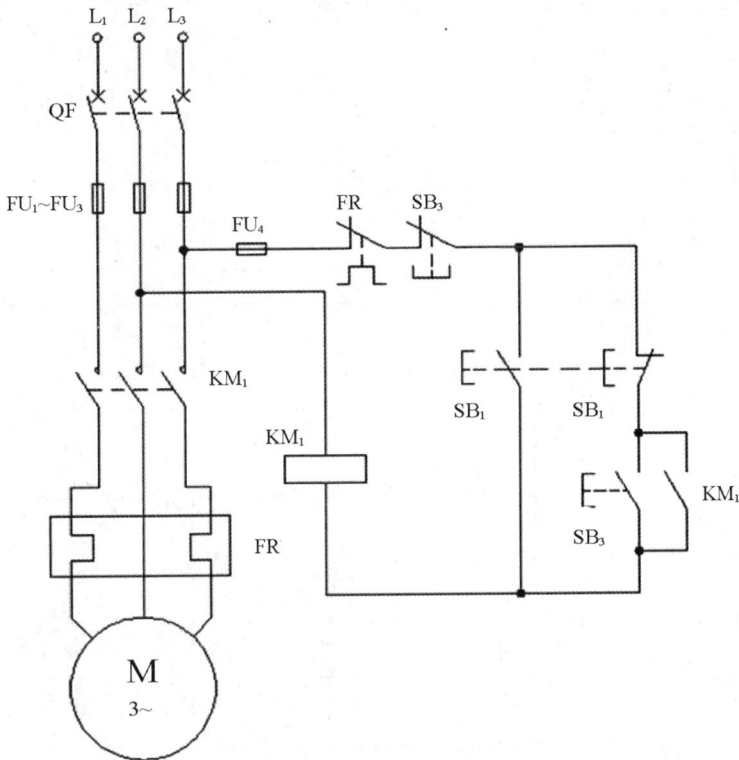

图 6.29　三相交流异步电动机点动/连续运行控制电路

6.2.5　机电传动系统间歇运行控制电路

本节将介绍常用的单台三相交流异步电动机间歇运行和两台电动机的交替间歇运行的典型控制电路。

1. 单台三相交流异步电动机间歇运行控制电路

如图 6.30 所示,单台三相交流异步电动机间歇运行控制电路主要由 380VAC 主回路和 380VAC 控制回路组成,各回路的主要元器件组成说明如下:

主回路的主要元器件有:空气开关 QF、交流接触器 KM_1 主触点、热继电器 FR 主触点和电动机 M。

控制回路的主要元器件有:保险丝 FU_1、热继电器常闭触点 FR、常闭式点动按钮 SB_2、常开式点动按钮 SB_1、继电器 KA_1 和 KA_2 线圈及触点、接通延时时间继电器 KT_1 和 KT_2 线圈及触点和交流接触器 KM_1 线圈及辅助触点。

该控制电路的工作原理为:主回路中的空气开关 QF、接触器 KM_1、热继电器 FR 构成电动机前端的三大保护及控制元件。接触器 KM_1 闭合时,实现电动机运行;接触器 KM_1 断开时,实现电动机停止。控制回路中的常闭式点动按钮 SB_2 作为停止按钮;常开式点动按钮 SB_2 作为起动按钮,与继电器 KA_1 的触点构成"自锁"回路,实现继电器 KA_1 可靠的接通;继电器 KA_2、接通延时时间继电器 KT_1 和 KT_2 线圈及触点构成间歇定时逻辑控制回路,其逻辑关系如图 6.30 所示;KT_1 线圈接通时电动机运行,实现电动机运行时间整定;KT_2 线圈接通时电动机停止,实现电动机停止时间整定;串入热继电器常闭触点 FR 实现电动机过热的控制回路保护。

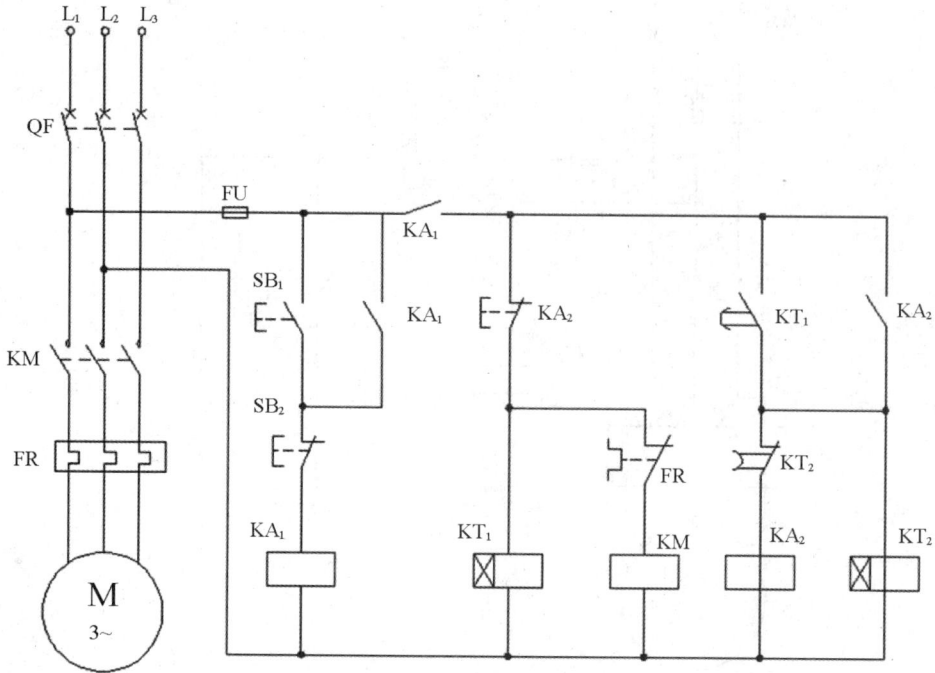

图 6.30　单台三相交流异步电动机间歇运行控制电路

2. 两台三相交流异步电动机交替间歇运行控制电路

如图 6.31 所示,两台三相交流异步电动机交替间歇运行控制电路主要由 380VAC 主回路和 380VAC 控制回路组成,各回路的主要元器件组成说明如下:

主回路的主要元器件有:空气开关 QF、交流接触器 KM_1 与 KM_2 主触点、热继电器 FR_1 与 FR_2 主触点和电动机 M_1 与 M_2。

控制回路的主要元器件有:保险丝 FU_1、热继电器 FR_1 和 FR_2 常闭触点、常闭式点动按钮 SB_2、常开式点动按钮 SB_1、接通延时时间继电器 KT_1 与 KT_2 线圈及触点和交流接触器 KM_1 与 KM_2 线圈及辅助触点。

该控制电路的工作原理为:主回路中的空气开关 QF、接触器 KM_1 与 KM_2,热继电器 FR 构成电动机 M_1 和 M_2 前端的三大保护及控制元件。接触器 KM_1 闭合时,实现电动机 M_1 运行;接触器 KM_2 闭合时,实现电动机 M_2 运行。控制回路中的常闭式点动按钮 SB_2 作为停止按钮;常开式点动按钮 SB_2 作为起动按钮,与时间继电器 KT_2 和接触器 KM_1 的辅助触点构成"自锁"回路,实现可靠的接通;接通延时时间继电器 KT_1 和 KT_2 线圈及触点构成间歇定时逻辑控制回路,其逻辑关系如图 6.31 所示;KT_1 线圈接通时电动机运行,实现电动机 M_1 运行时间整定;KT_2 线圈接通时电动机停止,实现电动机停止时间整定;KT_1 和 KT_2 触点在 KM_1 和 KM_2 线圈回路构成互锁回路,实现两台电动机可靠的单台运行;串入热继电器常闭触点 FR 实现电动机过热的控制回路保护。

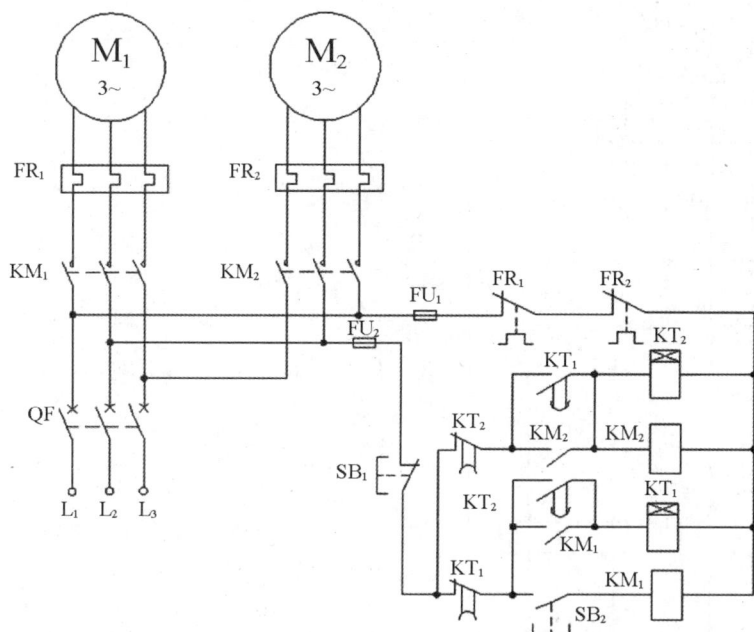

图 6.31　两台三相交流异步电动机交替间歇运行控制电路

6.2.6　机电传动系统调速控制电路

如图 6.32 所示,三相交流异步电动机调速控制电路主要由 380VAC 主回路和 380VAC 控制回路组成,各回路的主要元器件组成说明如下:

主回路的主要元器件有:空气开关 QF、交流接触器 KM_1、KM_2 和 KM_3 主触点、热继电器 FR 主触点和电动机 M。

控制回路的主要元器件有:保险丝 FU_1、热继电器 FR_1 和 FR_2 常闭触点、常闭式点动按钮 SB_3、复合式点动按钮 SB_1、常开式点动按钮 SB_2、接通延时时间继电器 KT 线圈及触点、交流接触器 KM_1、KM_2 和 KM_3 线圈及辅助触点。

该调速控制电路是依据“星三角起动”原理(改变电动机绕组上的电压)实现的,其具体工作原理为:主回路中的空气开关 QF,接触器 KM_1、KM_2 和 KM_3,热继电器 FR_1 和 FR_2 构成电动机前端的三大保护及控制元件。接触器 KM_1 闭合时,实现电动机的低速运行;接触器 KM_2 和 KM_3 闭合时,实现电动机的高速运行;KM_1 和 KM_{2-3} 回路之间存在“互锁”。控制回路中的常闭式点动按钮 SB_3 作为停止按钮;复合式点动按钮 SB_1 作为低速起动按钮,与接触器 KM_1 的辅助触点构成“自锁”回路,实现可靠的接通;接通延时时间继电器 KT 和接触器 KM_2 与 KM_3 线圈及触点构成高低速切换逻辑控制回路,其逻辑关系如图 6.32 所示;常开式点动按钮 SB_2 作为高速起动按钮,与 KT 的直动触点构成“自锁”回路,实现可靠接通;SB_2 按下后,KT 线圈接通,经延时后断开 KM_1 线圈,同时接通 KM_2 和 KM_3 线圈回路,实现电动机可靠的高速运行;串入热继电器常闭触点 FR 实现电动机过热的控制回路保护。

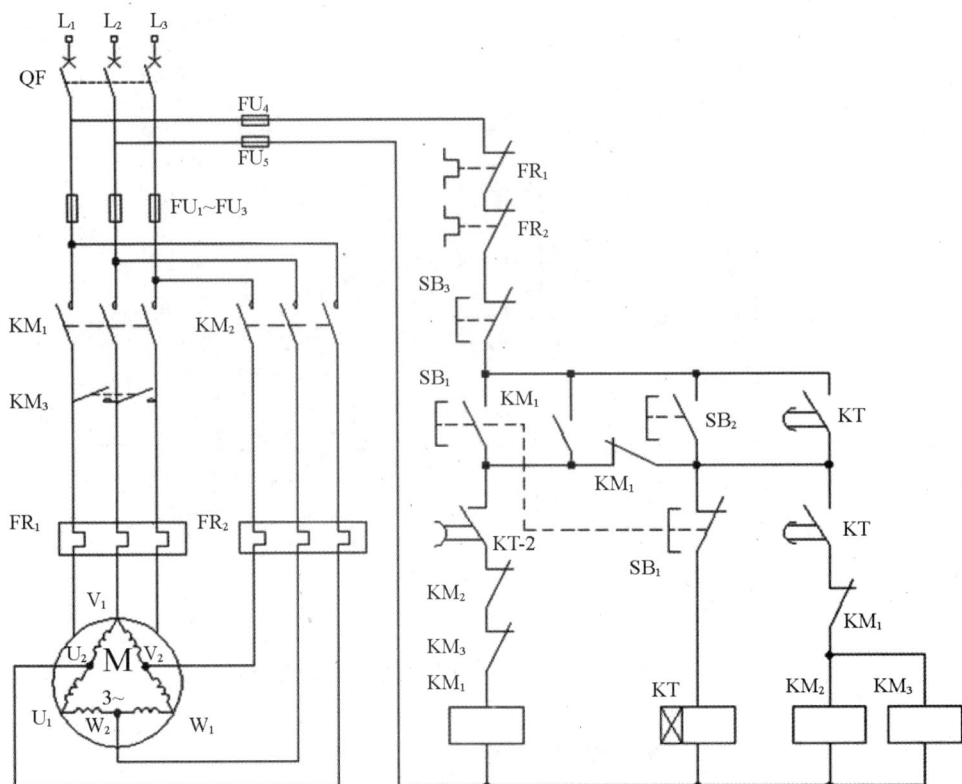

图 6.32 三相交流异步电动机调速控制电路

课后习题和动手实践题

课后习题

习题 6-1 异步电动机控制回路中,常用的三大保护器件是什么?

习题 6-2 从接触器的结构特征上如何区分交流接触器与直流接触器? 为什么?

习题 6-3 为什么交流电弧比直流电弧容易熄灭?

习题 6-4 若交流电器的线圈误接入同电压的直流电源,或直流电器的线圈误接入同电压的交流电源,会发生什么问题? 为什么?

习题 6-5 交流接触器动作太频繁时为什么会过热?

习题 6-6 在交流接触器铁芯上安装短路环为什么会减小振动和噪声?

习题 6-7 两个相同的110V 交流接触器线圈能否串联接于 220V 的交流电源上运行? 为什么? 若是直流接触器情况又如何? 为什么?

习题 6-8 电磁继电器与接触器的区别主要是什么?

习题 6-9 电动机中的短路保护、过电流保护和长期过载(热)保护有何区别?

习题 6 - 10　过电流继电器与热继电器有何区别？各有什么用途？

习题 6 - 11　为什么热继电器不能作短路保护而只能作长期过载保护,而熔断器则相反？

习题 6 - 12　自动空气断路器有什么功能和特点？

习题 6 - 13　时间继电器的四个延时触点符号各代表什么意思？

习题 6 - 14　为什么电动机要设有零电压保护和欠电压保护？

习题 6 - 15　简述断续控制电路的自锁和互锁的含义。

习题 6 - 16　电气原理图识图有哪些注意的规范？

动手实践题

（1）试一试,查看技术手册,整理西门子公司常用的接触器和继电器类型。

（2）试设计一台异步电动机的控制线路,要求:能实现启、停的两地控制;能实现点动调整;能实现单方向的行程保护;要有短路和长期过载保护。

（3）试设计一控制线路,要求:三台电动机 M_1、M_2、M_3 按一定顺序启动,即 M_1 启动后 M_2 才能启动,M_2 启动后 M_3 才能启动;停车时则同时停。

（4）试设计 M_1 和 M_2 两台电动机顺序启、停的控制电路,要求: M_1 启动后,M_2 立即自动启动;M_1 停止后,延时一段时间,M_2 才自动停止;M_2 能点动调整工作;两台电动机均有短路、长期过载保护。

（5）试一试,设计三台交流异步电动机 M_1、M_2 和 M_3 的运行控制电路图(包括主回路和控制回路)。设计要求如下:起动时按照顺序 M_1、M_2、M_3;停止时顺序 M_3、M_2、M_1;起动和停止动作之间均有一定的时间间隔;电路具有过载保护和失压保护。

第7章 可编程逻辑控制技术

本章导读

可编程逻辑控制器(Programmable Logic Controller,PLC)是为适应多品种、小批量生产的需求而产生发展起来的一种新型工业控制装置。PLC 的应用极为广泛,其工业级版本广泛应用于工厂自动化领域;其高端版本以其优异的运算速度和高可靠性,已成熟应用于航空母舰的控制系统中。因此,学习可编程逻辑控制技术及应用的基本知识是非常必要的。

通过本章的学习,可以知晓可编程控制器的结构、工作原理、指令系统和具体应用等问题。

学习思考

(1) 可编程控制器由哪些部分组成?
(2) 可编程控制器的工作原理是什么?
(3) 可编程控制器有哪些基本功能与特点?
(4) 西门子 S7 - 200 PLC 有哪些主要特点?
(5) 西门子 S7 - 200 指令参数所用的基本数据类型有哪些?
(6) 西门子 S7 - 200 有哪几种类型的定时器和计数器? 如何对其进行操作?
(7) 西门子 S7 - 200 如何实现交流异步电动机的断续控制?
(8) 西门子 S7 - 200 如何实现与变频器和伺服驱动器的典型驱动应用?

7.1 可编程逻辑控制器发展简介

可编程逻辑控制器 PLC 最早产生于 1969 年,由美国著名的数字设备公司(DEC)根据美国通用汽车公司(GM)(见表 7.1)的 10 项招标需求研发。

表 7.1 美国通用汽车公司的招标要求

序号	招标要求	序号	招标要求
1	软连接代替硬接线	6	有数据通信功能
2	维护方便	7	输入 115VAC
3	可靠性高于继电器控制系统	8	可在恶劣环境下工作
4	体积小于继电器控制系统	9	扩展时原系统变更要小
5	成本低于继电器控制系统	10	用户程序存储量要扩展到 4KB

国内外 PLC 的具体诞生时间表可以总结如下:

> 1969 年,美国研制出世界上第一台 PLC,型号 PDP-14

> 1971 年,日本研制出第一台 PLC,型号 DCS-8

> 1973 年,德国研制出第一台 PLC

> 1974 年,中国研制出第一台 PLC

这也就构成了当今世界 PLC 领域的三大流派,即美系、欧系和日系,其企业标志和典型的 PLC 产品如图 7.1 所示。

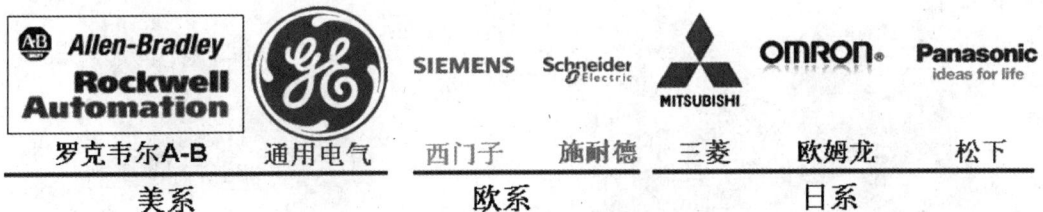

图 7.1 PLC 三大流派的企业标志

(1) 美系 PLC。以罗克韦尔(Rockwell)集团的 A-B(Allen-Bradly)公司和 GE(General Electric)公司为代表,它们主要主导大型 PLC。

(2) 欧系 PLC。主要以德国西门子(Siemens)公司和法国施耐德(Schneider)公司为代表,它们主要主导中型 PLC。

(3) 日系 PLC。来源于美系,主要以三菱(MITSUBISHI)、欧姆龙(OMRON)和松下(Panasonic)为代表,它们主要主导小型 PLC。

在以上叙述的品牌中,最为人所知的是西门子、三菱和台达。

西门子 PLC 产品,称为 SIMATIC S7 的模块化控制器,它可随时通过可插拔 I/O 模块、功能和通信模块灵活地进行扩展,为用户的需求提供量身定做的解决方案。根据用户的应用范围可以从性能、范围和接口选择等方向进行选择。西门子的模块化 PLC 也表现为高可用性或故障安全的安全系统。西门子 PLC 产品如图 7.2 所示,主要分为 S7-200 系列、S7-300 系列和 S7-400 系列。

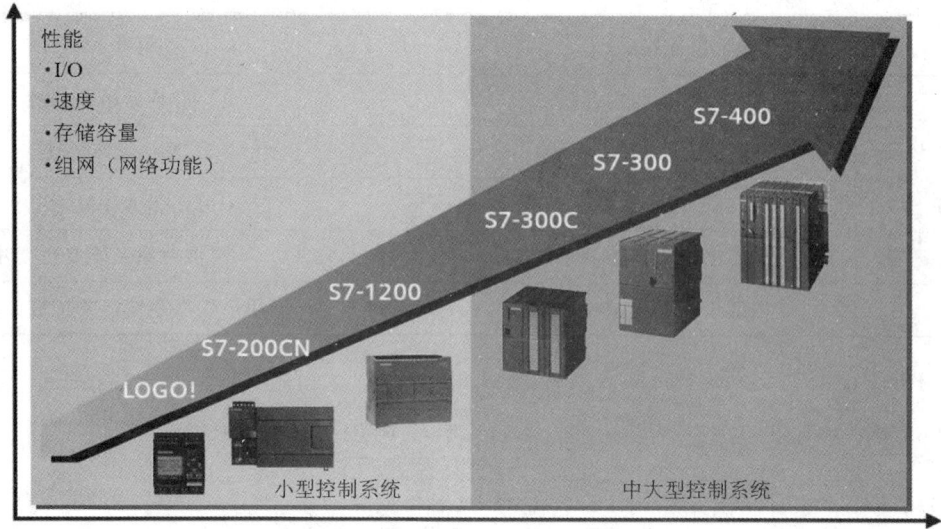

图 7.2　西门子 S7 系列 PLC 产品

　　三菱 PLC 包含三个系列,如图 7.3 所示,分为大型机 MELSEC － Q 系列、标准机型 MELSEC － L 系列和中小型机型 MELSEC － F 系列。MELSEC － Q 系列为高速度、高精度与数据处理全能机型;MELSEC － L 系列为实用且便利的标准机型,可以实现多样化控制; MELSEC － F 系列为经济型紧凑机型。

图 7.3　三菱 MELSEC 系列 PLC 产品

　　台达 PLC 为近两年发展起来的我国台湾地区品牌,因其优良的性能、实惠的价格,迅速占领了中小型 PLC 的大片市场。除了具有快速执行逻辑运算,指令集丰富、多元扩展功能卡及高性价比等特点外,还支持多种通信规范,使工业自动控制系统联成一个整体。台达 PLC 产品如图 7.4 所示,主要包括 AH500 系列和 DVP 系列。

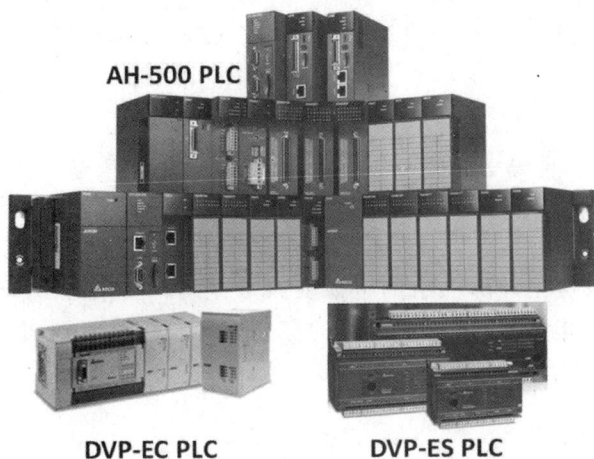

图 7.4 台达主要 PLC 产品

考虑到西门子 PLC 应用场合的普遍性,本书主要讲述西门子 S7－200PLC 系统及应用过程的注意事项,详细应用可以参考西门子 S7－200PLC 的用户手册和使用手册。

7.2 西门子 S7－200 系列 PLC 基本结构和工作原理

7.2.1 基本结构

所有 PLC 的结构都基本相似,主要由中央控制单元、存储器、输入输出单元、输入输出扩展接口、外部设备接口以及电源部分组成。各部分之间通过内部系统总线进行连接。如图 7.5 所示为 PLC 的基本结构。

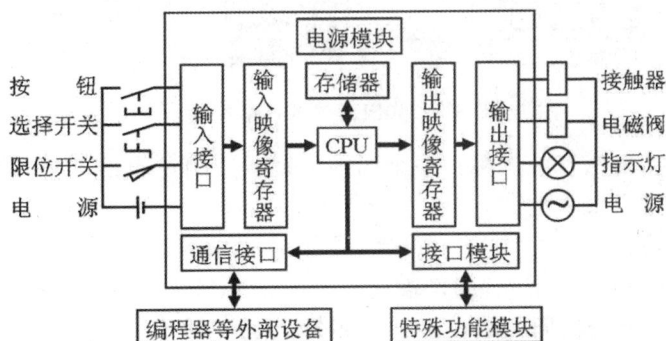

图 7.5 PLC 基本结构

(1) 中央处理单元 CPU。PLC 的运算控制中心,包括微处理器和控制接口电路。

(2) 存储器。其用来存储系统程序、用户程序和各种数据。ROM 一般采用 EPROM、

E^2PROM 和 FLASH;RAM 一般采用 CMOS 静态存储器,即 CMOS RAM。

（3）输入输出单元 I/O。其是 PLC 与工业现场之间的连接部件,有各种开关量 I/O 单元、模拟量 I/O 单元和智能 I/O 单元等。

（4）输入输出扩展模块。其是 PLC 主机扩展 I/O 点数和类型的部件,可连接 I/O 扩展单元、远程 I/O 扩展单元、智能 I/O 单元等。它有并行接口、串行接口、双口存储器接头等多种形式。

（5）外部设备接口。PLC 可以通过该接口与彩色图形显示器、打印机等外部设备连接,也可以与其他 PLC 或上位机连接。外部设备接口一般是 RS - 232、RS422A 或 RS - 485 串行通信接口。

（6）电源单元。其可把外部供给的电源变换成系统内部各单元所需的电源,还包括掉电保护电路和后备电池电源,以保持 RAM 的存储内容不丢失。还可以向外提供 24V 的隔离直流电源,供给现场无源开关使用。

7.2.2 工作原理

1. S7 - 200PLC 的控制逻辑

如图 7.2 所示的 S7 - 200PLC,将程序地址与物理输入输出点相联系,周而复始地（循环式）执行程序中的控制逻辑和读写数据。其具体控制逻辑过程实现如图 7.6 所示。

- CPU 从输入接口读取输入状态作为已知条件
- CPU 根据用户程序进行控制逻辑
- CPU 执行用户程序,刷新结果数据
- CPU 将结果数据写到输出接口

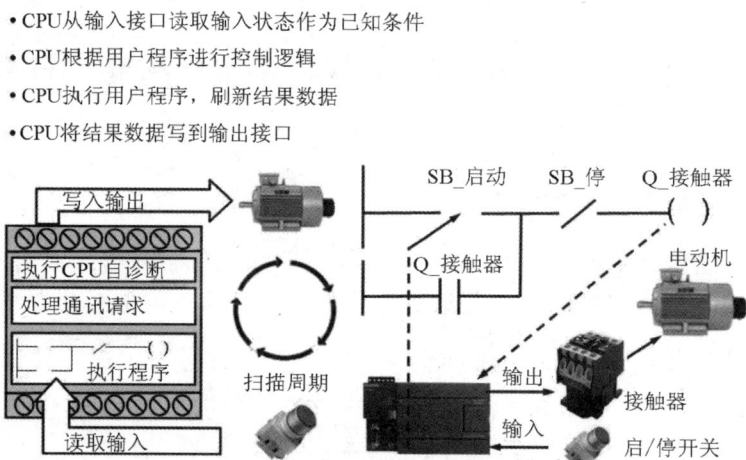

图 7.6　S7 - 200PLC 输入输出控制原理图

控制逻辑任务循环执行一次称为一个扫描周期。控制逻辑的详细过程可以由如图 7.7 所示的硬软件执行过程来表述。

（1）PLC 读写输入

将实际输入的状态复制到过程映像输入寄存器,具体输入状态分为数字量和模拟量两种。

数字量输入:每个扫描周期从读取数字量输入的当前值开始,然后将这些值写入到过程映像输入寄存器。

模拟量输入:在不启用模拟量输入过滤情况下,程序访问模拟量输入时,S7 - 200 都会直接从扩展模块读取模拟值;在启用模拟量输入过滤情况下,S7 - 200 每一个扫描周期刷新模拟量、执行滤波功能并且在内部存储滤波值。模拟量滤波可以得到较稳定的信号,建议在采样模拟信号变化不快时采用。

（2）PLC 执行程序

在扫描周期的执行程序阶段，CPU 从头至尾执行应用程序，产生逻辑运算结果，并写到过程输出映像寄存器。在程序或中断程序的执行过程中，立即使 I/O 指令允许 CPU 直接访问输入与输出。

如果在程序中使用子程序 SBR，则子程序作为程序的一部分存储。当该子程序被主程序、另一个子程序或中断程序调用时执行子程序。从主程序开始时，子程序嵌套深度是 8；从中断程序开始时，子程序嵌套深度是 1。

如果在程序中使用了中断，与中断事件相关的中断程序也作为程序的一部分被存储。中断程序并不作为正常扫描周期的一部分来执行，而是当中断事件发生时才执行，即可能发生在扫描周期的任意点。这也就是说中断事件的处理会增加扫描周期，即扫描周期不是一个常数。

图 7.7 描述了一个典型的扫描流程，该流程包括局部存储器应用（有关局部存储器的内容请参见本节后续内容）和两个中断事件（一个事件发生在程序执行阶段，另一个事件发生在扫描周期的通信阶段）。子程序由一个较高级别调用，并在调用时得到执行。

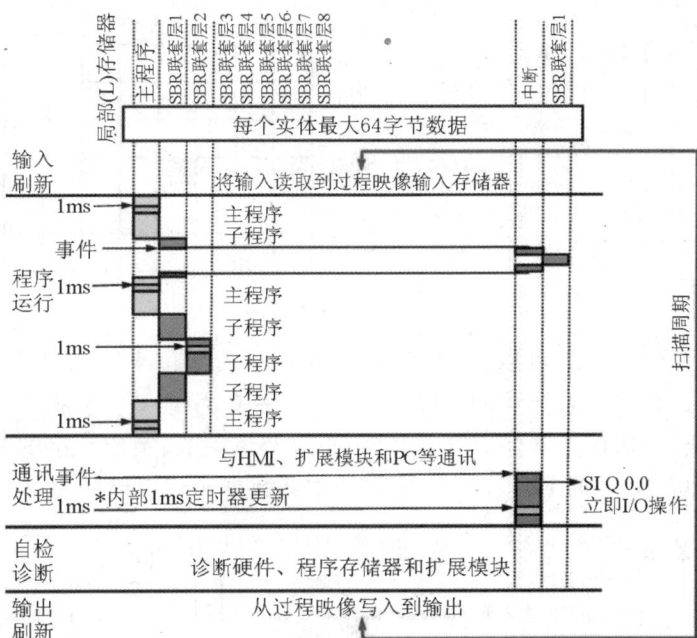

图 7.7 S7－200PLC 软件执行过程原理图

（3）PLC 处理通信请求

在扫描周期的信息处理阶段，S7.－200 处理从通信端口或智能 I/O 模块接收到的任何信息。

（4）PLC 执行 CPU 自诊断

在扫描周期的这一阶段，S7－200 检查 CPU 的操作和扩展模块的状态是否正常。

（5）PLC 写数字输出

在每个扫描周期的结尾，CPU 把存储在输出映像寄存器中的数字量数据写到数字输出点,模拟量输出采用直接刷新,与扫描周期无关。

2. S7－200PLC 的数据存储器

S7－200 将信息存于不同的存储器单元,每个单元都有唯一的地址。表 7.2 列出了不同长度数据所能表示的数值范围。

表 7.2　不同长度数据表示的十进制和十六进制数据范围

数制	字节(B)	字(W)	双字(D)
无符号整数	0～255 0H～FFH	0～65535 0H～FFFFH	0～4 294 967 295 0H～FFFF FFFFH
有符号整数	−128～+127 80H～7FH	−32768～+32767 8000H～7FFFH	−2147483648～+2147483647 8000 0000H～FFFF FFFFH

若要访问存储区的某一位,则必须指定其详细地址,因此位寻址指令由存储器标识符、字节地址和位号组成。图 7.8 是一个位寻址的例子(也称为"字节、位"寻址),存储器区(I＝输入寄存器)和字节地址(3＝字地址节 3),用点号"."来分隔位地址。

图 7.8　位寻址原理图

使用这种字节寻址方式,可以按照字节、字或双字为单位来访问许多存储区(V、I、Q、M、S、L 及 SM)中的数据。若要访问 CPU 中的一个字节、字或双字数据,则必须以类似位寻址的方式给出地址,包括存储器标识符、数据大小以及该字节、字或双字的起始字节地址,如图 7.9 所示。其他存储区如 T、C、HC 和累加器中的数据访问也可采用类似方法。

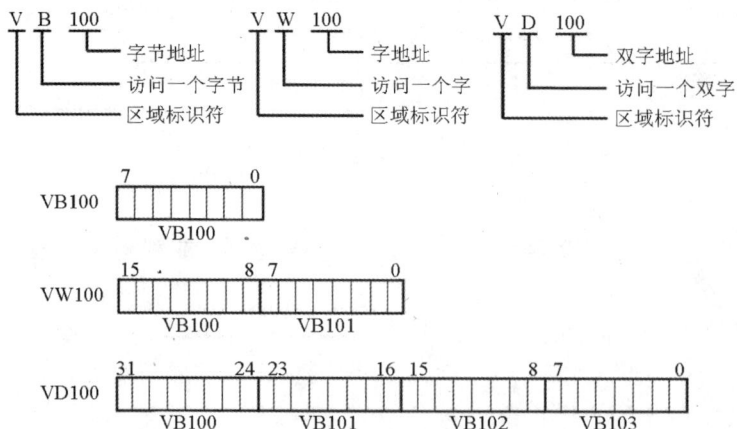

图 7.9　字节、字和双字寻址原理图

具体各存储器的数据的存取格式如表 7.3 所示。

表 7.3　S7 - 200PLC 中主要存储器数据寻址方式简介

存储器（标识符）	可用寻址方式	实例
输入映像寄存器 I	位：I[字节地址].[位地址] 字节/字/双字：I[大小][起始字节地址]	I0.1 IB4
输出映像寄存器 Q	位：Q[字节地址].[位地址] 字节/字/双字：Q[大小][起始字节地址]	Q0.1 QB5
变量寄存器 V	位：V[字节地址].[位地址] 字节/字/双字：V[大小][起始字节地址]	V10.1 VW5
位存储器 M	位：M[字节地址].[位地址] 字节/字/双字：M[大小][起始字节地址]	M20.1 MD10
定时寄存器 T	位：T[定时器号]　定时满触点 字：T[定时器号]　存储定时器当前值	依据指令 T1
计数寄存器 C	位：C[计数器号]　计数满触点 字：C[计数器号]　存储计数器当前值	依据指令 C1
高速计数寄存器 HC	双字：HC[计数器号]存储计数器当前值	HC1
累加器 AC	字节/字/双字：AC[0－3]	依据指令
特殊功能寄存器 SM	位：SM[字节地址].[位地址] 字节/字/双字：SM[大小][起始字节地址]	SM0.6 SMB5
局部存储寄存器 L	位：L[字节地址].[位地址] 字节/字/双字：L[大小][起始字节地址]	L0.0 LB33
模拟输入寄存器 AI	字：AIW[起始字节地址]	AIW2 AIW4
模拟输出寄存器 AQ	字：AQW[起始字节地址]	AQW2 AQW4
顺序控制寄存器 S	位：S[字节地址].[位地址] 字节/字/双字：S[大小][起始字节地址]	S0.0 SB3

7.3　西门子 S7 - 200 系列 PLC 标准模块和扩展模块

西门子 S7 - 200 系列 PLC 系统包括 CPU 标准模块和扩展模块。其主要特点与功能简介如下：

7.3.1 CPU 标准模块

根据最新的西门子 S7 - 200PLC 系统产品目录,S7 - 200 系列 PLC 的 CPU 如图 7.10 所示。

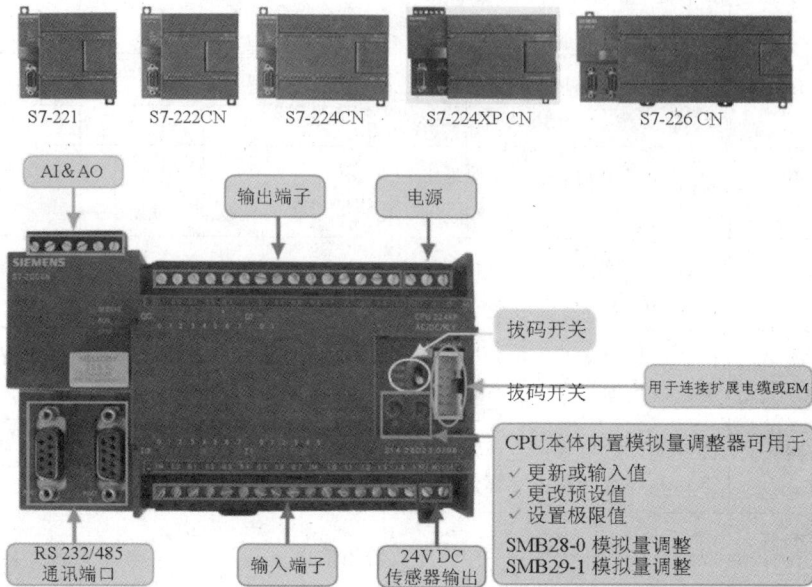

图 7.10 典型 S7 - 200 系列 PLC 的 CPU 标准模块

图中典型的 CPU 模块型号为"S7 - 224XP CN AC/DC/RLY",其中"AC"代表该模块供电电源电压为 220VAC;"DC"代表输入和输出信号供电电压为直流电,一般推荐为 24VDC;"RLY"代表输出接口为继电器型,而非晶体管型,即该模块的输出接口频响较慢(不会超过 50Hz),不能用于高速脉冲输出控制。如果需要进行高频脉冲输出功能,则需要选择晶体管输出型,即"S7 - 224XP CN DC/DC/DC"型。

上述标准 CPU 模块的具体硬件性能指标如表 7.4 所示。

表 7.4 S7 - 200CPU 主要性能

型号	S7 - 221	S7 - 222CN	S7 - 224CN	S7 - 226XP CN	S7 - 226CN
集成 DI/DO	6DI/4DO	8DI/6DO	14DI/10DO	14DI/10DO	24DI/16DO
最大 DI/DO		48DI/46DO	114DI/110DO	114DI/110DO	128DI/128DO
集成 AI/AO				2AI/1AO	
最大 AI/AQ		16AI/8AO	32AI/28AO	32AI/28AO	32AI/28AO
可扩展模块数		2	7	7	7
程序存储	4KB	4KB	8KB	12KB	16KB
数据存储	2KB	2KB	8KB	10KB	10KB

型号	S7－221	S7－222CN	S7－224CN	S7－226XP CN	S7－226CN
高速计数器	4×30kHz	2×30kHz 2×20kHz	2×30kHz 4×20kHz	4×30kHz 2×200kHz	2×30kHz 4×20kHz
脉冲输出	2×20kHz	2×20kHz	2×20kHz	2×100kHz	2×20kHz
指令速度	0.22μs/布尔运算指令				
通信口	1 RS485	1 RS485	1 RS485	2 RS485	2 RS485

1. 数字量输入功能与接线原理

数字量输入功能是标准 CPU 模块的最基本功能,主要为采集现场的开关量信号(接近开关、极限开关和按钮开关等)而设计。它的主要特性可以描述为:输入信号逻辑"1"最小电压 15VDC 2.5mA,逻辑"0"最大电压 5VDC 1mA;信号输入延时 0.2～12.8ms;信号输入形式"漏型"和"源型","漏型"是指信号电流从输入器件流入 PLC,"源型"是指信号电流由 PLC 流出到输入器件。具体信号类型的输入接线原理如图 7.11 所示;额定输入电压 24VDC;额定输入电流 4mA;最大输入电压 30VDC;浪涌电压 35VDC(持续时间 0.5s)。

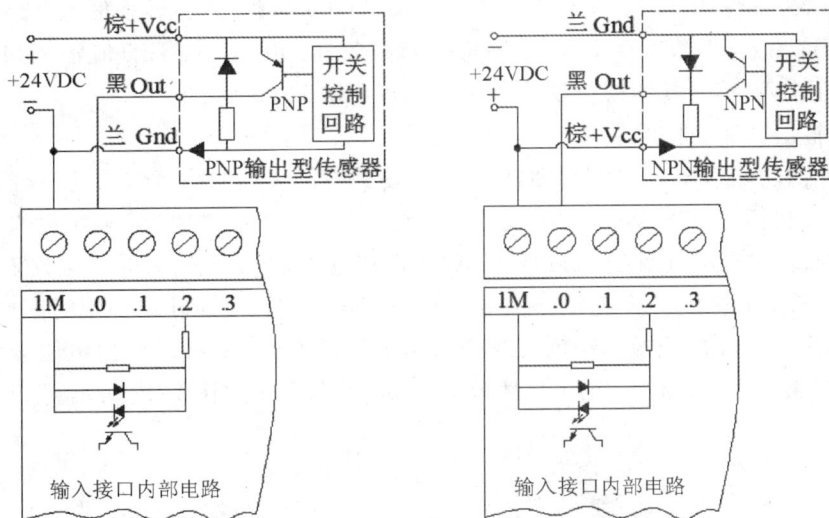

图 7.11 数字量信号输入接线原理图

2. 数字量输出功能与接线原理

数字量输出功能是标准 CPU 模块的最基本功能,主要为控制现场的执行电器(继电器、接触器和电磁铁等)而设计。

数字量输出模块的主要特性可以描述为:干触点(开关)形式或者晶体管形式,额定负载时触点寿命 10000 次;触点开关脉冲频率 1Hz;触点接通电阻 0.2Ω,断开电阻 100MΩ;额定电压 24VDC 或 250VAC,电压范围 5～30VDC 或者 5～250VAC;额定电流最大 2A,公共端额定电流最大 10A;灯负载最大 30W DC 或者 200W AC。具体数字量输出接线原理如图 7.12 所示。

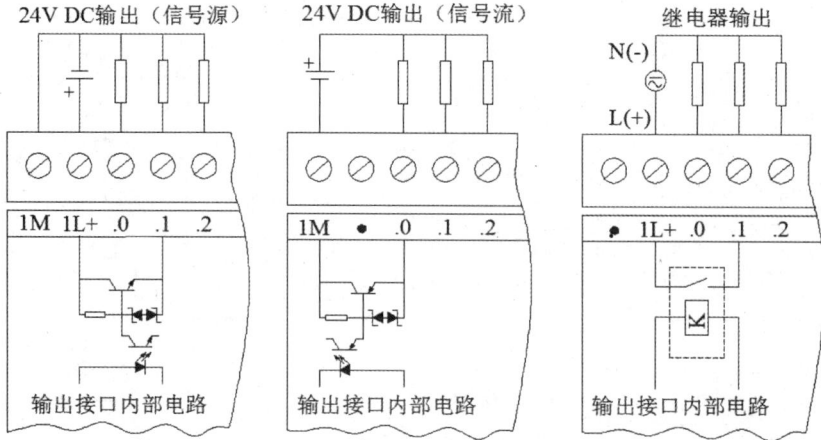

图 7.12 数字量信号输出接线原理图

3. 模拟输入功能与接线原理

模拟量输入功能集成于 CPU224XP 模块,主要为采集现场的状态信号(温度、压力和流量传感器信号等)而设计。它的主要特性可以描述为:单端输入;输入电压范围 $-10 \sim 10\mathrm{VDC}$;对应数字量范围 $-32000 \sim 32000$;分辨率 $11+1$ 位符号位;转换时间 125ms;转换模式 $\Sigma - \triangle$;精度 $\pm 2.5\% \mathrm{FS}$(Full Scale 满量程);重复性 $\pm 0.05\% \mathrm{FS}$;直流输入阻抗 $100\mathrm{k}\Omega$;最大输入电压 30VDC。具体模拟量输入接线原理如图 7.13 所示。

4. 模拟输出功能与接线原理

模拟量输出功能集成于 CPU224XP 模块,主要为控制现场的执行电器(变频器、伺服驱动器、调节阀、比例阀和比例电磁铁等)而设计。它的主要特性可以描述为:输出模式可以在电压和电流中选择;输出电压范围 $0 \sim +10\mathrm{VDC}$,输出电流范围 $0 \sim 20\mathrm{mA}$;对应电压数字量范围 $0 \sim +32767$,对应输出电流数字量范围 $0 \sim +32000$;分辨率 12 位;电压输出稳定时间 $< 50\mu \mathrm{s}$,电流输出稳定时间 $< 100\mu \mathrm{s}$;输出电压精度 $\pm 2\% \mathrm{FS}$,输出电流精度 $\pm 3\% \mathrm{FS}$;输出电压最大驱动负载 $5\mathrm{k}\Omega$,输出电流最大驱动负载 500Ω。具体模拟量输入接线原理如图 7.13 所示。

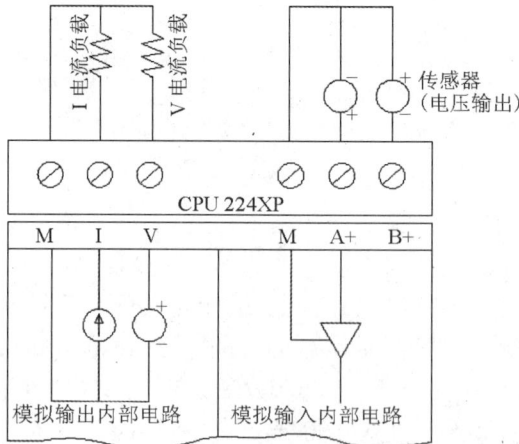

图 7.13 模拟量信号输入输出接线原理图

5. 高速计数器功能与接线原理

高速计数器功能是 CPU 模块的集成功能,主要为接受外部 1kHz 以上高频脉冲而设计(如旋转编码器的位置反馈),其中 CPU221 和 CPU222 支持 HSC0、HSC3、HSC4 和 HSC5,而 CPU224、CPU224XP 和 CPU226 支持 HSC0 – 6 所有高速计数器。高速计数器有四种基本类型(见表 7.5):带内部方向控制的单相计数器、带外部方向控制的单相计数器、带增减时钟的双相计数器和带 A/B 相正交计数器的双相计数器。需要注意的是,并不是所有高速计数器都能使用每一种模式。具体详细的高速计数器使用详见 S7 – 200 产品用户手册。

表 7.5 高速计数器输入点和计数模式定义

模式	描述	涉及输入点			
	HSC0	I0.0	I0.1	I0.2	
	HSC1	I0.6	I0.7	I1.0	I1.1
	HSC2	I1.2	I1.3	I1.4	I1.5
	HSC3	I0.1			
	HSC4	I0.3	I0.4	I0.5	
	HSC5	I0.4			
0	带内部方向控制的单相计数器	时钟			
1		时钟		复位	
2		时钟		复位	启动
3	带外部方向控制的单相计数器	时钟	方向		
4		时钟	方向	复位	
5		时钟	方向	复位	启动
6	带增减技术时钟的双相计数器	增时钟	减时钟		
7		增时钟	减时钟	复位	
8		增时钟	减时钟	复位	启动
9	带 A/B 相正交计数器	时钟 A	时钟 B		
10		时钟 A	时钟 B	复位	
11		时钟 A	时钟 B	复位	启动
12	只有 HSC0 和 HSC3 支持 HSC0 计数 Q0.0 输出脉冲数 HSC3 计数 Q0.1 输出脉冲数				

具体高速计数器的输入点接线原理如图 7.14 所示,具体信号流可以参考图 7.11。同一个输入点不能同时用于两个不同的功能,但是没有被高速计数器当前模式使用的输入点,都可以被用作其他用途。例如,如果 HSC0 正被用于模式 1,它占用 I0.0 和 I0.2,则 I0.1 可以

机电传动 系统与控制

被边缘中断或者 HSC3 占用。HSC0 的所有模式(模式 12 除外)总是使用 I0.0,HSC4 的所有模式总是使用 I0.3,因此在使用这些计数器时,相应的输入点不能用于其他功能。

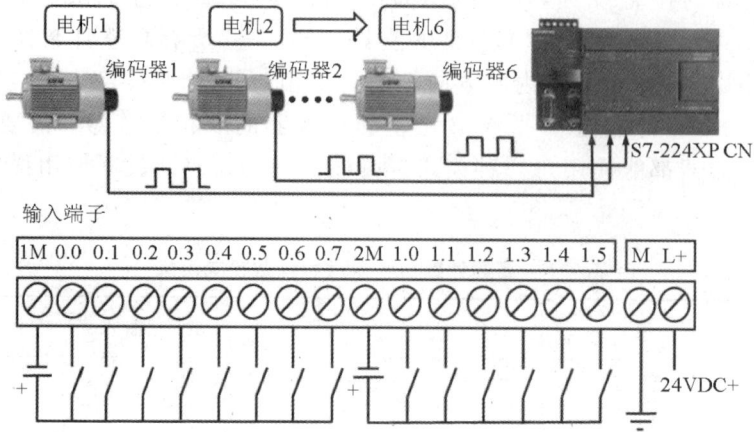

图 7.14 高速计数器的输入点接线原理图

6. PTO/PWM 脉冲输出功能与接线原理

S7-200 有两个 PTO/PWM 发生器,主要为控制各类执行器的驱动器设计(如步进电动机、伺服电动机和舵机的位置及速度控制)。它们可以产生一个高速脉冲串(PTO)或者一个脉宽调制(PWM)信号波形。如图 7.15 所示,两个发生器分配给数字输出点 Q0.0 和 Q0.1。一些指定的特殊存储器(SM)存储每个发生器的相关控制和模式数据:一个控制字节(8 位数值)、一个脉冲计数值(无符号 32 位数值)、一个周期数值(无符号 16 位数值)和脉冲宽度值(无符号 16 位数值)。在使用 PTO 或者 PWM 操作之前,将 Q0.0 和 Q0.1 过程映像寄存器清 0。具体详细的 PTO/PWM 发生器使用详见 S7-200 产品用户手册。以下仅对需要注意的地方做些说明。

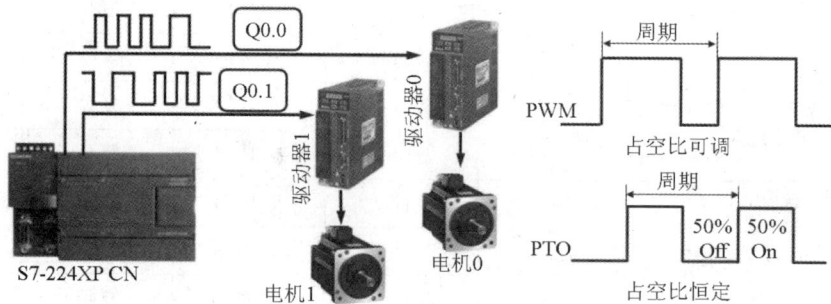

图 7.15 PTO/PWM 发生器工作原理图

(1)使用 PTO/PWM 发生器,必须是"晶体管输出型"CPU,否则没有办法实现高频的脉冲输出,具体接线原理可以参考图 7.13 的模拟输出。

(2)PTO 脉冲发生器按照给定的脉冲个数和周期输出一串方波(固定占空比 50%),可以产生单段脉冲串或者多段脉冲串。PWM 脉冲发生器则按照给定的占空比和周期输出一串方波。

7.3.2 PLC 扩展模块

S7 - 200 系列 PLC 的扩展模块主要为了增加 I/O 接口数量以及某些特殊功能(如称重、通信和网络等)而设计,采用如图 7.16 所示的形式进行扩展模块连接。CPU 通过组态各扩展模块,实现各扩展模块的编址和数据通信;通信采用的硬软件是扩展电缆(扩展总线)和相关通信协议,这方面的详细内容可以参考单片机的串行通信原理。具体扩展模块主要包括数字量扩展模块(扩展数字量 DI/DO 点)、模拟量扩展模块(扩展模拟量 AI/AO 点)、称重功能模块和网络扩展模块等。各种模块外观基本一致,但是其功能却大不相同。具体各种模块的功能特点说明如下:

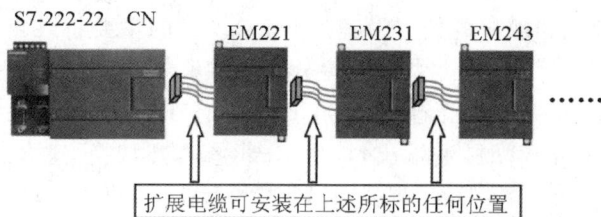

图 7.16　S7 - 200 系列 PLC 的模块扩展功能

1. 数字量扩展模块 EM22X

数字量扩展模块包括数字量输入扩展模块和数字量输出扩展模块,主要为增加 CPU 采集和控制现场的开关量信号数量而设计。它们的电气接口主要特性与标准模块相同,其具体模块的主要性能指标罗列如表 7.6 所示,具体可以参见 S7 - 200 系列 PLC 产品目录。

表 7.6　S7 - 200 系列 PLC 数字量扩展模块名称及性能

模块名称	模块描述	模块名称	模块描述
EM221	DI(晶体管型)8 点×24VDC4mA	EM223	24VDC×DI4 点/DO4 点
	DI16 点×24VDC4mA		24VDC×DI4 点/RLY4 点
	DI8 点×120/230VAC		24VDC×DI8 点/DO8 点
EM222	DO(晶体管型)4 点×24VDC-5A		24VDC×DI8 点/RLY8 点
	DO4 点×RLY(继电器型)4 点-10A		24VDC×DI16 点/DO16 点
	DO8 点×24VDC-5A		24VDC×DI16 点/RLY16 点
	DO8 点×RLY 点-10A		24VDC×DI32 点/DO32 点
	DO8 点×120/230VAC		24VDC×DI32 点/RLY32 点

2. 模拟量扩展模块 EM23X

模拟量扩展模块包括模拟量输入扩展模块和模拟量输出扩展模块,主要为增加 CPU 采集和控制现场的模拟量信号数量而设计。它们的电气接口主要特性与 CPU 集成模拟量模块相同,其具体模块的主要性能指标罗列如表 7.7 所示,具体可以参见 S7 - 200 系列 PLC 产品目录。

表 7.7　S7－200 系列 PLC 模拟量扩展模块名称及性能表

模块名称	模块描述	模块名称	模块描述
EM 231	AI4 点：电压，电流可选	EM235	AI4 点／AO1 点
	AI8 点，电流，电压可选		
EM232	AO2 点：电压，电流可选		
	AO4 点：电压，电流可选		

3. 位置控制扩展模块 EM253

S7－200 系列 PLC 的位置控制扩展模块，主要为增加一输出轴的伺服定位系统设计（如步进电动机、伺服电动机和舵机的位置及速度控制）。它的主要特性可以描述为：模块供电电压 11－30VDC；集成 6 点 DO，提供 2 路差分式脉冲输出驱动（P0＋和 P0，P1＋和 P1－），脉冲频率≤200kHz，提供两路漏型输出 P0 和 P1 用于控制电动机运动与方向；集成 5 点 DI，提供 STP（脉冲停止）停止模块脉冲输出，提供 RPS（参考点切换）建立绝对零位参考点，提供 ZP（零位脉冲）辅助建立零位参考点，提供 LMT＋和 LMT－建立运动极限位置，提供 DIS 用于禁止驱动器使能，提供 CLR 用于清除伺服脉冲计数器。具体模块的外观和接线原理如图 7.17 所示。具体详细的位置扩展模块使用详见 S7－200 产品 EM253 模块手册。

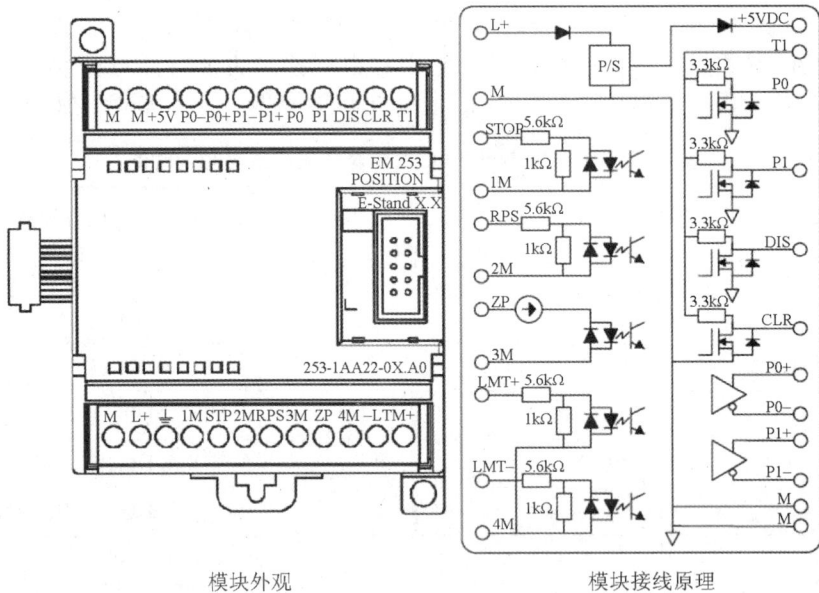

模块外观　　　　　　　模块接线原理

图 7.17　S7－200 系列 PLC 的定位模块 EM253 及接线原理图

4. 扩展模块 SIWAREX MS 的称重功能

S7－200 系列 PLC 的称重扩展模块，主要为增加一个传感器和多传感器称重系统（如液位测量、容器料斗填充、产品质量检测和力的测量等）而设计。该模块提供了分辨率高达 16 位的重量测量或力的测量功能，0.05％高准确性，测量时间 20ms 或 33ms，极限值监视，能灵活地适应 SIMATIC 控制方面的不同要求。该模块使用 SIWATOOLMS 程序，通过 RS 232 接口，就能容易地实现秤的调节及诊断功能。它的主要特性可以描述为：模块提供供电电压 18.5～30.2VDC，功耗 5W;提供 3 个称重传感器,其测量范围 0~1mV/V,0~2mV/V 和 0~4mV/V;提供 RS-232C 接口,波特率 9600bit/s,8 个数据位,偶校验,1 个停止位。具体模块的外观和称重传感器接线原理如图 7.18 所示。具体详细的称重模块使用详见 S7-200 产品 SIWAREXMS 模块手册。

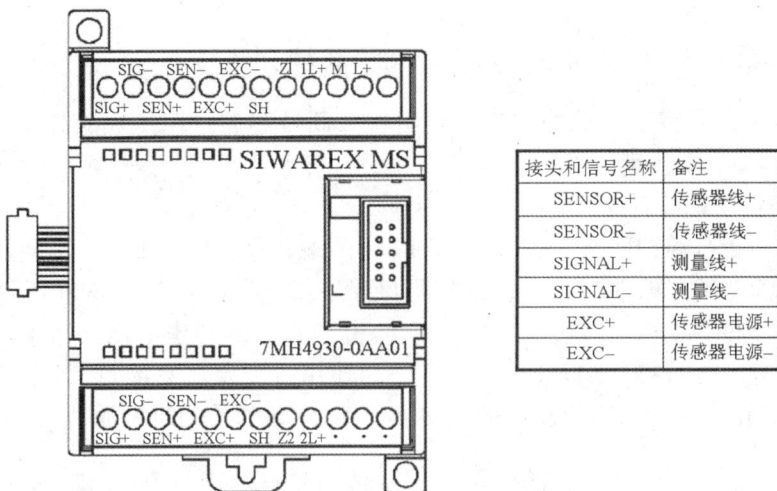

接头和信号名称	备注
SENSOR+	传感器线+
SENSOR−	传感器线−
SIGNAL+	测量线+
SIGNAL−	测量线−
EXC+	传感器电源+
EXC−	传感器电源−

图 7.18 扩展模块 SIWAREX MS 及接线原理图

5. 网络功能模块

S7-200 系列 PLC 的特殊扩展模块,除了以上的功能外,还提供了一些丰富的网络通信功能,其具体构架如图 7.19 所示。它的主要特性可以描述为:可以通过扩展模块(如 EM277、CP243-1 和 EM241 等)实现 PROFIBUS-DP 总线通信和网络通信功能;还可以通过自身的 RS232/RS485 接口、组态 Modbus 通信网络、连接触摸屏、GPRS 模块、西门子变频器、编码器、条形码阅读器和打印机等。具体详细的特殊功能模块使用详见 S7-200 产品用户手册。

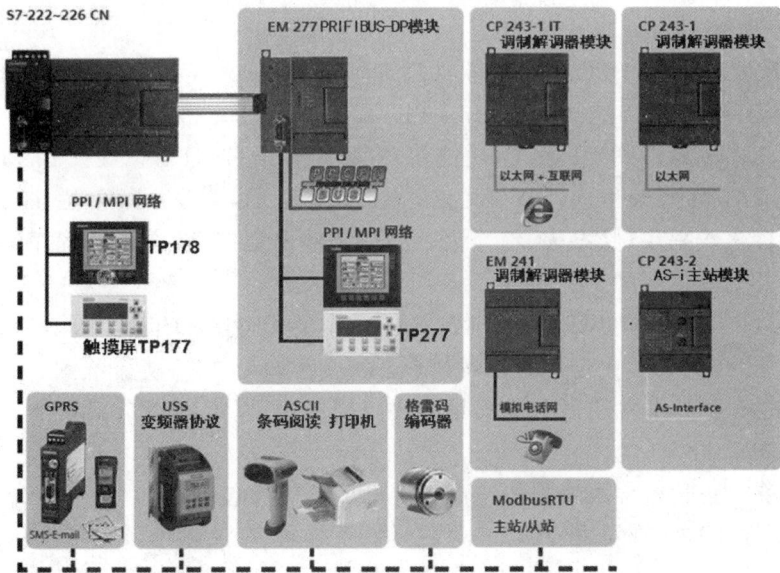

图 7.19 S7-200 系列 PLC 的通信网络功能

7.4 西门子 S7 - 200 系列 PLC 编程基础

7.4.1 西门子 S7 - 200 系列 PLC 编程环境介绍

西门子 S7 - 200 系列 PLC 的编程环境由相关硬件和软件组成。具体编程环境的硬软件组成说明如下。

1. 编程环境硬件配置

如图 7.20 所示,西门子 S7 - 200 系列 PLC 的编程硬件系统由 PLC、PC - PPI 通信电缆、PC 及 S7 - 200 编程软件组成。具体的用户程序就可以经过编程软件,下载到 PLC 中,简单的一个编程和下载实例会在本节第 4 部分 PLC 程序创建中给出。其中 PC - PPI 电缆一头为九针串行接口,一头为 USB/RS232 接口,使用时需要注意的是:该电缆中集成了相关的 Step 7 通信协议,如果需要复杂的网络通信功能,建议使用进口原装的 PC - PPI 电缆。

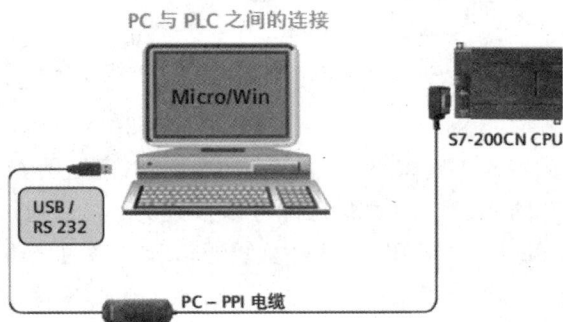

图 7.20 S7 - 200 系列 PLC 编程系统硬件配置

2. 编程软件介绍

西门子 S7 - 200 系列 PLC 的编程软件是 STEP7 Micro/Win,其主界面如图 7.21 所示,运行于 Windows 平台,适用于所有 SIMATIC S7 - 200 PLC 机型软件编程。该软件支持 STL(语句表)、LAD(梯形图)和 FBD(功能块)三种编程语言,且可以在三者之间随时切换。

STEP7 Micro/Win 编程软件窗口元素如图 7.21 所示,主要由菜单栏、工具栏、浏览条、指令树、交叉引用、数据块、状态表、符号表、变量表、输出窗口、状态栏和程序编辑器等组成。这些部分的主要功能说明如下:

(1)菜单栏——允许使用鼠标和键盘执行操作各种命令和工具,如图 7.21 所示,可以定制"工具"菜单,在该菜单中定制自己的工具。

(2)工具栏——提供常用命令或工具的快捷按钮,可以定制每个工具条的内容和外观。标准工具栏如图 7.21 所示。

(3)浏览条——显示常用编程按钮群组。浏览条组件包括:

视图:显示程序块、符号表、状态表、数据块、系统块、交叉参考及通信按钮。

工具:显示指令向导、TD200 向导、位置控制向导、EM253 控制面板和扩展调制解调器向导等的按钮。

指令树——提供所有项目对象和当前程序编辑器(LAD、FBD 或 STL)的所有指令树视图。

交叉引用——查看程序的交叉应用和元件使用信息。

数据块——显示和编辑数据块内容

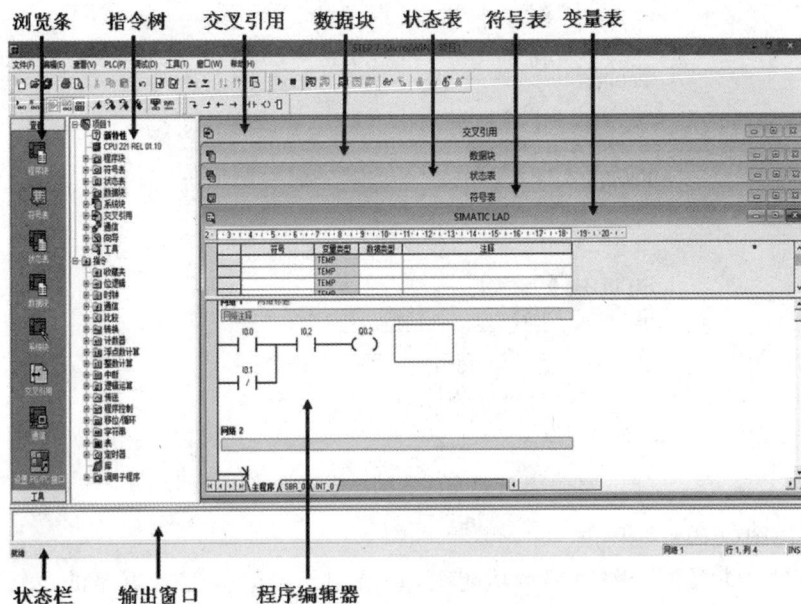

图 7.21 S7 - 200 系列 PLC 的编程软件 STEP7 - Micro/Win32 界面

状态表——允许将程序输入、输出或变量置入图中,监视其状态。可以建立多个状态表,以便分组查看不同的变量。

符号表/变量表——允许分配和编辑全局符号。可以为一个项目建立多个符号表。

输出窗口——在编译程序或指令库时提供消息。当输出窗口列出程序错误时,双击错误信息,会自动在程序编辑器窗口中显示相应的程序网络。

状态栏——提供在 STEP7 - Micro/Win 中操作时的状态信息。

程序编辑器——包含用于该项目的编辑器(LAD、FBD 或 STL)的变量表和程序视图。如果需要,可以拖动分隔条以扩充程序视图,并覆盖变量表。单击程序编辑窗口底部的标签,可以在主程序、子程序和中断服务程序之间切换。

变量表——包含对局部变量所作的定义和赋值(子程序和中断服务程序使用的变量)。

3. 三种编程语言介绍

SIMATIC 指令集是西门子公司为 S7 - 200 PLC 设计的编程语言,该指令通常执行时间短,而且可以用梯形图(LAD)、功能块图(FBD)和语句表(STL)三种编程语言。通常梯形图(LAD)程序、功能块图(FBD)程序、语句表(STL)程序可以有条件地方便转换(以网络为单位转换)。但是,语句表(STL)可以编写梯形图(LAD)或功能块图(FBD)无法实现的程序。三种编程语言具体说明如下。

(1) 梯形图(LAD)编程语言

梯形图(LAD)是与电气控制电路相呼应的图形语言。它沿用了继电器、触头、串并联等术语和类似的图形符号,并简化了符号,还增加了一些功能性的指令。梯形图按自上而下、从左到右的顺序排列,最左边的竖线称为起始母线也叫左母线,然后按一定的控制要求和规则连接各个接点,最后以继电器线圈(或再接右母线)结束,称为一逻辑行或叫→"梯级"。通常一个梯形图中有若干逻辑行(梯级),形似梯子。具体的 LAD 简单编程实例如图 7.22 所示。

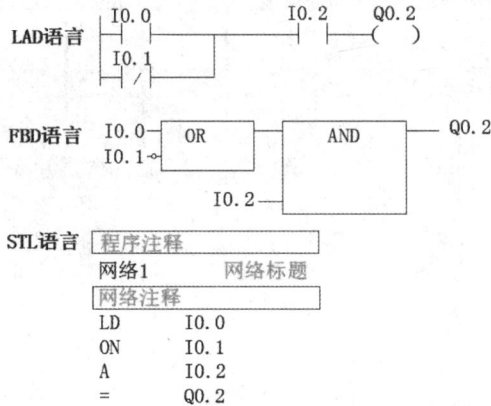

图 7.22 三种语言实现同一逻辑的编程示例

(2) 功能块图(FBD)编程语言

功能块图(FBD)类似于普通逻辑功能图,它沿用了半导体逻辑电路的逻辑框图的表达方式。一般用一种功能方框表示一种特定的功能,框图内的符号表达了该功能块图的功能。功能块图通常有若干个输入端和若干个输出端。输入端是功能块图的条件,输出端是功能块图的运算结果。具体的简单 FBD 编程实例如图 7.22 所示。

(3) 语句表(STL)编程语言

语句表(STL)是用助记符来表达 PLC 的各种控制功能。它类似于计算机的汇编语言,但比汇编语言更直观易懂,编程简单,因此也是应用很广泛的一种编程语言。这种编程语言可使用简易编程器编程,但比较抽象,一般与梯形图语言配合使用,互为补充。具体的简单 STL 编程实例如图 7.22 所示。

4. 创建一个简单的 PLC 程序

在确保 S7 - 200 外围件接线正确后,开始第一个程序来了解 S7 - 200 系列 PLC 程序的创建、下载和运行。STEP7 - Micro/Win 把每个实际 S7 - 200 系统的用户程序、系统设置等保存在一个项目文件中,扩展名为 *.mwp。打开一个 *.mwp 文件就打开了相应的工程项目。

(1) 创建第一个程序

根据图 7.22 的 LAD 语言编程实例,用拖曳的形式或者 LAD 工具栏单击的方法,将梯形图指令写入程序编辑器窗口中,得到最终的程序如图 7.22 所示。

(2) 编译与下载程序

用户程序输入完毕后,点击标准工具栏上的"编译"按钮,输出窗口显示程序有无错误。在确认没有程序错误后,可以点击工具条中的下载图标或者在命令菜单中选择"文件"→"下载"来下载程序。具体参见图 7.23,点击"确定"下载程序到 S7 - 200 系列 PLC。

如果 S7-200 处于运行模式,则将有一个对话提示 CPU 将进入"STOP"模式,单击"是"将 S7-200 置于 STOP 模式;如果发现程序无法下载,则要检查一下 PLC 与 PC 通信是否正常,可以在如图 7.23 所示的"选项"中进行测试通信,也可以在主菜单栏中选择通信诊断按钮进行测试。

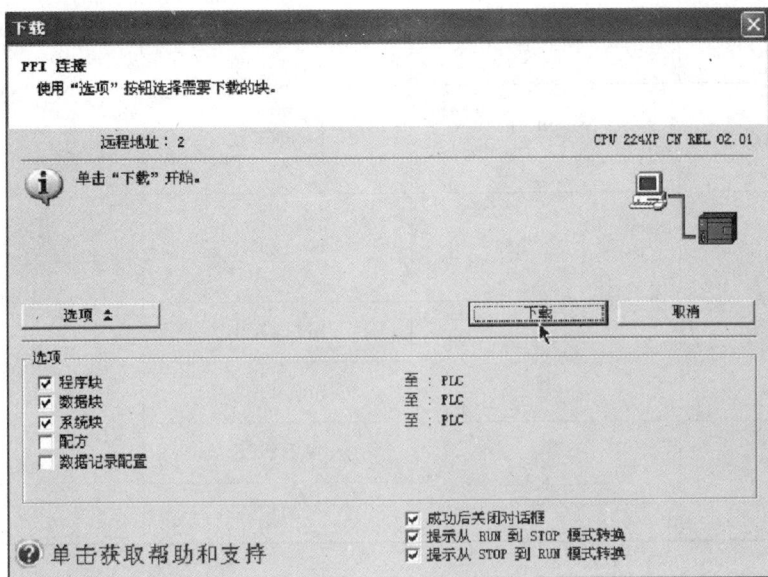

图 7.23　S7-200 系列 PLC 下载程序界面

(3) 运行程序与监控调试

S7-200 有两种方式运行用户程序:一是直接将 S7-200 CPU 模块上的模式开关直接拨至"RUN"状态即可;二是通过 STEP7-Micro/Win 软件转入运行状态。

如果想通过 STEP7-Micro/Win 软件将 S7-200 转入运行模式,S7-200 CPU 模块的模式开关必须设置为"TER"或者"RUN"。当 S7-200 处于 RUN 模式时,CPU 正在执行程序:单击工具条中的"运行"图标或者在命令菜单中选择"PLC>RUN",点击"是"切换模式。当 S7-200 转入运行模式后,CPU 将执行程序:编程界面会出现对话框"Place the PLC in RUN mode?",点击"Yes"即可。当要想终止程序时,单击软件界面"STOP"图标或选择菜单命令"PLC"→"STOP",即可将 S7-200 置于"STOP"模式。

无论使用哪种运行模式,都可以通过选择"调试"→"程序状态"来监控程序。STEP7-Micro/Win 软件提供了变量表,可以实时监控输入和输出状态,以便于用户和编程人员根据实际工艺需求进行程序优化和完善。

7.4.2　西门子 S7-200 系列 PLC 基本指令集

鉴于 S7-200 系列 PLC 的梯形图语言(LAD)与实际控制逻辑最为接近,也最好理解,以下将以 LAD 语言为例,对常用的指令集进行介绍。

1. 位逻辑指令

S7-200 系列 PLC 的 SIMATIC\IEC1131 梯形图编程在位逻辑控制方面有触点、线圈、逻辑堆栈和 RS 触发器指令。这里仅介绍最为常用的标准触点和线圈指令(见表 7.8),其他指令请根据需要参考 S7 - 200 产品用户手册中的指令集。

表 7.8　常用位逻辑指令表

指令名称	指令符号	操作数类型	操作数
常开标准触点	—| |— bit	bit BOOL	I、Q、 V、M、 SM、S、 T、C、 L 和功率流
常闭标准触点	—|/|— bit	bit BOOL	
输出	—( ) bit	bit BOOL	
置位	—(S)— bit N	bit BOOL	N＝1～255
		bit BOOL	
复位	—(R)— bit N	N BYTE	N＝1～255
		N BYTE	

具体的位逻辑编程实例如图 7.24 所示。

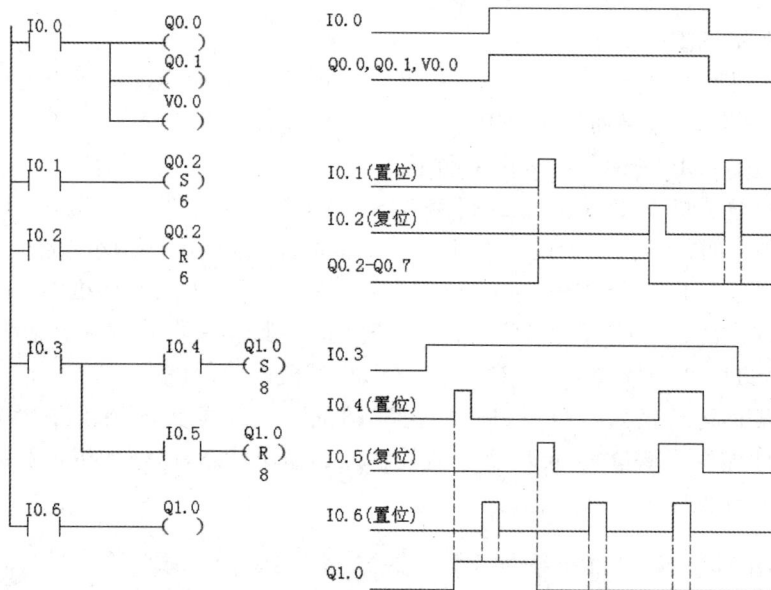

图 7.24　位逻辑程序实例及时序逻辑说明

2. 计数器指令

计数器指令主要负责对外界输入低频和高频(20 kHz)脉冲个数进行计数。S7 - 200 系列 PLC 的 SIMATIC\IEC1131 梯形图编程在计数器方面有增计数、减计数和增减计数器指令。如表 7.9 所示。

表 7.9　常用计数器指令

指令名称	指令符号	操作数类型	操作数
增计数器	CXX CU　CTU R PV	CU　BOOL PV　INT R　BOOL	CU：I、Q、V、M、SM、S、T、C、L 和功率流 PV：预设值，整型数 R：计数器复位
减计数器	CXX CD　CTD LD PV	CD　BOOL PV　INT LD　BOOL	CD：I、Q、V、M、SM、S、T、C、L 和功率流 PV：预设值，整型数 LD：计数器预设值装载
增减计数器	CXX CU CTUD CD R PV	CU　BOOL CD　BOOL PV　INT R　BOOL	CU：同上 CD：同上 PV：预设值，整型数 R：计数器复位

具体减计数和增减计数器编程实例如图 7.25 所示。

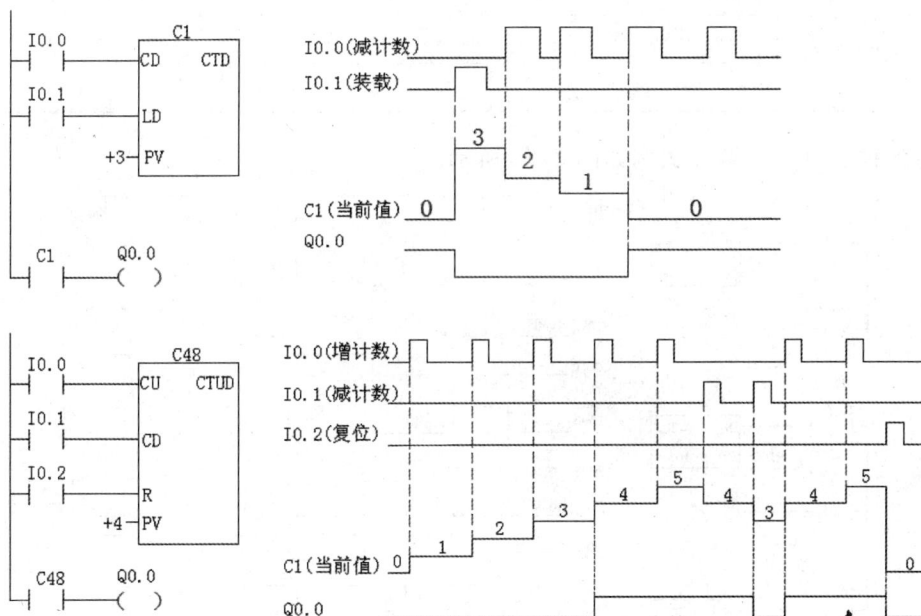

图 7.25　计数器程序实例及时序逻辑说明

3. 定时器指令

S7－200 系列 PLC 的 SIMATIC\IEC1131 梯形图编程在定时器方面有接通延时定时器、保持型接通延时定时器和断开延时定时器指令。如表 7.10 和表 7.11 所示。

表 7.10　常用定时器指令

指令名称	指令符号	操作数类型	操作数
接通延时定时器	TXX IN TON PT	IN BOOL PT INT	IN：I、Q、V、M、SM、S、T、C、L 和功率流 PT：预设值，整型数
保持型接通延时定时器	TXX IN TONR PT	IN BOOL PT INT	IN：I、Q、V、M、SM、S、T、C、L 和功率流 PT：预设值，整型数
断开延时定时器	TXX IN TOF PT	IN BOOL PT INT	IN：I、Q、V、M、SM、S、T、C、L 和功率流 PT：预设值，整型数

表 7.11　常用定时器的定时时基分类

定时器类型	定时时基(ms)	最大值(s)	定时器号
TONR	1	32.767	T0,T64
	10	327.67	T1－T4,T65－T68
	100	3276.7	T5－T31,T69－T95
TON TOF	1	32.767	T32,T96
	10	327.67	T33－T36,T97－T100
	100	3276.7	T37－T63,T101－T255

具体各种定时器的编程实例如图 7.26 所示。

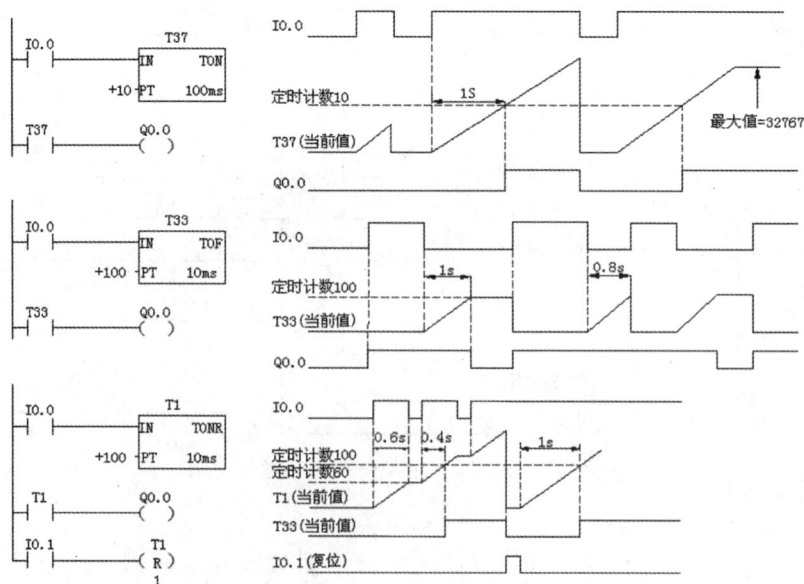

图 7.26　三种定时器程序实例及时序逻辑说明

7.4.3　西门子 S7－200 系列 PLC 指令集的典型应用

本小节介绍用 S7－200 来实现一个典型断续控制应用。该断续控制应用的具体要求如下。

例 7－1　编制一台交流异步电动机"星三角启动"的 PLC 控制程序。电动机的 PLC 接线如图 7.27 所示，10.0 是启动按钮（点动式），10.1 是停止按钮（点动式），Q0.0，Q0.1，Q0.2 对应电动机接触器的线圈 KM_1，KM_2，KM_3。具体要求说明如下。

要求 1：启动按钮按下后，KM_1 和 KM_2 线圈接通，星形接法启动；启动运行 1s 后（采用时基为 100ms 的定时器 T37 定时 1s 实现），KM_2 断开，KM_3 闭合，KM_1 保持，实现三角形接法运行。

要求 2：停止按钮按下后，无论 KM_1，KM_2 和 KM_3 线圈处于什么状态，均同时断开。

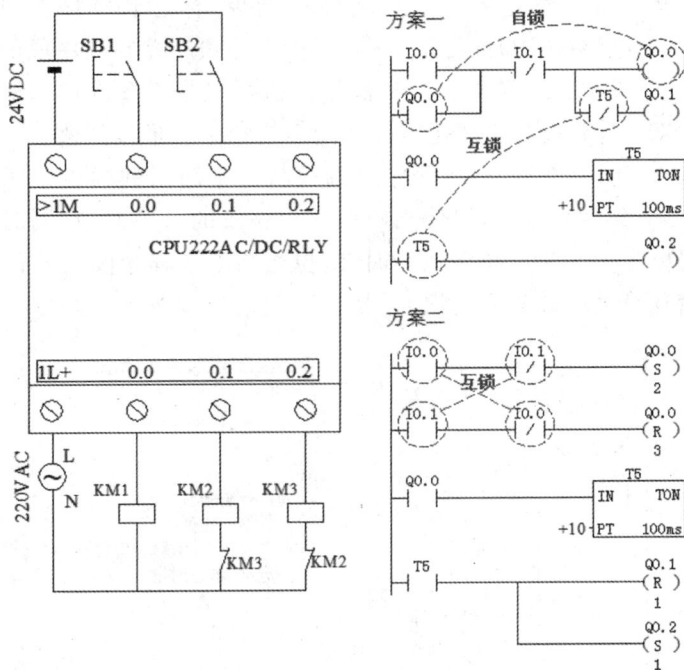

图 7.27　三相交流异步电动机"星三角启动"PLC 控制程序实现

该断续控制问题其实是自锁、互锁和定时器等基本指令集的典型应用，可以有很多种编程方法来实现。这里仅介绍两个最为常用的程序解决方案。

【解决方案 1】　采用标准触点（10.0 和 10.1）的位逻辑指令、线圈输出（Q0.0，Q0.1 和 Q0.2）和接通延时定时器（T5）指令实现。具体程序实现如图 7.27 所示，采用网络 1 中的 I0.0 和 I0.1 触点串联实现启动和停止，采用网络 1 中的 Q0.0 实现点动输入 I0.0 的"自锁"，采用网络 2 中的定时器 T5 进行延时定时，采用网络 1 和网络 3 中的 T5 触点实现 Q0.1 和 Q0.2 间的"互锁"。

【解决方案 2】　采用标准触点（10.0 和 10.1）的位逻辑指令、线圈置位/复位（Q0.0，Q0.1 和 Q0.2）和接通延时定时器（T5）指令实现。具体程序实现如图 7.27 所示，采用网络 1 和网络 2 中的 10.0 和 10.1 标准触点实现启动和停止之间的"互锁"，采用网络 1 和网络 4

中置位/复位输出(Q0.0,Q0.1和Q0.2)实现Q0.1和Q0.2之间的"互锁",采用网络3中的定时器T5进行延时定时。

其他的解决方案还请读者根据实际情况,自行琢磨完成。

7.4.4 西门子S7－200系列PLC的顺控结构化编程思路

西门子S7－200系列PLC提供了顺序控制继电器(SCR),可让用户构造程序状态,以完成生产过程的自然工艺段。也就是说,只要用户应用程序中包含的一系列操作需要反复执行,就可以使用SCR使程序更加结构化。这样可以使得编程和调试更加快速和简单。

1. 程序状态的顺序控制

程序状态的顺序控制是程序控制流的最基本运行过程,主要依靠"SCR"、"SCRT"和"SCRE"等指令实现。

(1)"SCR"是顺序控制继电器(SCR)的装载指令,标志着顺序控制程序段的开始,"SCRE"是顺序控制继电器(SCR)的结束指令,则标志着顺序控制程序段的结束。在装载指令(SCR)与结束指令(SCRE)之间所有逻辑操作的执行取决于S堆栈的值。而在结束指令(SCRE)和下一条SCR装载指令之间逻辑操作则不依赖于S堆栈的值。

(2)"SCRT"是SCR传输指令,将程序控制权从一个激活的顺控程序段传递到另一个顺控程序段。执行"SCRT"指令,可以使当前激活程序段的S位复位,同时使下一个将要执行程序段的S位置位。在SCRT指令执行时,复位当前激活程序段的S位并不会影响S堆栈。SCR段会一直保持功率流直到退出。

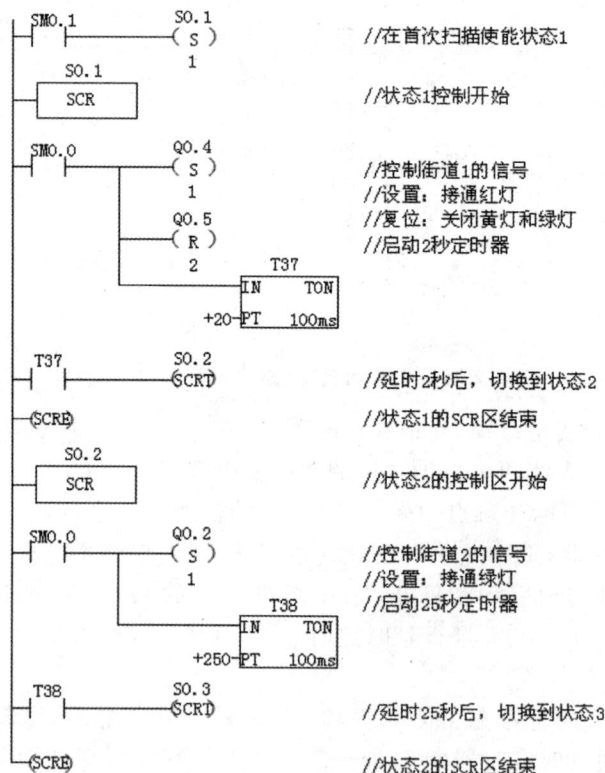

图7.28 顺序控制程序实例

（3）"SCRE"是 SCR 结束指令。"CSCRE"是 SCR 的条件结束指令，可以使程序退出一个激活的程序段而不执行 CSCRE 与 SCRE 之间的指令。CSCRE 指令不影响任何位，也不影响 S 堆栈。

图 7.28 给出了一个顺序控制程序。该程序实现：首次扫描位（SM0.1）时置位 S0.1，从而在首次扫描中激活 SCR 状态 1；延时 2 秒后，T37 接通切换到 SCR 状态 2；切换使状态 1 停止，激活 SCR 状态 2。

2. 程序状态的分支控制

在许多实例中，一个顺序控制状态流需要分成两个或多个不同分支控制状态流。当一个控制状态流分离成多个分支时，所有的分支控制状态流必须同时激活，如图 7.29 所示。

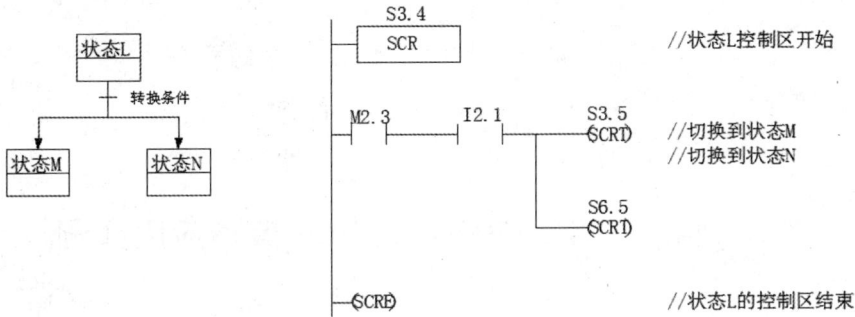

图 7.29 程序状态的分支控制

3. 程序状态的合并控制

与分支控制的情况类似，两个或者多个分支状态流必须合并为一个状态流。当多个状态流汇集成一个时，我们称之为合并。当控制流合并时，所有的控制流必须都完成，才能执行下一个状态。图 7.30 给出了两个控制流合并的示意图。

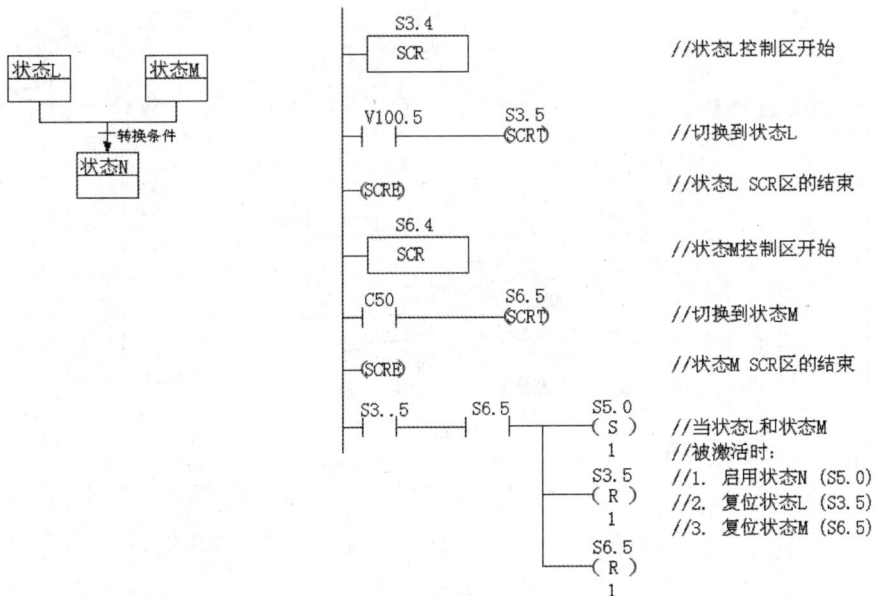

图 7.30 程序状态的合并控制

4. 程序状态的条件转移控制

在有些情况下,一个控制流可能转入多个可能控制流中的某一个,到底进入哪一个,取决于控制流前面的转移条件,哪一个条件为真,则进入哪一个状态。如图 7.31 所示给出了两个控制流的条件转移示意图。

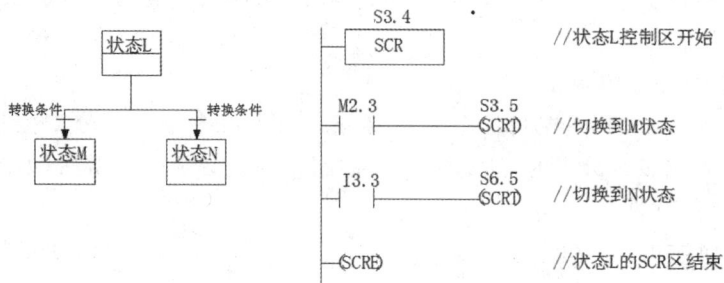

图 7.31　程序状态的合并控制

7.5　西门子 S7－200 系列 PLC 典型应用实例

7.5.1　通过变频器实现交流异步电动调速控制

根据第 4 章关于台达 VFD－M 变频器工作原理的描述,S7－200 CPU224XP 与变频器之间可以有数字量控制、模拟量控制和 RS485 通信控制三种调速控制方式。这三种调速控制模式的接线原理如图 7.32 所示。

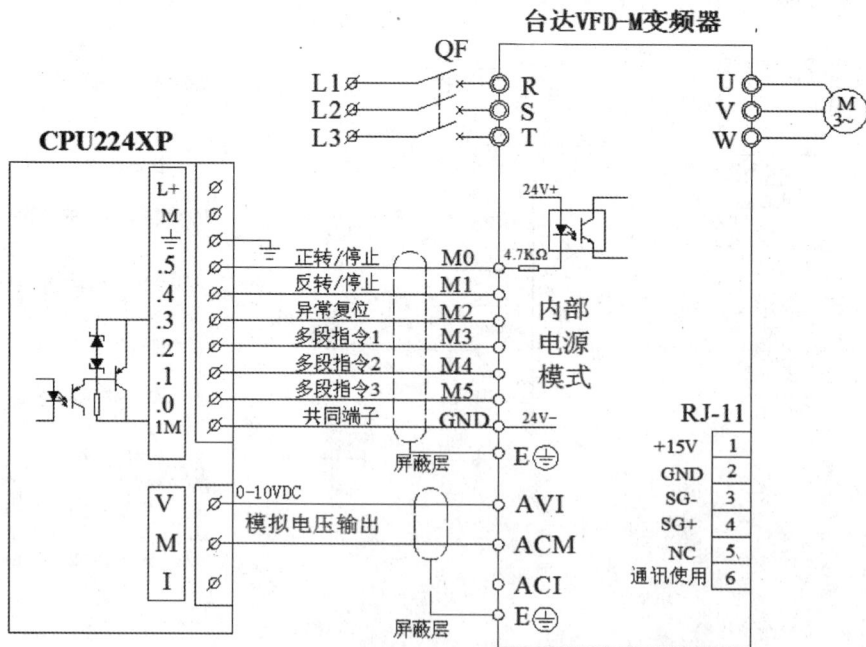

图 7.32　S7－200 与台达 VFD－M 变频器的调速控制接线原理图

1. 数字量输出调速控制

该调速控制模式电气接线原理有变频器内部电源供电模式和外部电源供电模式，其中图 7.32 描述的是变频器内部电源供电模式，具体变频器外部电源供电模式可以参见附录 B。下面以变频器内部电源模式为例说明具体调速控制接线原理。

如图 7.32 所示，在变频器侧采用端子 $M_0 \sim M_5$ 和 GND，在 PLC 侧采用输出端子 Q0.0～Q0.5 和＞1M。内部供电模式在端子 $M_0 \sim M_5$ 和 GND 之间存在 24VDC 电压，PLC 的端子 Q0.0～Q0.5 和＞1M 相当于开关。

该调速模式采用变频器中端子 M_0 和 GND 之间"通断"实现电动机的正转与停止；采用变频器中端子 M_1 和 GND 之间"通断"实现电动机的反转与停止。变频器中端子"通断"信号由 PLC 输出点给出。

该模式采用变频器中端子 $M_3 \sim M_5$ 和 GND 之间的"通断"实现电动机最多 7 段速度的调速控制，具体 7 段速度的对应关系如图 7.33 所示。其中 $P_{17} \sim P_{23}$ 分别为变频器控制参数（第一段速度—第七段速度），可以按用户需要自行设置。如何进行变频器的参数设置请参考台达 VFD－M 变频器使用手册。

这样，用户可以在 PLC 中自行编写开关逻辑控制程序，通过变频器，实现驱动电动机分时最大 7 段速度的调速控制。

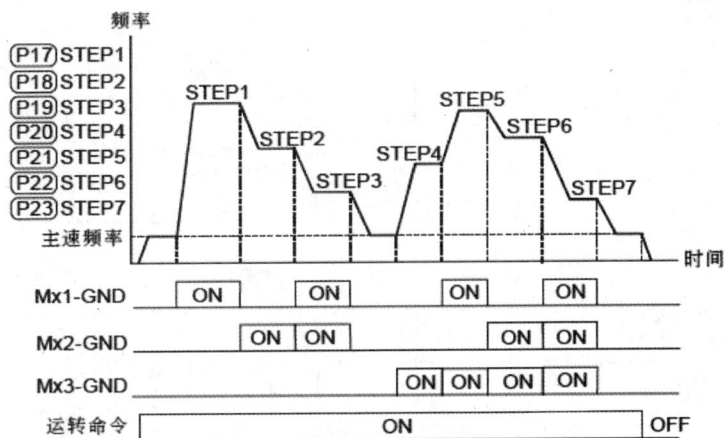

图 7.33　变频器 7 段速度实现原理图

2. 模拟量输出调速控制

该调速控制模式电气接线原理有模拟电压模式和模拟电流模式，其中图 7.32 描述的是模拟电压模式，具体变频器模拟电流模式可以参见附录 B。在变频器侧采用端子 AVI 和 ACM，在 PLC 侧采用输出端子 V、I 和 M。该模式使用的是 PLC 内部电源供电模式，即端子 AVI 和 GND 之间存在 0～＋10VDC 的模拟控制电压，端子 ACI 和 GND 之间存在 4～20mA 的模拟控制电流。

下面以模拟电压控制模式为例说明具体调速控制接线原理。

该调速模式采用变频器中端子 M_0 和 GND 之间"通断"实现电动机的正转与停止；采用变频器中端子 M_1 和 GND 之间"通断"实现电动机的反转与停止。变频器中端子"通断"信号由 PLC 输出点给出。

该模式采用变频器中端子 AVI 和 GND 之间存在 0~+10VDC 的模拟控制电压实现电动机 0~50Hz 的调速控制,即 0~10VDC 控制电压对应 0~50Hz 运行速度。

这样,用户可以在 PLC 中自行编写模拟量输出控制程序,通过变频器,实现驱动电动机 0~50Hz 速度的无级调速控制。

3. RS485 通信调速控制

该调速控制模式电气接线原理如图 7.32 所示,在变频器侧采用 RJ11 接口,在 PLC 侧采用 RS232/RS485 接口(见图 7.10)。该模式使用的是 PLC 和变频器之间的 Modbus ASCII 通信协议。该通信模式需要在变频器侧设置参数 P88(变频器通信地址)、P89(变频器通信波特率)和 P92(变频器通信数据格式协议),才能进行相关的通信。详细的通信控制程序编写流程详见台达 VFD - M 系列变频器使用手册。具体的通信实例如图 7.34 所示。该实例实现 PLC 从通信地址 01H 变频器中读取起始地址为 2102H 的 2 个单元内容,其中图(a)为 PLC 要向变频器发送的"读(请求)"指令数据(ASCII 码),图(b)为 PLC 接收到的变频器"应答(返回)"数据(ASCII 码)。

STX	':'
ADR 1	'0'
ADR 0	'1'
CMD 1	'0'
CMD 0	'3'
启始数据 单元地址	'2'
	'1'
	'0'
	'2'
数据数 (以word计算)	'0'
	'0'
	'0'
	'2'
LRC CHK 1	'D'
LRC CHK 0	'7'
END 1	CR
END 0	LF

(a)指令信息

STX	':'
ADR 1	'0'
ADR 0	'1'
CMD 1	'0'
CMD 0	'3'
数据数 (以byte计算)	'0'
	'4'
启始数据 2102H单元内容	'1'
	'7'
	'7'
	'0'
数据地址 2103H内容	'0'
	'0'
	'0'
	'0'
LRC CHK 1	'7'
LRC CHK 0	'1'
END 1	CR
END 0	LF

(b)回应信息

图 7.34 变频器与 PLC 数据通信实现原理(ASCII 模式)

这样,用户可以在 PLC 中自行编写通信程序,通过变频器,实现驱动电动机的调速控制。

7.5.2 通过伺服驱动器实现伺服电动机调速控制

根据第 5 章关于台达 ASDA - B2 系列伺服驱动器工作原理的描述,S7 - 200 CPU224XP 与伺服驱动器之间可以有脉冲量控制、模拟量控制和 RS485 通信三种调速控制方式。这三种调速控制模式的接线原理如图 7.35 所示。

1. 脉冲输出调速控制

该调速控制模式电气接线原理有驱动器内部电源供电模式和外部电源(24V 和 5V 等)

供电模式,其中图 7.35 描述的是驱动器外部电源供电模式,具体驱动器内部电源供电模式可以参见附录 B。下面以伺服驱动器外部电源(24VDC)模式为例说明具体调速控制接线原理。

如图 7.35 所示,在伺服驱动器侧采用接口 CN1 中端子 35(PULL HI)、37(/SIGN)、41 (/PULSE)、11(COM+)和 9(SON),在 PLC 侧采用输出端子 Q0.0~Q0.2 和>1M。该模式使用的是伺服驱动器外部电源供电模式,即 24VDC 电压由外部开关电源提供,PLC 的端子 Q0.0~Q0.2 和>1M 相当于高频响应开关。

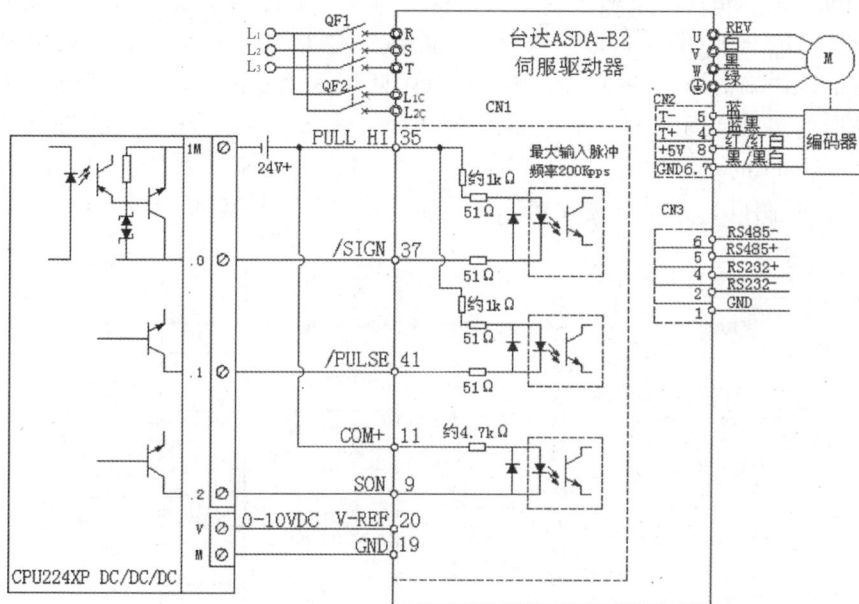

图 7.35　S7-200 与台达 ASDA-B2 伺服驱动器的调速控制接线原理图

该调速模式采用伺服驱动器中端子 35(PULL HI)和端子 37(/SIGN)之间"通断"实现电动机的正反转控制;采用伺服驱动器中端子 35(PULL HI)和 41(/PULSE)端子之间"通断"实现电动机的运行控制;采用伺服驱动器中端子 35(PULL HI)和 9(SON)端子之间"通断"实现电动机的伺服使能控制。伺服驱动器中端子"通断"信号由 PLC 输出点给出。

该模式采用伺服驱动器的位置控制模式,在 35(PULL HI)和 41(/PULSE)端子之间形成的脉冲总数等于伺服电动机输出轴旋转过的角度位置;脉冲频率越高,伺服电动机的转速越快(ASDA B2 驱动器能接受的最大脉冲频率为 500kHz);脉冲的频率可以按用户需要自行设置。这样,用户可以在 PLC 中自行编写 PTO/PWM 脉冲输出程序,实现通过伺服驱动器完成电动机的无级调速控制。

2. 模拟量输出调速控制

该调速控制模式电气接线原理如图 7.35 所示,在伺服驱动器侧采用端子 V-REF 和 GND,在 PLC 侧采用输出端子 V 和 M。该模式使用的是 PLC 内部电源供电模式,即端子 V-REF 和 GND 之间存在 0~+10VDC 的模拟控制电压。

该调速模式采用伺服驱动器中 35(PULL HI)和 9(SON)端子之间"通断"实现电动机的伺服使能控制。伺服驱动器中端子"通断"信号由 PLC 输出点给出。

该模式采用伺服驱动器中端子 V – REF 和 GND 之间存在 0～+10VDC 的模拟控制电压实现电动机 0～3000rpm 的调速控制,即 0～10VDC 控制电压对应 0～3000rpm 运行速度。这样,用户可以在 PLC 中自行编写模拟量输出控制程序,通过伺服驱动器实现电动机的无级调速控制。

3. RS485 通信调速控制

该调速控制模式电气接线原理如图 7.35 所示,在伺服驱动器侧采用接口 CN3(采用 1394 接头),在 PLC 侧采用 RS232/RS485 接口(Prot1)。该模式使用的是 PLC 和伺服驱动器之间的 Modbus ASCII 通信协议。该通信模式需要在伺服驱动器侧设置参数 P3 – 00(驱动器通信地址),P3 – 01(驱动器通信波特率)和 P3 – 02(驱动器通信数据格式协议),才能进行相关的通信。详细的通信控制程序编写流程详见台达 ASDA B2 系列伺服驱动器使用手册。具体的通信实例如图 7.36 所示。该实例实现 PLC 从通信地址 01H 伺服驱动器中读取起始地址为 0200H 的 2 个单元内容,其中图(a)为 PLC 要向驱动器发送的"读(请求)"指令数据(ASCII 码),图(b)为 PLC 接收到的驱动器"应答(返回)"数据(ASCII 码)。

STX	':'
ADR	'0'
	'1'
CMD	'0'
	'3'
起始数据 单元地址	'0'
	'2'
	'0'
	'0'
数据数目	'0'
	'0'
	'0'
	'2'
LRC Check	'F'
	'8'
End 1	(0DH)(CR)
End 0	(0AH)(LF)

(a)指令信息

STX	':'
ADR	'0'
	'1'
CMD	'0'
	'3'
数据个数 (以byte计算)	'0'
	'4'
起始数据 0200H单元内容	'0'
	'0'
	'B'
	'1'
第二笔数据 0201H单元内容	'1'
	'F'
	'4'
	'0'
LRC Check	'E'
	'8'
End 1	(0DH)(CR)
End 0	(0AH)(LF)

(b)回应信息

图 7.36 伺服驱动器与 PLC 数据通信实现原理(ASCII 模式)

这样,用户可以在 PLC 中自行编写通信程序,通过伺服驱动器,实现电动机的调速控制。

7.5.3 直接实现舵机调速控制

根据第 5 章关于伺服舵机工作原理的描述,S7 – 200 CPU224XP 与伺服舵机之间可以通过脉冲输出实现调速控制。这种调速控制模式的接线原理如图 7.37 所示。

该调速模式在舵机侧采用端子 IN、GND 和 V_{CC},在 PLC 侧采用输出端子 Q0.0 和 > 1M。该模式使用的是舵机外部电源供电模式,即 5VDC 电压由外部开关电源提供,PLC 的端子 Q0.0 和 >1M 相当于高频响应开关。

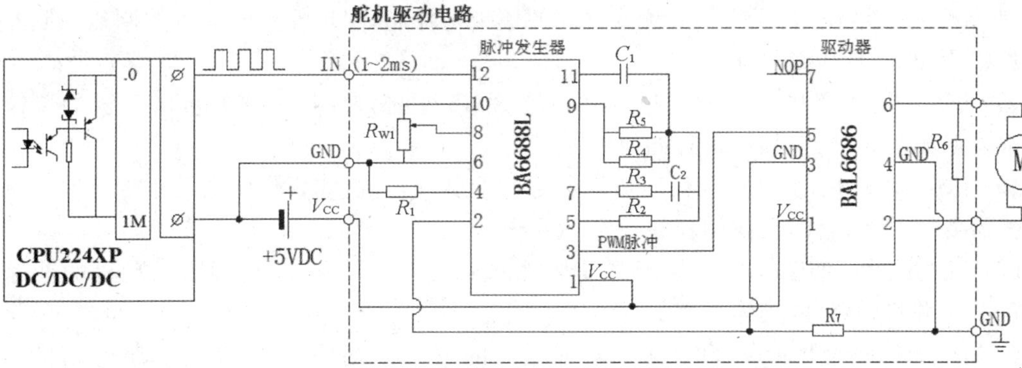

图 7.37 S7-200 与伺服舵机的调速控制接线原理图

这样,用户可以在 PLC 中自行编写 PWM 脉冲输出控制程序,即从 Q0.0 输出脉宽可变的脉冲,直接实现舵机的转向和无级调速控制。

课后习题和动手实践题

课后习题

习题 7-1 PLC 主要由哪些部分组成,各部分的功能如何?

习题 7-2 PLC 输入、输出接口电路中的光电耦合器的作用是什么?

习题 7-3 PLC 有哪三种输出形式?

习题 7-4 何谓 PLC 的扫描周期?试简述 PLC 的工作过程。

习题 7-5 PLC 控制与断续控制相比,有哪些优点?

习题 7-6 PLC 的定时器和计数器是如何工作的,有何区别?

习题 7-7 PLC 数字量输入和输出接口接线需要注意哪些问题?

习题 7-8 PLC 模拟量输入和输出接口接线需要注意哪些问题?

习题 7-9 PLC 与其他设备通信的原理如何?

习题 7-10 设计 8 个灯亮的 PLC 控制系统。具体控制要求如下:① 一个亮灯的循环;② 两个连续亮灯且两个同时变化的循环;③ 两个连续亮灯且一个亮一个灭的循环。

动手实践题

(1)想一想,你能制造一台简易型 PLC 吗?都需要哪些方面的知识?需要哪些元器件,大概多少费用?

(2)想一想,参考本节中"星三角启动"控制解决方案,还有其他编程方案吗?

(3)试一试,请使用 PLC 和变频器之间的数字量控制,实现异步电动机的 7 段速调速控制?都需要哪些元器件,具体编程如何?

（4）试一试，请使用 PLC 和变频器之间的模拟量控制，实现异步电动机的调速控制？都需要哪些元器件，具体编程如何？

（5）试一试，请使用 PLC 和变频器之间的 RS485 通信控制，实现异步电动机的调速控制？都需要哪些元器件，具体编程如何？

（6）试一试，请使用 PLC 和伺服驱动器之间的脉冲控制，实现伺服电动机的脉冲定位控制？都需要哪些元器件，具体编程如何？

（7）试一试，请使用 PLC 和伺服驱动器之间的模拟量控制，实现伺服电动机的调速控制？都需要哪些元器件，具体编程如何？

（8）试一试，请使用 PLC 和伺服驱动器之间的 RS485 通信控制，实现伺服电动机调速控制？都需要哪些元器件，具体编程如何？

第8章 机电传动控制系统设计规范与实例

本章导读

机电传动控制系统是国防军工、海洋船舶、航空航天和石油化工等领域大型机电设备的别名,小至实验室实验台,大至工厂自动化、飞机、火炮和航母等。了解和掌握机电传动控制系统的设计规范,可以有效地提升学生对光机电液一体化技术的应用水平。因此,学习机电传动控制系统设计及应用的基本知识是非常必要的。

通过本章的学习,可以知晓机电传动控制系统的设计内容范围、注意事项和具体应用实例等问题。

学习思考

(1) 机电传动控制系统设计内容涉及哪些?
(2) 机电传动控制系统配电图的设计需要注意哪些方面问题?
(3) 机电传动控制系统控制器图的设计需要注意哪些方面问题?
(4) 机电传动控制系统柜箱盒图的设计需要注意哪些方面问题?
(5) 机电传动控制系统现场接线图的设计需要注意哪些方面问题?
(6) 机电传动控制系统线缆作业表的设计需要注意哪些方面问题?

8.1 机电传动控制系统设计规范

机电传动控制系统设计包含了系统的性能要求、使用与维护说明、电气工程图纸和软件实现流程等综合复杂的过程,是第6章断续控制技术应用的拓展。电气工程图纸包括了系统配电图、系统通信原理图、电气原理图和电气施工图等。结合具体机电装备的科研与工程应用实际,提出机电传动控制系统的设计主要涉及如表8.1所示的相关内容仅供参考。这里需要注意的是:

(1) 封面设计是为了整个系统设计的保存完整性,便于装订。

(2) 图纸目录设计遵从整个机电装备图号的完整性,从机电装备图号"000000"的总装机械图纸开始,所有电气相关的图纸图号由"08××××"标识,与其他机械设计图纸不相干涉。

（3）系统设计要求，使用手册、控制软件编程流程和维护说明可以根据实际情况单独成册或编入本系统设计。

表 8.1　机电传动控制系统设计内容

图纸编号	图纸名称	备注与说明
无	封面	给出系统名称、设计单位和设计人员等信息
0000－0099	系统设计图纸目录	给出系统所有图纸目录，以 08 起头
0100－0199	系统设计要求	来自指标要求或者客户要求，可单独成册
	系统使用手册与说明	说明系统电气操作原理，可单独成册
	系统维护说明	说明系统电气维护原理，可单独成册
	埋管走线施工图	说明系统电气埋管的地沟、桥架和穿管等
	系统通信原理图	说明主控单元与现场控制单元的信号流
	控制软件编程流程图	说明系统上位机监控软件和下位机控制软件流程
0200	系统配电总图	说明系统从总进线开始的所有供配电原理
0201－0299	380VAC 配电原理图	给出系统所有 380VAC 用电回路的供电原理
	220VAC 配电原理图	给出系统所有 220VAC 用电回路的供电原理
	24VDC 配电原理图	给出系统所有 24VDC 用电回路的供电原理
	其他电压配电原理图	
0300－0399	控制器 1 的 IO 定义表	控制器涉及工控机板卡、PLC、变频器、伺服电动机驱动器、步进电动机驱动器和伺服阀放大器等
	控制器 2 的 IO 定义表	
	……	
0400－0499	控制器 1 输入原理图	给出所有控制器的数字量、模拟量和通信输入接口接线电气原理图
	控制器 2 输入原理图	
	……	
0500－0599	控制器 1 输出原理图	给出所有控制器的数字量、模拟量和通信输出接口接线电气原理图
	控制器 2 输出原理图	
	……	
0600－0699	配电柜 1 设计及接线图	针对配电原理图设计，强电 380VAC 以上居多，给出所有配电柜的机械结构设计图、柜内元器件布置图、柜内接线施工图、柜内元器件清单
	配电柜 2 设计及接线图	
	……	

图纸编号	图纸名称	备注与说明
0700 - 0799	控制柜 1 设计及接线图 控制柜 2 设计及接线图 ……	针对控制原理图设计,220VAC 以下弱电居多,给出所有控制柜的机械结构设计图、柜内元器件布置图、柜内接线施工图、柜内元器件清单
0800 - 0899	现场挂箱 1 设计及接线图 现场挂箱 2 设计及接线图 ……	针对配电柜、控制柜和现场元件的电气连接设计,给出所有挂箱的机械结构设计、箱内元器件布置、箱内接线图和箱内元器件清单
0900 - 0999	现场接线盒 1 设计及接线图 现场接线盒 2 设计及接线图 ……	针对配电柜、控制柜和现场元件的电气中继连接设计,给出所有接线盒的机械结构设计图、盒内元器件布置、接线施工图和元器件清单
1000 - 1099	现场接线图	针对配电柜、控制柜和现场执行元件之间的电气接线施工设计
1100 - 1199	线缆作业表	给出系统全部所用电缆的型号、颜色等要求
1200 - 1299	元器件标签	给出系统全部电气元器件的标签
其他		

(4) 系统埋管走线图主要面向施工人员,主要给出与电气相关的地沟、穿明管、埋管和桥架等铺设方位及尺寸,还要给出贴附机电装备机械结构上的穿管和走线支架铺设方位及尺寸。

(5) 系统通信原理图主要面向设计、调试和维护人员,主要给出整个机电装备系统控制信号流的分布和网络。

(6) 配电系统图主要面向设计、调试和维护人员,类似于机械设计图纸中的总装图,从这张图中应该能看到所有电动机和驱动器等信息。必须注意的是:每条供电回路都必须配置熔断器或断路器进行保护。它给出了整个系统供电电压产生原理。

(7) 控制器 IO 定义表主要面向设计、调试和维护人员,类似单片机或计算机的存储器地址分配,每一个地址都有唯一的定义。

(8) 控制器输入输出原理图主要面向设计、调试和维护人员,是一种接线原理图。区分接线原理图和接线施工图最好的办法就是看图中是否存在端子排。

(9) 柜箱盒设计及接线图主要面向施工人员,是一种接线施工图,而不是接线原理图。因为柜箱盒的接线施工图可以直接指导接线员进行接线施工。

(10) 现场接线图主要面向施工人员,也是一种接线施工图。

（11）线缆作业表主要面向施工和维护人员，是一种元器件订货图。

（12）元器件标签图主要面向施工、调试和维护人员，是一种标识原理图。

8.2 机电传动控制系统设计实例

8.2.1 系统封面设计

机电传动控制系统设计的封面可以按照用户或者设计者单位要求设计。但是，封面至少应包括设计系统名称、设计单位及 LOGO、设计人员、设计时间等。

8.2.2 系统图纸目录设计实例

系统图纸目录可以采用图 8.1 所示的实例来绘制。需要注意的有：

（1）图纸目标中的字符和线条没有比例要求，只要适当即可。

（2）图纸图框可以选用机械制图标准 A4 或 A3 的 CAD 图框，也可以按照设计单位自行定制的图框，附录 B 给出了一个标准 A4 图框，仅供参考。

（3）图纸目录栏包括图号、名称、图幅和备注栏。

序号	分 类	图 号	名 称	图 幅	备 注
1	目 录	080000	目录1	A4	
2		080001	目录2	A4	
3		......	......	A4	
4	电气布置图	080100	埋管走线图	A4	
5		080102	通讯系统图	A4	
6		......	......	A4	
7	配电原理图	080200	配电总图	A4	
8		080201	380VAC配电原理图	A4	
9		080202	220VAC配电原理图	A4	
10		080203	24VDC配电原理图	A4	
11		......	......	A4	
12	I/O定义表	080300	控制器1 I/O定义表	A4	
13		080301	控制器2 I/O定义表	A4	
14		......	......	A4	
15	控制原理图	080400	控制器1输入原理图	A4	
16		......	......	A4	
17		080500	控制器1输出原理图	A4	
18		......	......	A4	
19	配电柜	080600	配电柜外形尺寸图	A4	
20		080601	配电柜柜内元器件布置概图	A4	
21		......	......	A4	

借还用件登记

旧底图总号

底图总号

签 字 ×××

日 期 ×××

	设计	×××	标准化		阶段标记		杭州电子科技大学		目录1
	校对	×××							080000
	审核	×××	批准		共1张 第1页				

图 8.1 系统图纸目录实例

8.2.3 系统电气布置图设计实例

1. 电气埋管走线设计实例

系统电气埋管走线可以采用图 8.2 所示的实例来绘制。需要注意的有：

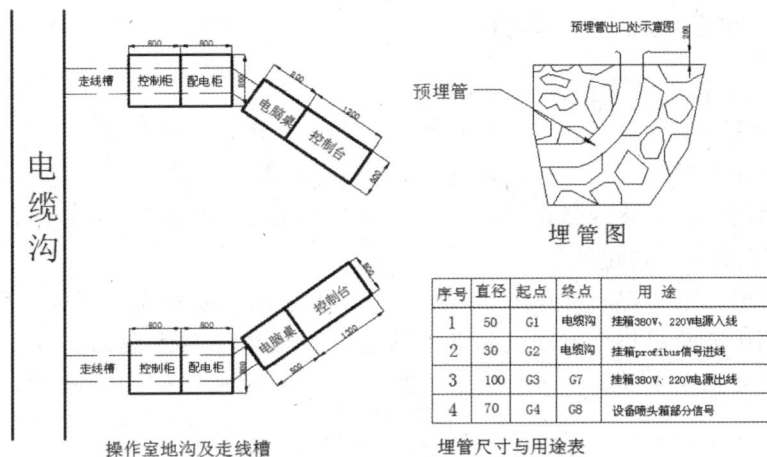

序号	直径	起点	终点	用途
1	50	G1	电缆沟	挂箱380V、220V电源入线
2	30	G2	电缆沟	挂箱profibus信号进线
3	100	G3	G7	挂箱380V、220V电源出线
4	70	G4	G8	设备喷头箱部分信号

图 8.2　电气埋管走线图实例

（1）图纸中出现的机械设备、操作室、电缆沟、线槽和柜箱盒等装置都一定要按照实际大小进行绘制，以免造成施工错误。

（2）地沟走线必须标注出具体布置的方位，可以借用机械图纸中的地脚螺栓布置图，也可以借用厂房的土建图等。

（3）穿管或埋管还必须标注出管径、材质和距离等。

2. 系统通信原理设计实例

系统通信原理可以采用如图 8.3 所示的实例来绘制。需要注意的有：

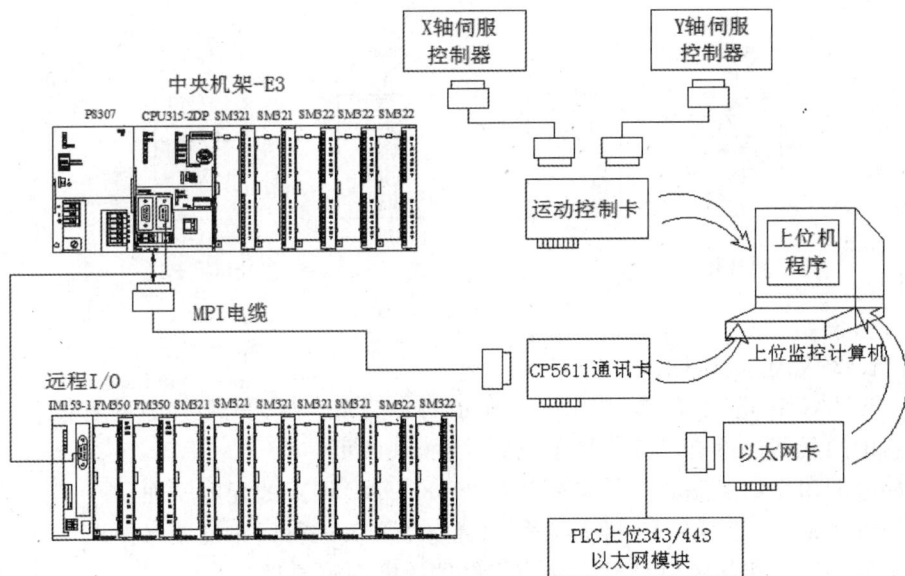

图 8.3　系统通信原理实例

（1）图中出现各种元器件没有尺寸比例大小限制，只要适当即可。

（2）要给出全部控制单元的信息，包括上位监控计算机的配置、下位 PLC 的模块配置、运动控制卡配置等。

（3）从信号通信角度给出与上下游工位的信号交接接口等。

8.2.4　系统配电图设计实例

1. 系统配电总图设计实例

系统配电总图可以采用图 8.4 所示的实例来绘制。需要注意的有：

（1）图中的元器件没有尺寸比例限制，只要美观即可。

（2）配电总图中用简化的断路器符号来表达整个系统的配电原理，并用"///"来表示三芯电缆，用"//"来表示二芯电缆。

（3）每条配电用电缆都有标识号，如图中"W100"表示线缆号为 100 号。

（4）配电图中要给出每个电动机的额定参数、三大保护元件和驱动器型号等。

（5）配电图要给出主要元件（PLC、驱动器和变频器等）所在柜、箱和盒号。

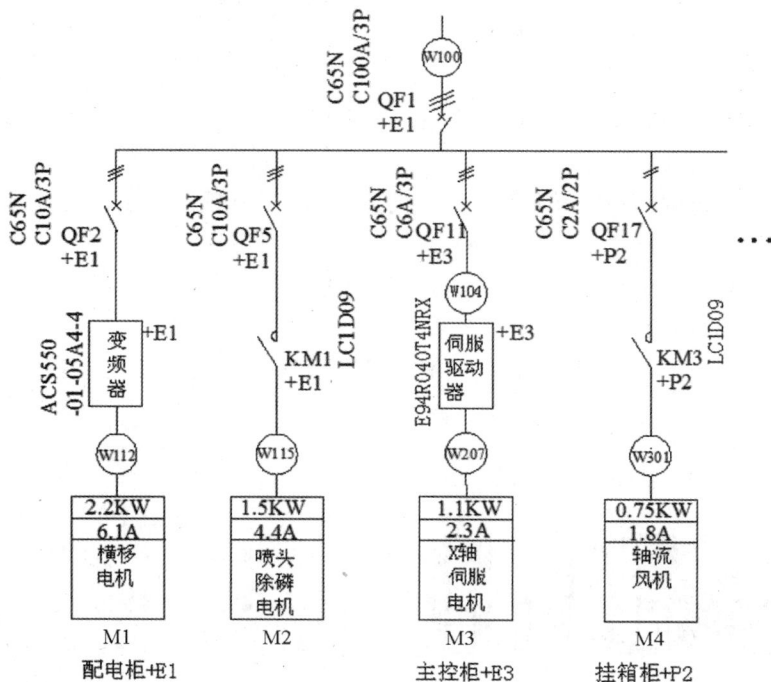

图 8.4　配电总图实例

2. 系统 380VAC 配电图设计实例

系统 380VAC 配电图可以采用图 8.5 所示的实例来绘制。需要注意的有：

（1）图中的元器件没有尺寸比例限制，只要美观即可。

（2）配电图用详细断路器符号来表达每个 380VAC 回路的配电原理。

（3）配电图每个 380VAC 回路都必须配置空气开关进行回路过流保护。

（4）主要描述三相交流电动机和交流接触器线圈回路原理。

（5）电动机前的三大保护元件需要详细符号表达，要给出每个电动机的额定参数、三大保护元件和驱动器型号等。

  (6) 每条配电用电缆都有标识号和线缆型号,如"RVV 4mm×2.5mm"。

  (7) 配电图要给出主要元件所在柜、箱和盒号。

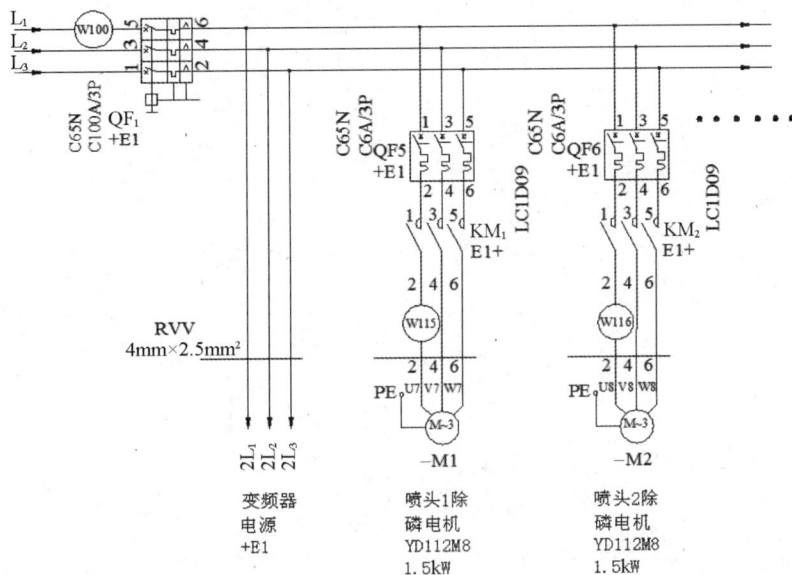

图 8.5 380VAC 配电图实例

3. 220VAC 配电图设计实例

系统 220VAC 配电图可以采用图 8.6 所示的实例来绘制。需要注意的有:

(1) 图中的元器件没有尺寸比例限制,只要美观即可。

(2) 配电图用详细断路器符号来表达每个 2200VAC 回路的配电原理。

(3) 配电图每个 220VAC 回路都必须配置空气开关进行回路过流保护。

(4) 可以描述单相电动机和交流接触器线圈等回路原理。

(5) 每条配电用电缆都有标识号和线缆型号,如"RVV 2mm×1.5mm"。

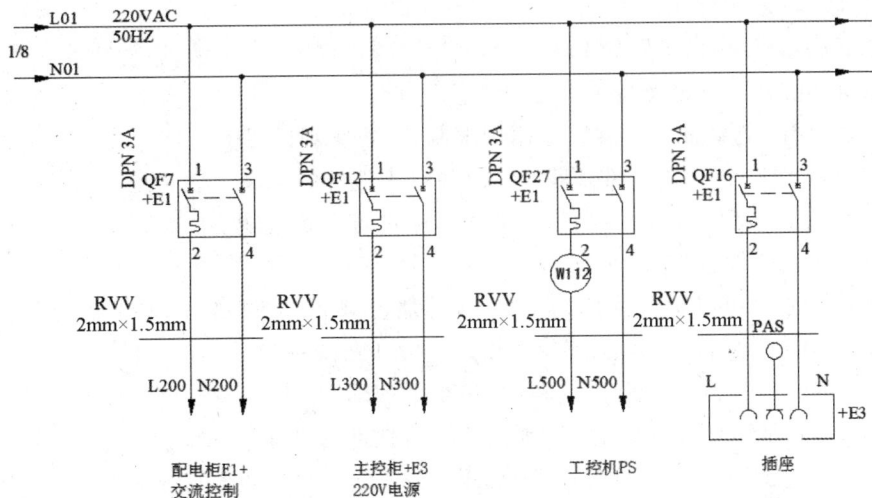

图 8.6 220VAC 配电图实例

4. 系统 24VDC 配电图设计实例

系统 24VDC 配电图可以采用图 8.7 所示的实例来绘制。需要注意的有：

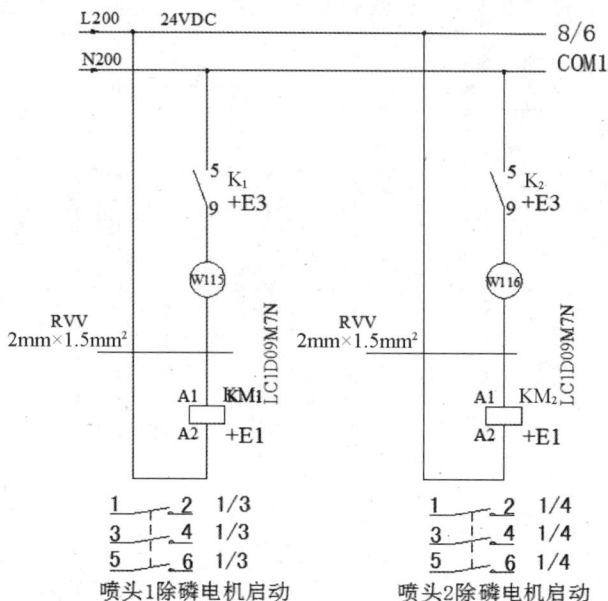

图 8.7　24VDC 配电图实例

（1）图中的元器件没有尺寸比例限制，只要美观即可。

（2）配电图用详细熔断器符号来表达每个 24VDC 回路的配电原理。

（3）配电图每个 24VDC 回路都必须配置熔断器进行回路过流保护。

（4）可以描述继电器或接触器线圈控制回路原理。

（5）每条配电用电缆都有标识号和线缆型号。

8.2.5　控制器电气图纸设计实例

1. 控制器 IO 表设计实例

控制器 IO 表可以根据采用的 PLC 或其他控制器接口 IO 标识绘制，如图 8.8 所示为采用 S7 - 300PLC 控制器的 IO 定义实例。需要注意的有：

（1）图中的 IO 定义表不涉及尺寸比例限制，只要美观即可。

（2）IO 定义表对应 PLC 控制程序，给出各输入地址的含义。

（3）IO 定义表按照输入模块和输出模块顺序进行布置说明。

2. 控制器输入原理图设计实例

控制器输入原理可以根据采用的 PLC 或其他控制器输入接口标识绘制，如图 8.9 所示为采用 S7 - 300PLC 控制器的绘制实例。需要注意的有：

（1）图中的元器件没有尺寸比例限制，只要美观即可。

（2）给出模块的电源供应电路，给出输入接口地址的含义。

（3）主要描述旋钮开关 SA、普通开关 SB、行程开关 SQ 和其他数字量传感器与控制器输入接口的接线原理。

L+	
手动/自动	I0.0
	I0.1
自动运行按钮	I0.2
自动停止按钮	I0.3
故障清除按钮	I0.4
备用	I0.5
软急停按钮	I0.6
喷头气路切换开关	I0.7
纵移高速/低速按钮	I1.0
横移高速/低速按钮	I1.1
前纵移按钮	I1.2
后纵移按钮	I1.3
左横移按钮	I1.4
右横移按钮	I1.5
备用	I1.6
备用	I1.7
M	COM

(a)输入模块1（I）

1L+	24VQ3
手动模式指示灯	Q0.0
自动模式指示灯	Q0.1
自动运行指示灯	Q0.2
自动停止指示灯	Q0.3
故障指示灯	Q0.4
故障报警蜂鸣器	Q0.5
备用	Q0.6
备用	Q0.7
M	COM
2L+	24VQ3
喷头2 X轴寻零成功指示灯	Q1.0
喷头2 Y轴寻零成功指示灯	Q1.1
喷头1 X轴寻零成功指示灯	Q1.2
喷头1 Y轴寻零成功指示灯	Q1.3
备用	Q1.4
备用	Q1.5
备用	Q1.6
备用	Q1.7
M	COM

(b)输出模块1（Q）

图 8.8 控制器 IO 定义实例

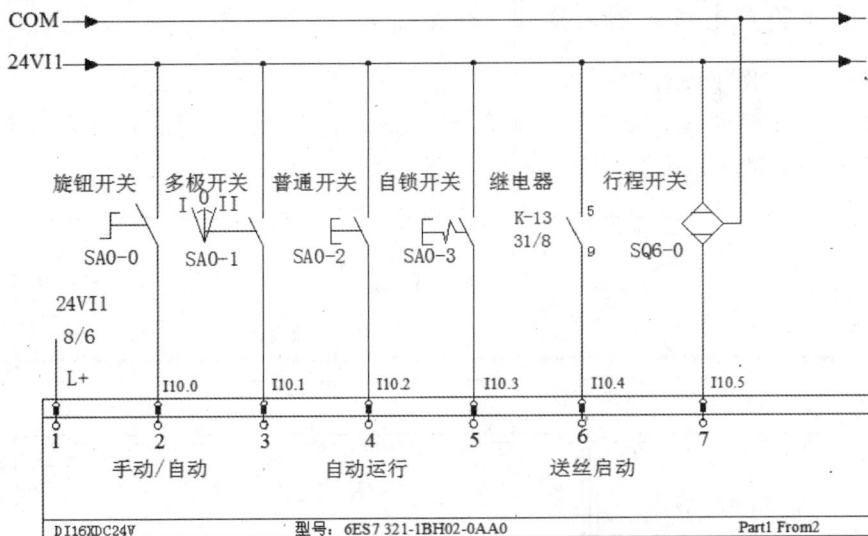

图 8.9 控制器输入原理图实例

（4）给出控制器输入接口模块的名称和型号等相关信息。

3. 控制器输出原理图设计实例

控制器输出原理可以根据采用的 PLC 或其他控制器输入接口标识绘制，如图 8.10 所示为采用 S7-300 PLC 控制器的绘制实例。需要注意的有：

（1）图中的元器件没有尺寸比例限制，只要美观即可。

（2）给出输出模块的供电回路配电原理，给出各输出接口地址的含义。

（3）主要描述指示灯、电铃、继电器线圈和其他数字量执行器与控制器输出接口的接线原理。

（4）给出控制器输出接口模块的名称和型号等相关信息。

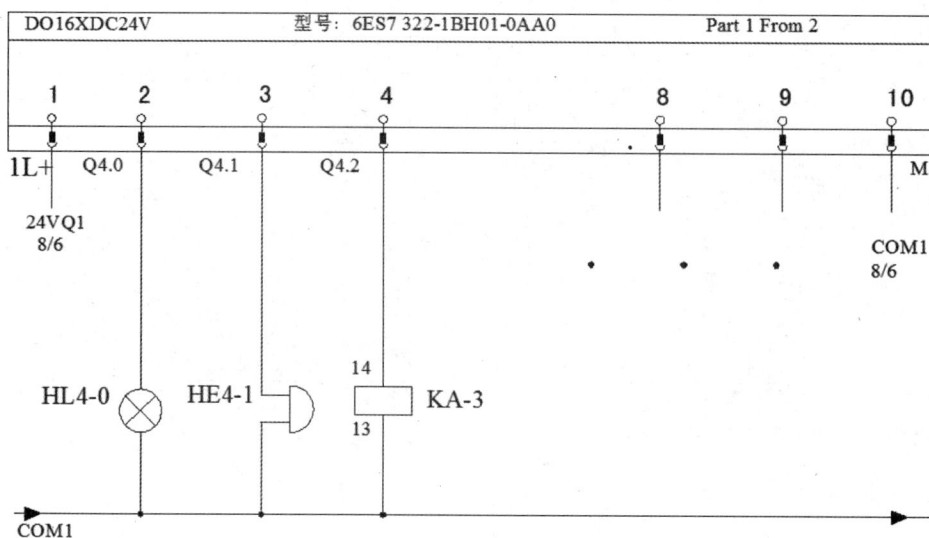

图 8.10　控制器输出原理图实例

8.2.6　柜箱盒电气图设计实例

1. 配电柜电气图纸设计实例

配电柜电气图纸可以由配电柜机械图纸（见图 8.11）、配电柜底板元器件布置图（见图 8.12）和配电柜接线施工图组成。需要注意的有：

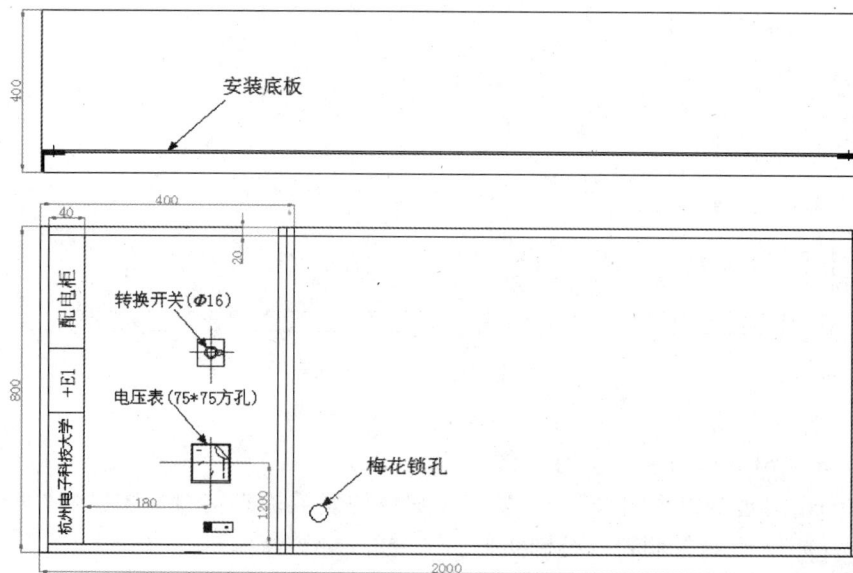

图 8.11　配电柜机械图实例

（1）配电柜内部的所有电气元件（空开、断路器、继电器、接触器、伺服驱动器和变频器等）要按实际尺寸比例绘制，以免影响实际施工布置。

（2）配电柜机械图纸要按照标准机械图纸的要求,给出能够指导加工制造的柜子三视图。如果有配套厂家,可以采用简化图纸形式绘制。

（3）配电柜元器件布置图要充分考虑各元器件的具体安装间距要求,并给出柜内所有元器件的安装相对位置尺寸关系。该图属于施工图,将用于指导配电柜的施工。

（4）如果配电接线原理比较简单,可以不另行绘制配电柜接线施工图,直接可以参考配电原理图进行接线施工。

（5）由于配电柜内进出的电缆直径都比较大,一般在柜底部开孔解决电缆进出问题。

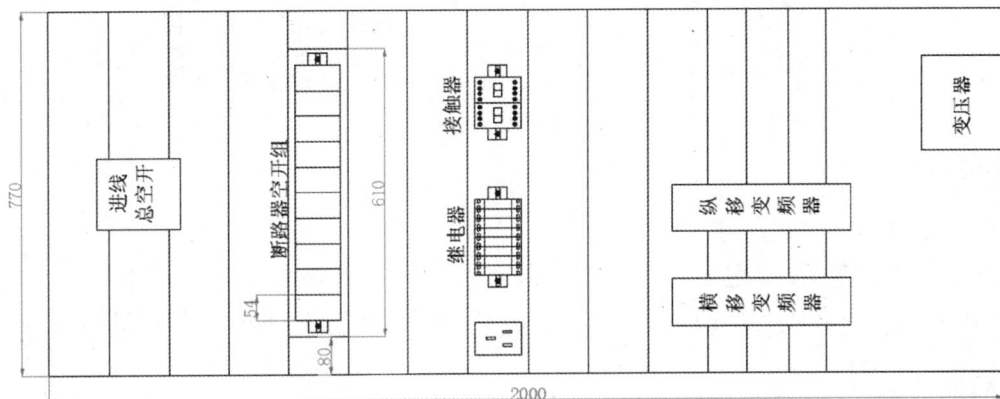

图 8.12　配电柜底板元器件布置图实例

2. 控制柜电气图纸设计实例

控制柜电气图纸设计可以参考配电柜图纸设计,也可以由控制柜机械图纸(见图8.13)、控制柜底板元器件布置图(见图8.14)和控制柜接线施工图组成。需要注意的是:控制柜必须给出接线施工图。

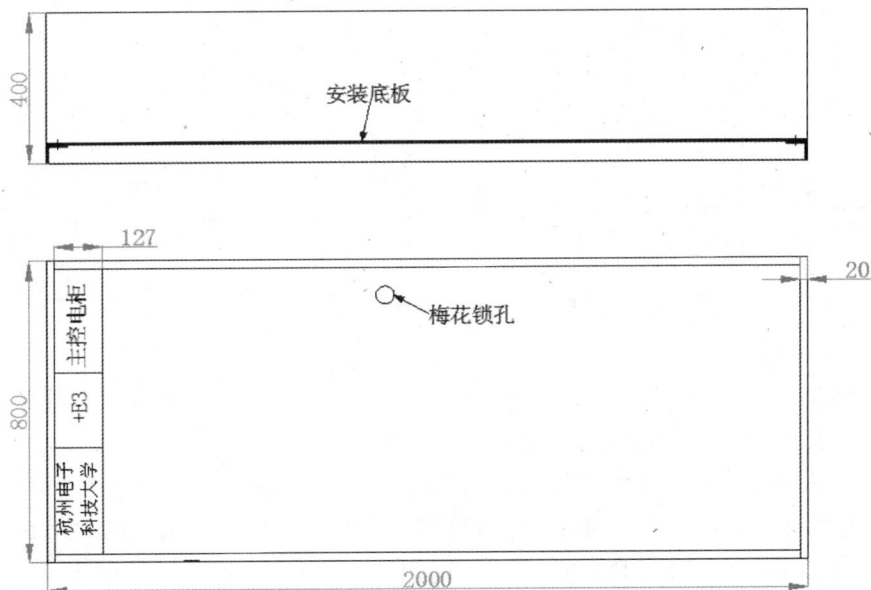

图 8.13　控制柜机械图实例

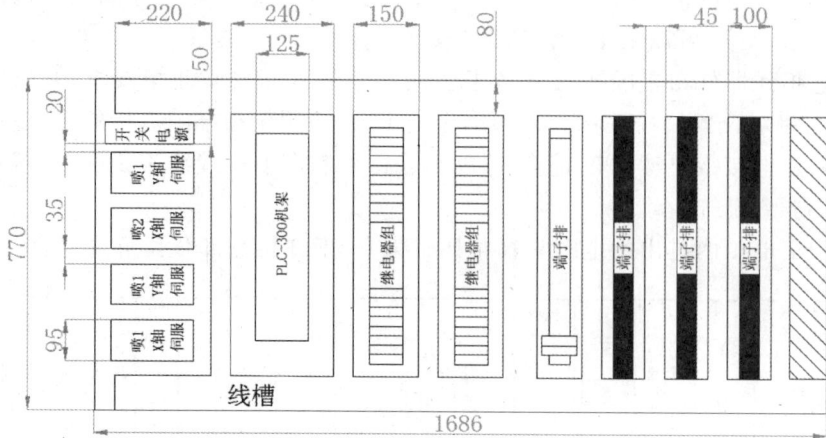

图 8.14 控制柜底板元器件布置图实例

3. 现场挂箱电气图纸设计实例

挂箱电气图纸与配电柜类似,也可以由挂箱机械图纸(见图 8.15)、挂箱底板元器件布置图(见图 8.16)、挂箱面板按钮图(见图 8.17)和挂箱接线施工图(见图 8.18)组成。需要注意的有:

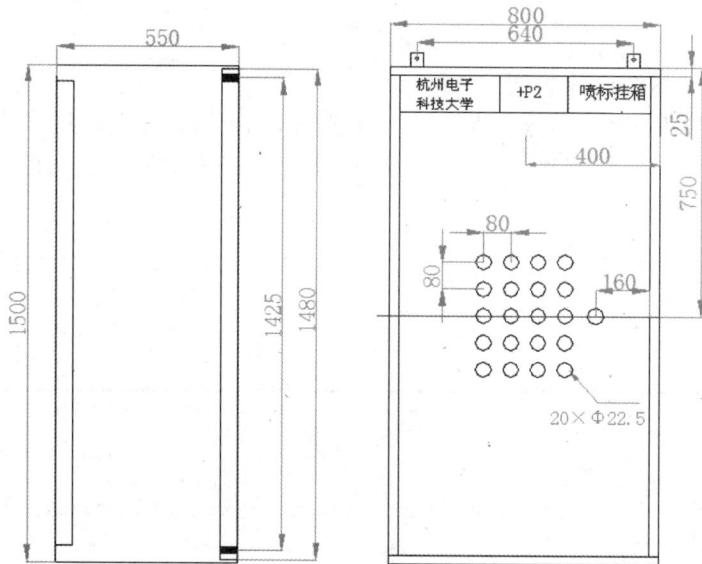

图 8.15 挂箱机械图实例

(1) 挂箱内部的所有电气元件(空开、断路器、熔断器、端子排、继电器、接触器和 PLC 等)要按实际尺寸比例绘制,以免影响实际施工布置。

(2) 挂箱的机械尺寸一般较小,因为需要在机电装备或者墙壁上找到挂装的地方。

(3) 挂箱设计完成后,可以根据实际安装需要,增补绘制挂箱与机电装备的安装位置图。

(4) 挂箱设计必须考虑自身安装、开门、电气维护和更换等的空间可行性。

(5) 挂箱底部配置各种线缆出线孔,其中"G5"代表 5 英寸电缆穿板管接头(实物照片见附录 C)。

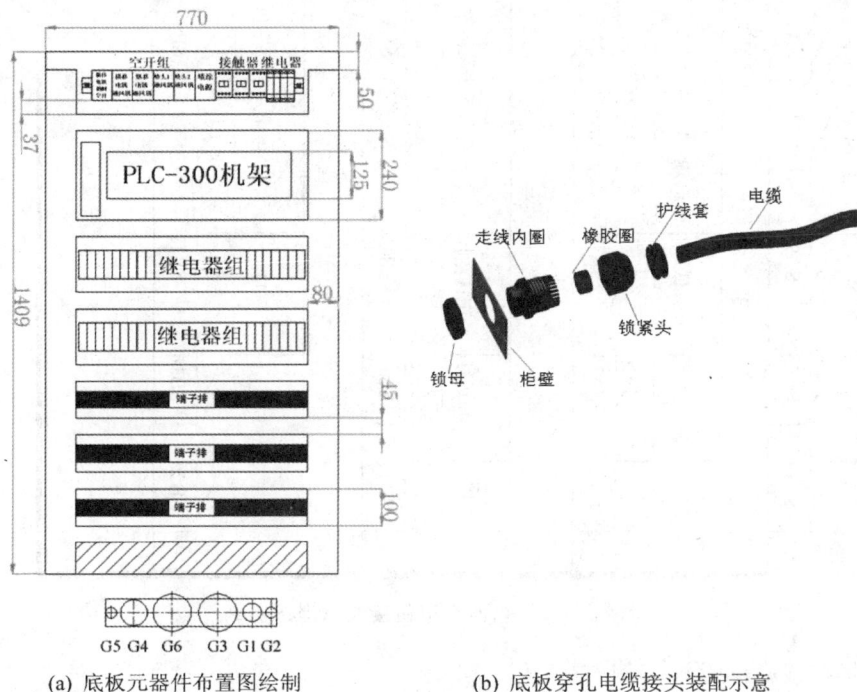

(a) 底板元器件布置图绘制　　　　　(b) 底板穿孔电缆接头装配示意

图 8.16　挂箱底板元器件布置图实例

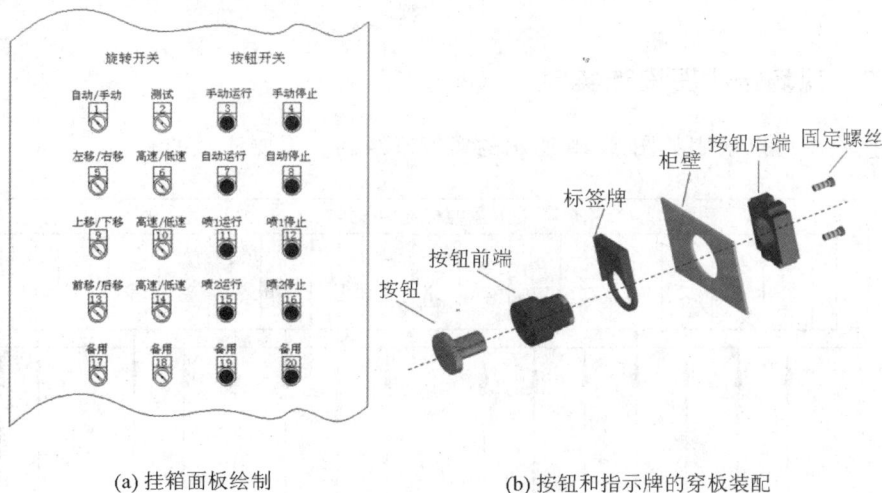

(a) 挂箱面板绘制　　　　　(b) 按钮和指示牌的穿板装配

图 8.17　挂箱面板按钮图实例

（6）挂箱面板上会安排很多操作按钮，每个按钮会安排一个按钮挂牌。按钮挂牌由挂牌架、标签纸和透明压片组成，其与按钮的安装关系如图 8.17 所示。

（7）挂箱面板内面会安排按钮走线，一般采用供阳极或者阴极接法。这样，从挂箱面板到挂箱的端子排之间会产生很多的接线。需要注意的是：如果操作按钮很多，可以采用总线模式、触摸屏和操作终端等方式来简化替换面板按钮接线。

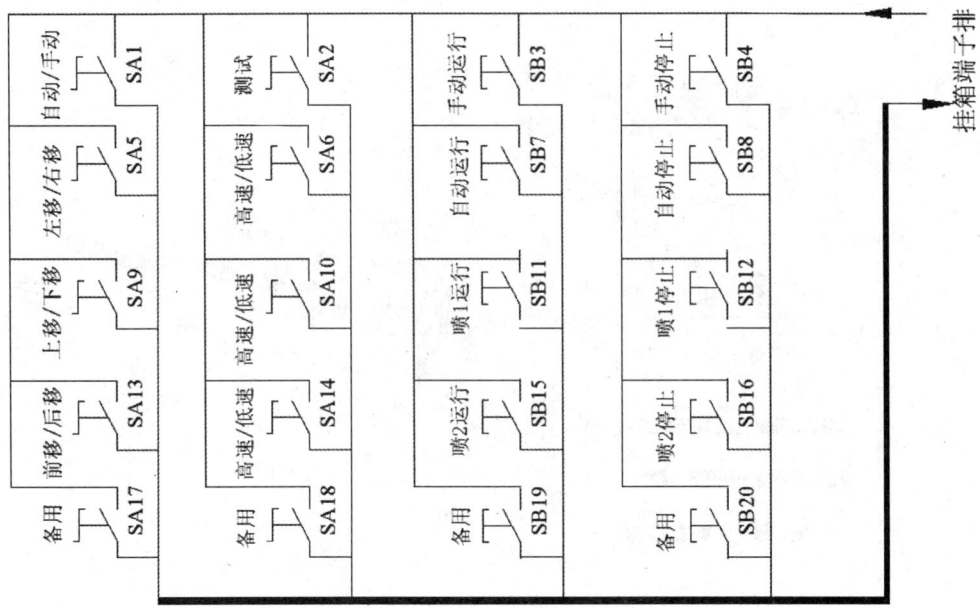

图 8.18　挂箱面板按钮接线原理图实例

4. 现场接线盒图设计实例

现场接线盒电气图纸与挂箱类似,也可以由接线盒机械图纸、盒内元器件布置图和盒内接线施工图组成;也可以根据接线盒的大小和盒内元器件多少进行适当的增设图纸说明。

8.2.7　现场接线图设计实例

现场接线图可以采用如图 8.19 所示的实例来绘制。需要注意的有:

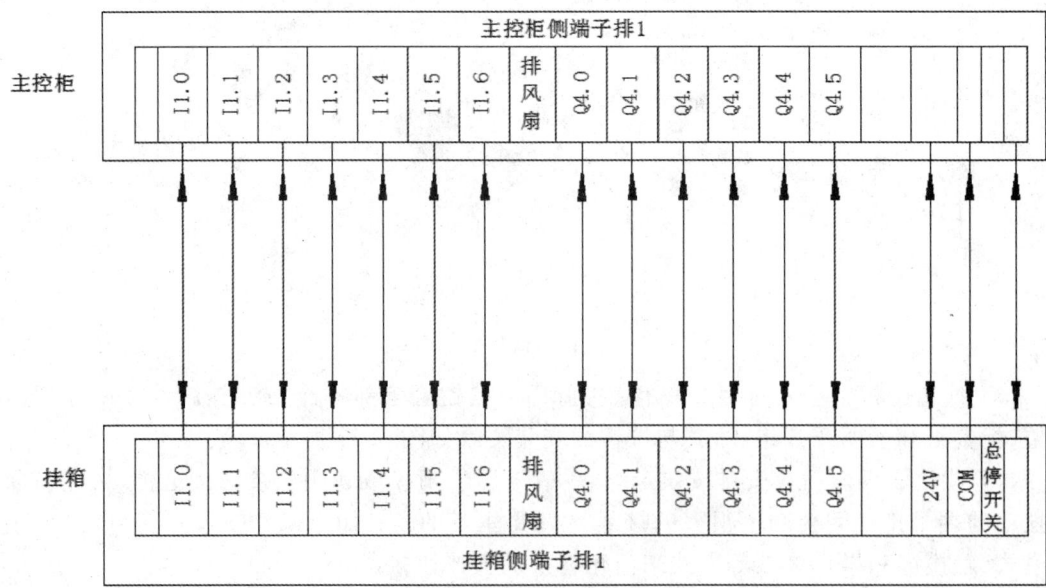

图 8.19　现场接线图实例

（1）给出控制柜与控制柜、控制柜与挂箱、配电柜与现场接线盒、接线盒与现场执行器等之间的接线施工图。

（2）给出对应有电缆连接的柜箱盒的号码，以便进行电缆选型和电缆芯数布置。

（3）给出对应连接的柜箱盒内的端子排标识，以便于接线施工。

8.2.8 线缆作业表设计实例

线缆作业表可以采用图8.20所示的实例来绘制。需要注意的有：

（1）线缆作业表用于统计系统所用的所有电缆型号和规格。

（2）通过线缆作业表可以对系统所用的电缆进行备货订货。

（3）通过线缆作业表可以查询和优化系统电缆配置，尽量选用标准化的同一类型的电缆。

（4）给出系统中所有所用电缆的型号、起止端端子号、根数、用途和供货厂家等信息。

序号	电缆号	电缆型号	起始端、端子号	终止端、端子号	规格	根数	备注
1	W100			配电柜（+E1）		1	甲方提供总电源
2	W101	ABHBP	配电柜（+E1）L11，N11	主控柜（+E3）L11，N11	2×2.5	1	主控柜风扇220V供电（L11，N11）
3	W102	ABHBP	配电柜（+E1）L12，N12	主控柜（+E3）L12，N12	2×2.5	1	220V开关电源220V供电（L12，N12）
4	W103	ABHBP	配电柜（+E1）L13，N13	主控柜（+E3）L13，N13	2×2.5	1	PLC电源220V供电（L13，N13）
5	W104	ABHBRP	配电柜（+E1）	主控柜（+E3）	4×2.5	1	喷2X轴伺服放大器3-380V供电
6	W105	ABHBRP	配电柜（+E1）	主控柜（+E3）	4×2.5	1	喷2Y轴伺服放大器3-380V供电
7	W106	ABHBRP	配电柜（+E1）	主控柜（+E3）	4×2.5	1	喷1X轴伺服放大器3-380V供电
8	W107	ABHBRP	配电柜（+E1）	主控柜（+E3）	4×2.5	1	喷1Y轴伺服放大器3-380V供电
9	W108	RVV 16×0.5	配电柜（+E1）	主控柜（+E3）	16×0.5	1	变频器至PLC
10	注意：W108 配电柜-k21-0' k21-1' k21-2' k21-3' k21-4' Z-RDY, Z-FATL, 24VQ3.COM 主控柜-线号						
11	W109	RVV 2×1.5	配电柜（+E1）	主控柜（+E3）	2×1.5	1	喷头2、1除鳞电机启动220V交流控制
12	W110	ABHBRP	配电柜（+E1）	挂箱（+P2）	4×2.5	1	挂箱 380V供电
13	W111	ABHBRP	配电柜（+E1）	挂箱（+P2）	2×2.5	1	挂箱 220V供电
14	W112	ABHBRP	配电柜（+E1）	操作台（+P1）	2×2.5	1	UPS 220V供电
15	W113	ABHBRP	配电柜（+E1）	横移电机（现场）	4×2.5	1	横移电机电源线
16	W114	ABHBRP	配电柜（+E1）	纵移电机（现场）	4×2.5	1	纵移电机电源线
17	W115	ABHBRP	配电柜（+E1）	喷头2除鳞机（现场）	4×2.5	1	喷头2除鳞电机电源线
18	W116	ABHBRP	配电柜（+E1）	喷头1除鳞机（现场）	4×2.5	1	喷头1除鳞电机电源线
19							
20							

图 8.20　电气系统的线缆作业表实例

8.2.9 元器件标签设计实例

元器件标签可以采用图8.21所示的实例来绘制。需要注意的有：

（1）标签纸设计图纸用于具体标签纸打印，因此标签纸的尺寸和文字字体大小都要适当。

（2）标签纸的尺寸大小需正好能贴附在较大型电气产品（如配电柜、控制柜、继电器、接触器和断路器等）外观显眼处。

（3）标签纸也可以塞入标签牌（见图8.17），然后绑在较小型电气元件（如按钮挂牌、传感器挂牌和电动机挂牌等）旁边。

3P空开标签

总开关QF1	横移电机QF2	纵移电机QF3	喷1除磷电机QF4	喷1除磷电机QF5
喷1Y轴电机QF8	喷1X轴电机QF9	喷2Y轴电机QF10	喷2X轴电机QF11	挂箱380V进线QF29
横移电机抱闸QF17	横移电机通风机QF18	横移电机通风机QF19	喷1通风机QF20	喷2通风机QF21

按钮标签

电源指示	故障指示	蜂鸣器	硬急停	软急停	故障清除	喷头气路切换	手动/自动	手动模式
自动模式	自动运行	自动停止	纵移高/低速	前纵移	后纵移	横移高/低速	左纵移	右纵移
喷1除磷器前进	喷1除磷器后退	喷1送丝启动	喷2除磷器前进	喷2除磷器后退	喷2送丝启动	喷1X轴寻零	喷1Y轴寻零	喷1X轴左移
喷1X轴右移	喷1Y轴上升	喷1Y轴下降	喷2X轴寻零	喷2Y轴寻零	喷2X轴右移	喷2X轴右移	喷2Y轴上升	喷2Y轴下降
电源指示	故障指示	蜂鸣器	硬急停	软急停	故障清除	手动/自动	手动模式	自动模式
自动运行	自动停止	喷1X轴寻零	喷1Y轴寻零	喷2X轴寻零	喷2Y轴寻零			

图 8.21 电气控制系统标签实例

动手实践题

结合本书所学知识和本章的电气图纸设计规范,完成下面的结课实践项目,项目结题需要提供系统实物、机械图纸、电气图纸和相关控制程序。

(1) 项目一:温度调节系统

系统主要元件:透明箱子,电热丝,温度传感器,按钮和指示灯。

调节控制要求:将箱内温度稳定在设定温度;当箱内温度低于设定值时,开启电热丝进行加热;当箱内温度高于设定温度时,关闭电热丝。

(2) 项目二:粉料重量调节系统

系统主要元件:透明漏斗,称重传感器,电动机,下料螺旋,按钮和指示灯。

系统控制要求:实现漏斗中的料粉重量恒定在设定值;当漏斗内的粉料重量低于设定值时,关闭下料螺旋;当漏斗内粉料重量高于设定值时,打开下料螺旋下料。

(3) 项目三:液位调节系统

系统主要元件:透明漏斗,液位传感器,电磁阀,手阀,按钮和指示灯。

系统控制要求:实现漏斗中的液位恒定在设定值;当漏斗内的液位低于设定值时,打开电磁阀加水;当漏斗内液位高于设定值时,关闭电磁阀。

(4) 项目四:零件步进分选物流系统

系统主要元件:直流减速电动机,带传动机构,物块,薄料机构,位置传感器,按钮和指示灯。

系统控制要求:采用带传动实现物块的步进移动,每次步进由位置传感器控制。

(5) 项目五:3 层楼电梯系统

系统主要元件:电梯轿厢,导轨,三层标记,行程开关,指示灯,按钮,直流减速电动机。

系统控制要求：实现 3 层电梯的呼叫和应答工作；实现电梯在每层的平稳停止；设置初始停靠层。

（6）项目六：单轴伺服定位系统

系统主要元件：台达伺服电动机，丝杆驱动机构，行程开关，指示灯和按钮。

系统控制要求：实现丝杆上滑块的精确定位；实现滑块的回零定位；实现滑块的前后限位。

（7）项目七：高速脉冲计数系统

系统主要元件：直流电动机，旋转机构，磁性开关，指示灯和按钮。

系统控制要求：通过磁性开关对旋转机构上的标记脉冲进行计数；实现直流电动机的调速。

（8）项目八：小机器人系统

系统主要元件：伺服舵机，3 个自由度以上机械手臂，指示灯和按钮。

系统控制要求：通过伺服舵机实现小机器人系统的运动和位置控制。

附录 A　常用电器元件符号

名　称	图形符号	名　称	图形符号
导线连接交点		端子	
导线无交点连接		可拆卸的端子	
直流 DC		交流 AC	
接地 GND		接机壳或底板	
电容器 C		极性电容器 C	
可变电容器 C		压敏电阻器 R	
电阻器 R		可调电阻器 R	
线圈 L		电抗器 L	
直流电动机		直流串励电动机	

名　称	图形符号	名　称	图形符号
交流电动机		直流并励电动机	
单相笼型感应电动机		三相笼型感应电动机	
整流器		逆变器	
双绕组变压器		桥式全波整流器	
三相空气断路器 QF（3P 空气开关）		两相空气断路器 QF（2P 空气开关）	
熔断器 FU（保险丝）		接触器 KM（常开/常闭主触点）	
热继电器 FR（常开/常闭触点）		过电流继电器 KA（常开/常闭触点）	
速度继电器（常开/常闭触点）		欠电压继电器 KV（常开触点）	
断电延时继电器 KT		通电延时继电器 KT	

续 表

名 称	图形符号	名 称	图形符号
延时闭合瞬时断开触点 KT（常开触点）		瞬时闭合延时断开触点 KT（常开触点）	
延时断开瞬时闭合触点 KT（常闭触点）		瞬时断开延时闭合触点 KT（常闭触点）	
点动按钮 SB		自锁按钮 SB	
手动开关 SA		旋钮开关 SA	
复合按钮 SB		指示灯 HL	
三眼插座		接近开关 SQ （常闭触点）	
位置开关 SQ （常开触点）		接近开关 SQ （常开触点）	
位置开关 SQ （常闭触点）		位置开关 （组合触点）	

名　称	图形符号	名　称	图形符号
半导体二极管		发光二极管	
单相击穿二极管		光电二极管	
光电晶体管		"与"元件	
PNP 晶体管		"或"元件	
NPN 晶体管		"非"元件	
P – MOSFET		"与非"元件	
IGBT		"或非"元件	
单结晶体管		高增益差分放大器（运算放大器）	

附录 B　可编程控制器典型应用接线图

1. PLC 控制变频器接线原理图(外部供电模式)

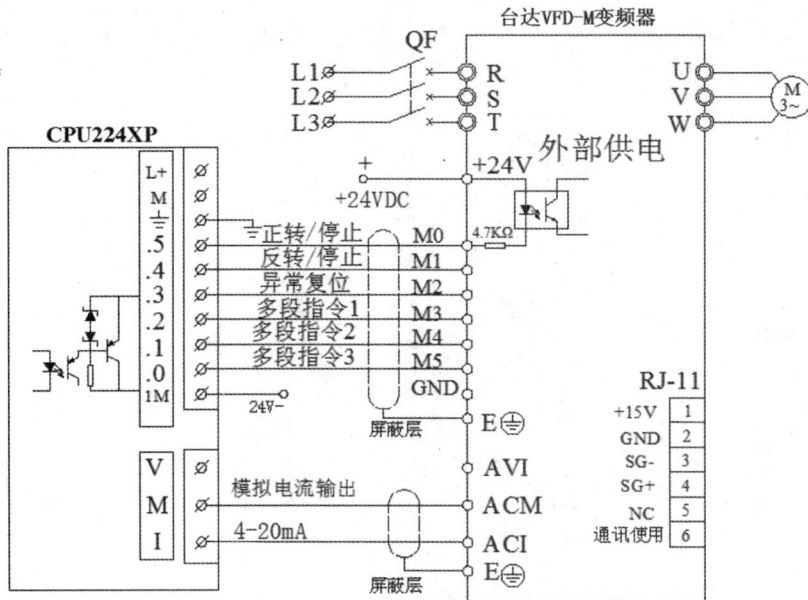

2. PLC 控制 ASDA - B2 伺服驱动器接线原理图(24VDC 内部供电模式)

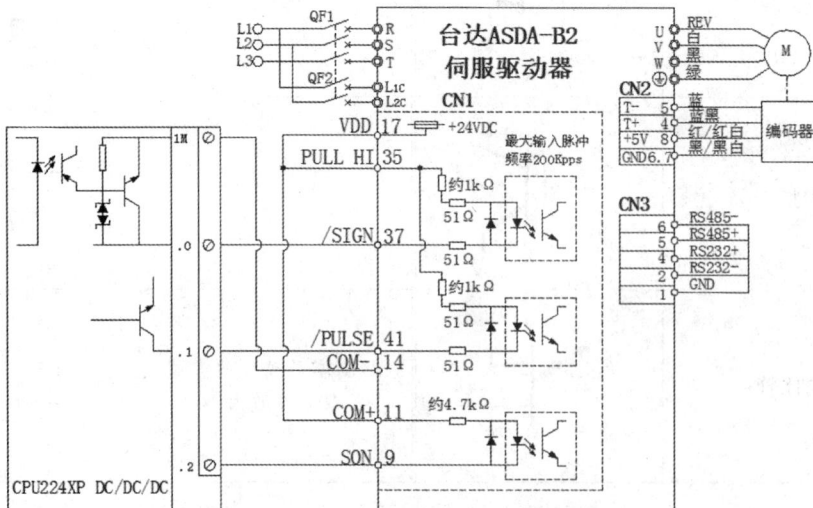

3. PLC 控制 ASDA – B2 伺服驱动器接线原理图(5VDC 外部供电模式)

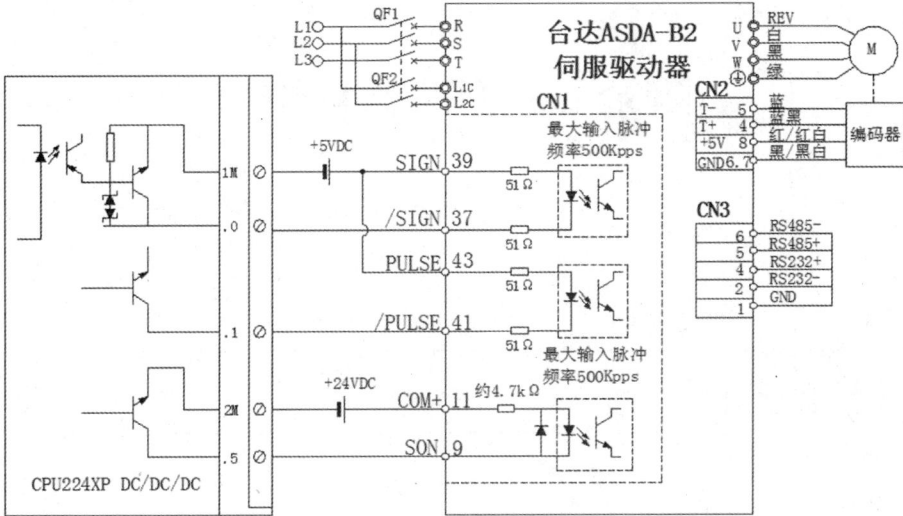

4. PLC 控制 ASDA – B2 伺服驱动器接线原理图(差动供电模式)

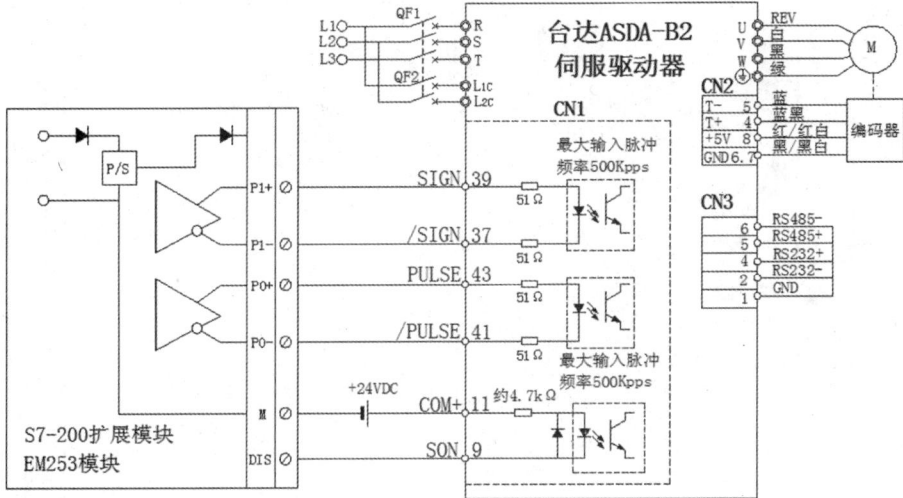

附录 C   标准 A4 图框

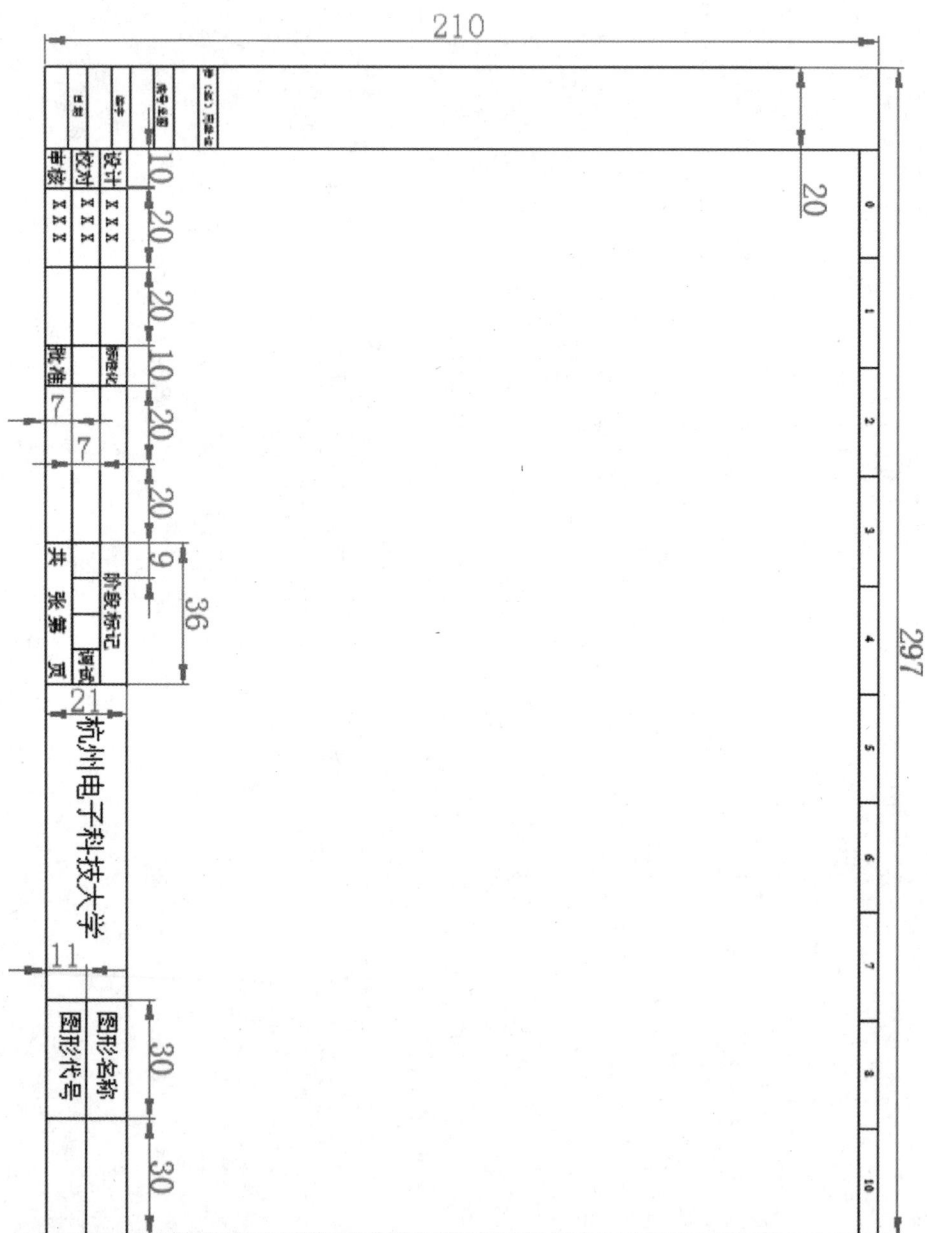

附录 D　各种电气系统安装附件

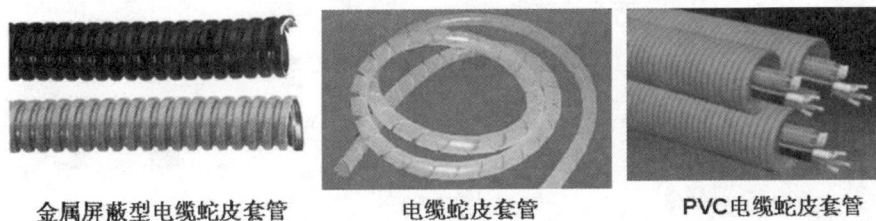

塑料电缆穿管接头

盖螺母　塑料卡子　主体　塑胶垫片 锁紧螺母

金属型电缆穿管接头

金属屏蔽型电缆蛇皮套管　　　电缆蛇皮套管　　　PVC电缆蛇皮套管

名称和型号	用途说明	尺寸(单位：mm)
标牌框（Ø16） AX16-107	标牌框与 Ø16 按钮开关或信号灯一起使用。 标牌纸（用户可以随意定义） 起动 每套标牌框：包含3个零件(除了标牌纸)	视窗大小 = 15 x 7.3 4.5　20　15　7.3　31.5　1.5　AX16-107　Ø16　Ø20

按钮挂牌组成与尺寸图

· 199 ·

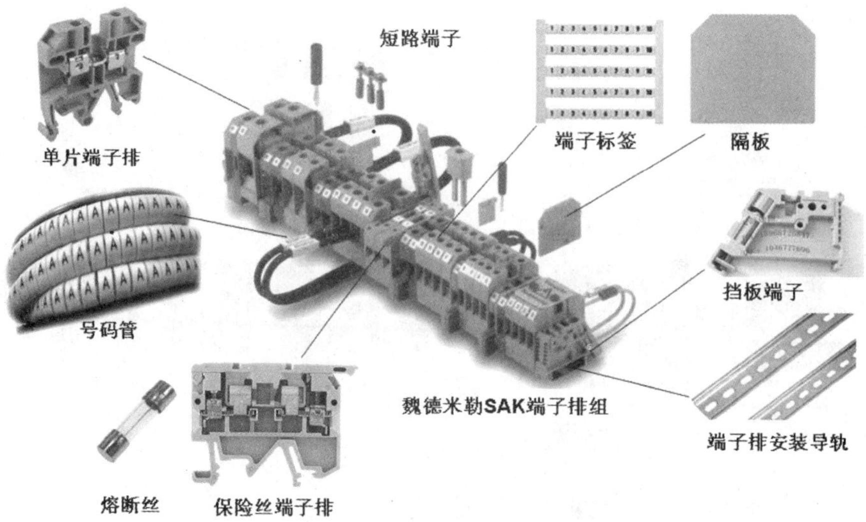

单片端子排

短路端子

端子标签

隔板

号码管

挡板端子

魏德米勒SAK端子排组

端子排安装导轨

熔断丝

保险丝端子排

铜接线端子

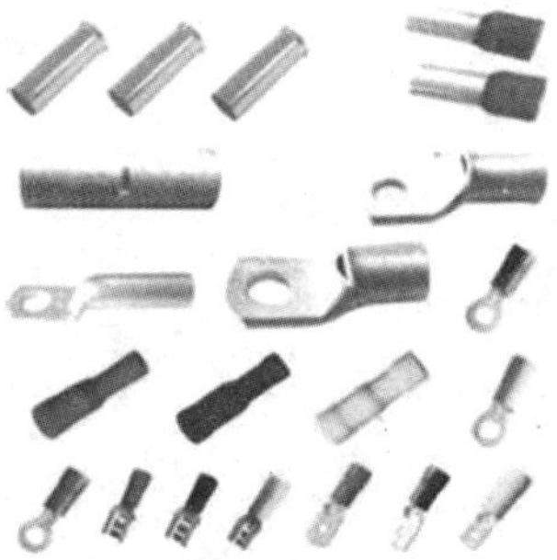

铝接线端子

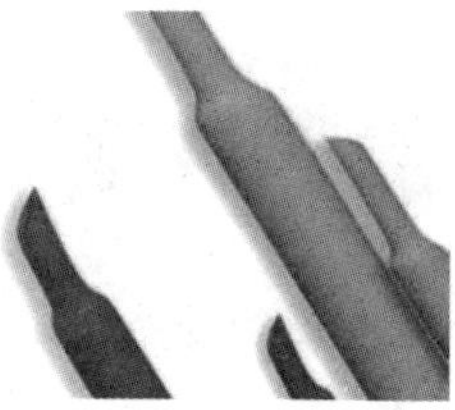

热塑管

压线钳

剥线钳

电动螺丝批

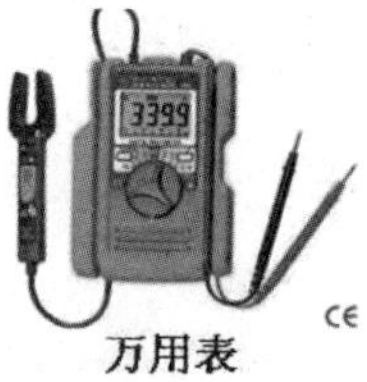

万用表

斜口钳

尖嘴钳

螺丝批

开孔钻头

弹簧式接线端子

插拔式接线端子

塑壳端子排组

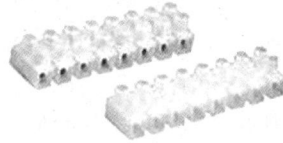
透明接线端子

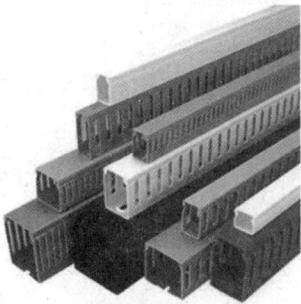
塑料线槽

金属线槽

金属桥架

塑料线扎

参考文献

[1] 冯清秀,邓星钟,周祖德等.机电传动控制(第五版).武汉：华中科技大学出版社,2011.

[2] 程守洙,江之永.普通物理学(第六版).北京：高等教育出版社,2010.

[3] 张海根.机电传动控制.北京：高等教育出版社,2001.

[4] 同济大学应用数学系.高等数学.北京：高等教育出版社,2001.

[5] 龚之春.数字电路.成都：电子科技大学出版社,1999.

[6] 北京和利时电动机技术有限公司.无刷直流电动机选型手册.2014.

[7] 中大电通股份有限公司.VFD-M 变频器使用手册.2008.

[8] 中大电通股份有限公司.ASDA-B2 系列标准泛用型伺服驱动器使用手册.2011.

[9] 山社电动机株式会社.步进电动机驱动器选型手册.2014.

[10] 双叶电子工业株式会社.Futaba 数码舵机使用说明.2010.

[11] 欧姆龙(中国)自动化有限公司.欧姆龙 S8JX 型开关电源选型手册.2014.

[12] 正泰电气股份有限公司.正泰 NM1、NB1 型断路器选型手册.2014.

[13] 欧姆龙(中国)自动化有限公司.欧姆龙 MYJ/LYJ 型继电器选型手册.2008.

[14] ABB 中国有限公司.ABB 交流接触器选型手册.2014.

[15] 欧姆龙(中国)自动化有限公司.欧姆龙 E6B2 系列和 E6CP 系列编码器选型手册.2008.

[16] 中国航空动力机械研究所.TR81 型电涡流传感器选型手册.2010.

[17] 杭州浙达精益机电技术工程有限公司.RH 型磁致伸缩位移传感器选型手册.2014.

[18] 西门子(中国)有限公司.S7-200CN PLC 产品新目录.2011.

[19] 西门子(中国)有限公司.S7-200 PLC 系统手册.2008.